茶战

刘杰 赖晓东 作品

东方树叶的起源

III

人民日报出版社
北京

序

说不尽的茶与战

戴 旭

因为工作的不同，我与刘杰先生素悭一面。读过刘先生《茶战3》的文稿，首先萌发的感觉是，刘杰先生是茶专家，对茶极爱且深谙；见识广博，历史修养深厚。

作为一个生活中并不拒绝茶的人，我觉得我或许可成为刘杰先生隔空对话意义上的茶友。

刘杰先生甚爱我的书，对包括《戴旭讲甲午战争：从晚清解体透视历代王朝的政治败因》《C形包围——内忧外患下的中国突围》《盛世狼烟：一个空军上校的国防沉思录》等在内的我的拙作，每出版必搜罗。他绝不像一些人那样，一旦书为己所有，或束之高阁，或以充门面，而是认真阅读甚至研读，且深以我的观点为然，让我产生"于我心有戚戚焉"的温暖。

掩卷而思，其实对刘杰先生书中的某些观点，我是持保留意见的。然而，对于《茶战3》这部书稿，我还是愿意先从"茶"与"战"两方面分说，再将二者放在一起探讨。

英国经济学家杰文斯说："北美和俄罗斯平原是我们的玉米地，芝加哥和敖德萨是我们的粮仓，加拿大和波罗的海是我们的林场，澳大利亚和西亚是我们的牧羊地，阿根廷和北美的西部草原有我们的牛群，秘鲁运来它的白银，南非和澳大利亚的黄金流到伦敦，印度人和中国人为我们种植茶叶，而我们的咖啡、甘蔗和香料种植园遍及西印度群岛，西班牙和法国就是我们的葡萄园，地中海是我们的果园……我们扬扬得意、充满信心，极为愉快地注视着帝国的威风……"杰文斯的话道出了一个事实：早在维多利亚时代，茶在英国人生活中已有其一席之地。

何为茶？以今天不少人的生活习惯而言，茶是餐后的一杯情怀，是繁缛事务后的片刻宁谧，是境界之一种；茶是交友的方式，是业务洽谈的介质，是修身养性的桥梁，是物质或精神意义上的财富。

清末大儒陈澹然在《寤言二·迁都建藩议》中，曾说过一句发人深省的名言："不谋万世者，不足谋一时；不谋全局者，不足谋一域。"刘杰先生在《茶战3》中，以茶为线讲述了这一道理。视界涉及西汉时期中原帝国对匈奴所展开的一系列战争，以及匈奴对丝绸之路的包围、破坏等，论议纵横。乍一看，书中似乎只是讲述了茶叶的故事，但读后才知道，这是一部由茶叶引发的充满战略思考的书，刘杰先生认为，这样的思考对于当下更具有实际意义。

关于战争，我在《C形包围——内忧外患下的中国突围》中说："我没有机会到三大战场亲身感受，但置身于远东战争中心的中国，走遍中国边境，耳闻周边鼓角争鸣，已够惊心动魄。故，当举国上下一片歌舞升平麻将声声，如牛羊嬉戏于夕阳下的水草之地时，我看到了虎狼狮豹快速逼近的幽暗身影和绿光森森的贪婪凶光。"战争的气息，无时无刻不在。

因此，茶叶从大的方面而言，在某些较早的历史时期，可以是保证朝廷安全的战备物资，是平衡对外关系的重要砝码，是打上政治烙印的物质符号。

历史上，某些政权的兴衰与茶有着密不可分的关系，因为茶这片叶子引发战争的例子不难从史书中寻到佐证。正因如此，唐宋时代的茶马古道，马帮的忙乱驼铃里，才夹杂着茶砖的幽香和兵器的寒光。作为经济品类中的一个部分，包括美国、英国、葡萄牙等老牌资本主义国家在内，那些快速崛起的西方国家，其早期的原始积累都有茶的身影。

我还有一个观点。清朝时，GDP多由茶叶、蚕丝、瓷器等构成，很难到世界上扩张赚取外汇，只能盘剥自己的民众，还帮着国家资本打劫自己人民的财富。其他如纺织品、玩具、烟酒等，则多是低技术的东西，即便出口到国外，赚的也是血汗钱，根本不能在战争时期转化为国防实力，与当时武器先进的国家的坚船利炮支撑起的国防实力不可同日而语。正因如此，战争才不期而至。

忙碌之余，沏茶一壶，酽淡均可，让思路更加清晰起来，若能激发起一些忧患意识，思考一些与战争、与国家民族安全有关的问题，其意义已远超饮茶和著书读书本身了。在这方面，我和刘杰先生的观点是一致的。

（作者为著名军事专家）

引言

刘 杰

2019 年春节过后，在改完《茶战》第三部的二稿后，总感觉在内容上似乎有所欠缺，有很多不尽人意之处，于是就约了文章，专程再去一趟云南，把那些心存疑点的东西理理清楚。

我在这里所说的文章，是云南普洱一个制茶世家的第六代传人，姓谢，大号文章，祖籍江西弋阳。老祖谢璜一于清嘉庆十二年来到云南楚雄为官，从此在云南留下了谢氏一脉。

我对他的家世很感兴趣，从谢璜一的孙子谢耀享那一代开始制茶贩茶，之后谢子坤、谢尚方、谢大贤、谢开维，一直延续到今天的谢文章，六代人没有离开一个"茶"字。这样的家世能传承至今，在茶界算是典范，所以我决定再去一趟云南，和他聊聊。

和谢文章在一起聊的更多的是普洱茶。让我刮目相看的是，这个长得略显着急，但实际是"80 后"的年轻人对普洱有着一套很深刻的个人见解，也许这和他的传承有关吧。

我一直都说，茶不过就是一片树叶，绝非像某些"专家"所说有那么高的文化含量——文化必须建立在文明的基础上，没有茶叶的文明史，哪里有什么"文化"？所以，但凡那些口口声声把"文化"二字强加在茶叶上的，多是有利益上的企图——尤其是那些不分场合肆无忌惮谈茶文化的"专家"，很多是借助着"文化"的名义在高价兜售这片树叶。

比如普洱！

近十年来，普洱茶由于特殊的茶性和口感，受到了消费者的追捧，价格每年都在看涨，尽管从2004年到2007年曾经出现过两次断崖式暴跌，导致茶商与茶农叫苦不迭，但是人们往往都在关键时刻把那句俗话表现得淋漓尽致——记吃不记打——对普洱的价格暴跌选择性健忘，从而使普洱茶在濒临死亡的边缘溜达了一圈后再一次挺过来，而且变本加厉，俨然以稀缺资源的面孔出现。在不良商人的人为炒作下，普洱茶的价格迅速飙升，早就超出了这片树叶的本来价值，甚至为了部分人的暴利而忽视和违背了必须遵守的经济规律！

在这种恶意的炒作下，普洱成了故事里长大的孩子，被惯得不像话。尤其是班章、冰岛等地的茶农，被神话故事熏陶得如痴如醉。由于深受这些故事的毒害，就连传播者自己都相信这就是事实，于是在他们的勤奋炮制下，各种神话的故事层出不穷。

然而，普洱茶市场真的像炒作的那么繁荣吗？答案并非如此！

据不完全统计，由于市场的恶意炒作，迄今为止整个云南产区的普洱茶库存量已经达到了令人触目惊心的数字！

一方面是造成了大量的积压，而另一方面还在继续恶意炒作，这让我们想起了令人恐怖的荷兰郁金香事件。

17世纪中期，郁金香从土耳其引入西欧，当时量少价高，被上层阶级视为财富与荣耀的象征，投机商看中其中的商机，开始囤积郁金香球茎，并推动价格上涨。1635年，炒买郁金香成为全民运动，人们购买郁金香已经不再是为了其内在的价值或作观赏之用，而是期望其价格能无限上涨并因此获利。1637年2月4日，郁金香市场突然崩溃，六个星期内，价格平均下跌了90%。郁金香事件，是人类史上第一次有记载的金融泡沫，此事间接导致了当时欧洲金融中心——荷兰的衰落。

这绝不是危言耸听，如果再不采取措施，普洱茶极有可能会成为另一个令人闻声色变的"郁金香"！

沏一壶清茗，百年烽火狼烟，融入茶香氤氲；说一段往事，千载得失是非，尽付今人一笑。在中国历史上，茶的身影从没消失过，从唐宋时代的茶马古道，到蒙元帝国称霸全球，直到东方树叶在西方普及并流行……在茶道兴盛的今天，却很少有人知道，茶叶发展史，也是一部用鲜血书写的战争史。清末大儒陈澹然在《寤言二·迁都建藩议》中，曾说过一句发人深省的名言："不谋万世者，不足谋一时；不谋全局者，不足谋一域。"

这话无论对国家，还是对茶叶，都须深思！

北纬30度，是任何人没有办法说清楚的纬度。

在这一纬度上，既有许多鬼斧神工的自然景观，又存在着许多令人难解的神秘现象。这里既是地球山脉的最高峰——珠穆朗玛峰的所在地，同时又是海底最深处——西太平洋的马里亚纳海沟的藏身之所，世界最著名的几大河流，如埃及的尼罗河、伊拉克的幼发拉底河、中国的长江、美国的密西西比河，均在这一纬度入海。更令人难以揣测的是，在这条纬线上，又存在着世界上许多令人难解的著名的自然及文明之谜，比如，恰好建在地球大陆重力中心的古埃及金字塔群，以及令人难解的狮身人面像之谜、神秘的北非撒哈拉沙漠达西里的"火神火种"壁画、死海、巴比伦的"空中花园"，传说中的大西洲沉没处、令人谈及色变的"百慕大三角区"、中国长江断流之谜和让人类叹为观止的远古玛雅文明遗址等等。这些令人惊讶不已的古建筑和令人费解的神秘之地汇聚于此，不能不叫人感到异常蹊跷和惊奇。

而围绕于北纬30度附近的，则是高度发达的文明，包括印度教、佛教、基督教和伊斯兰教的形成，以及古希腊的苏格拉底、柏拉图，中国的先贤孔子和老子，印度的释迦牟尼，古以色列的先知，这些一直影响到今天的文明人物都集中在这个纬度附近。

幼发拉底河与底格里斯河之间的美索不达米亚平原，始终被称颂为人类文明的发源之地，距今大约一万年的啤酒和四千年的红酒在这一带相继出现后，人类开始了对饮料味道的探究。而距离美索不达米亚平原近万公里之遥、处在同一纬度上的古老中国，在两千多年前所发现的茶叶，又把饮品文明推向了一个新的高度。

传说茶为远古时期的神农氏发现。神农是农业的神，也就是炎帝，他能让太阳发光，能让天下雨，他教人们播种五谷，又教人们识别各种植物。据说他的肚子是透明的，能看到肠胃和吃进去的东西。为了知道各种草本的性质，神农就亲口品尝，然后仔细观察它们在肚子中的变化。有一次，神农吃到一种树叶，这种叶子吃进肚子里后，在里面走来走去，像是士兵在进行搜查，不一会儿，整个肠胃便像洗过一样干净清爽，感觉非常舒服。神农记住了这种叶子，给它起了个名字，叫"茶"。以后每当吃进有毒的东西，便立即吃点茶，让它搜查搜查，把毒物消灭掉。后来，终于有一次神农吃了断肠草，来不及吃茶就死了。

这不过是一个传说而已。这些神话大都起源于三皇五帝的年代，那个时候的人没有电脑，没有手机，也没有互联网，甚至连文字也没有，除了神话传说也找不到什么可靠的依据，而且年代久远无法考证，所以不怎么靠谱。

战国以后，出现了关于茶叶的文字记载。从晋常璩《华阳国志·巴志》中可知，商末周初之时，古之巴蜀地区即已种茶产茶。《尔雅》在"释木"部中记载，"槚，苦荼"。王褒在《僮约》中有"烹荼尽具""武阳买荼"的记载，反映我国西汉时期古巴蜀地区居家已有烹茶、饮茶的情节。东汉华佗在《食论》中指出，"苦荼久食，益意思"，翻

　　　　　　　　　　　茶战3：东方树叶的起源

译成今天的白话就是饮茶具有益智的功效。在东晋南北朝时期，一些有识之士对喝酒深恶痛绝，便把饮茶视为清廉节俭的象征。隋唐时代，尤其是唐朝以后，国家统一，经济发展，除边关要塞还在厮杀以外，内部已经没有了大规模的战争，历史进入了一个和平时期，茶也就进入了寻常百姓家。

中国茶叶在唐朝迎来了历史上的第一个春天，上元至大历年间，陆羽《茶经》的问世，标志着我国也即世界第一部茶叶专著诞生。《茶经》分述茶的起源、采制、烹饮，茶具和茶史，极大地推动了我国茶业和茶文化的发展。至宋元时期，茶区继续扩大，种茶、制茶、点茶技艺精进，同时茶叶也是除了丝绸、瓷器之外的又一大主要出口物资，是"丝绸之路"和"海上丝绸之路"的重要战略资源。

从唐到宋，中原帝国与周边游牧民族因为茶叶而引发的战争从来没有平息过，吐蕃、吐谷浑、鞑靼、契丹、党项、女真，像走马灯一样在边关厮杀，鲜血和白骨堆积起来的战争，其目的仅仅是争夺这片小小树叶。

自南宋开始，随着航运业的快速发展，茶叶得以大量出口，通过海路到达了阿拉伯地区。几乎没有人能想象得出，就是这片产自东方中国的茶叶，却在日后的战争中发挥了极其重要的作用，甚至因此改变了世界的格局！

中国是茶树的原产地，这是一个不可争辩的事实。中华民族的祖先最早发现和利用茶叶，经过历代长期的实践，创造了丰富多彩的茶文化。但是，当我们在今天端起一杯茶时，是否知道，中国的茶在传播世界、造福人类的同时，也曾经给我们这个命运多舛的民族留下了深重的灾难？

比如，战争。

由王冲霄导演的纪录片《茶，一片树叶的故事》，用镜头讲述和诠释了茶的另一种特性，以平和的口吻，展现了这一世界饮品的漫漫路程。然而到了今天，我突然发现，这片树叶竟然被那些夸夸其谈、自诩为茶人的人当成了牟利的工具，他们对茶压根就不了解，更不尊重。在他们的认知里，茶叶仅仅是一种手段，他们不知道也不想知道，"茶叶"两个字是和着血伴着泪书写出的一部博大历史，而不仅仅是他们用来攫取暴利的一个手段。然而，由茶叶引发的战争在今天却如一杯喝剩的乏茶，被历史顺手倒进了滚滚洪流中，连一个涟漪都没有，就那么简单地被一笔带过了。但是那些苦难的过去以及所沉淀下来的思索呢？

浮躁的现实让我战栗！

2013年，我沿着古丝绸之路去寻找茶叶的踪迹。一路上感受最深的，就是这条古道的过去与当下。曾经的战火已经消失或正在消失，而"一带一路"正在快速推进。但让我感到痛心的是，在回国的路上，我随身携带的包遭到印度小偷的光顾，手机里近四百张照片全部丢失。

2017年10月，在上海的一家酒吧，在弥漫着爵士乐和雪茄烟的空间里，我和几个朋友一起，就有关茶文明的问题探讨了很多，同时也对时下颇为泛滥的"茶文化"进行了反思。当我们的"茶文化"沦落为某些商人营利的手段时，人们也忘了考虑这样一个问题：被忽略了的茶文明。

所有文化首先必须依附于原生文明，一旦偏离了文明，文化便会失去自信，甚至偏离于文化之外。近年来的茶界乱象，不就是一个最好的证明吗？

第一章

茶叶的
起源

　　过去很长时间，国内茶界用狭义的茶文化替代茶文明，甚至用茶叶的商业价值掩盖真实的茶文明，这是非常狭隘且有害的现象，直接造成了茶产业发展的畸形。国内茶界一部分人肆意篡改茶叶发展历史，肆意夸大茶叶的功效和商业价值，以至于许多茶叶爱好者无法明辨真伪，莫衷一是。还原真实的茶叶文明史，还原茶叶曾经在政治、军事、经济中所扮演的重要角色，《茶战》开了一个好头。为中国说好茶，我们还有很长的路要走。

—— 茶人　张志军

匈奴的罪恶

有读者曾经问过一个问题："如果没有匈奴，也许丝绸之路是不是就不会那么早出现？"这问题问得我着实无法回答。因为历史是一条单行道，永远不可能出现"如果"二字。

在 21 世纪的今天，一旦涉及"丝绸之路"的有关话题，必然要说到张骞。很长一段时间以来，学界一直在喋喋不休争论的一个话题是，丝绸之路究竟是从什么时候开始形成的？几乎所有人都知道丝绸之路最早由西汉时期的张骞所开拓。这话在今天看来似乎也对，毕竟张骞是出使西域的第一人，第一个走过了这条路，这一点已经毋庸置疑，可问题在于在张骞之前这条通道是否就已经存在了呢？

从各方面汇集过来的资料显示，在张骞通西域之前，这条商路就已经存在，而且存在了很久，只不过尚不能称其为"丝绸之路"，因为在此之前的这条通商之路上，其主要商品是青铜器或青铜原料，所以暂且称作"青铜之路"。

在距今三千五百多年前或者更早，辽阔的北方大地突然出现了青铜文化，其被确定为继新石器时代的龙山文化之后，人类所经历的一个具有划时代意义的进步。而这个青铜器时代严格地区分，大致可分为三个分支，第一支是在北纬 35 度周围，即渭河流域沿黄河向东，最远抵达今青岛的胶西地区，以此为脉归于殷商文明；第二支则是以北纬40度为轴心，起于甘肃，经宁夏北部至陕西北部，以鄂尔多斯为核心，终于内蒙古东部到辽西一带；而第三支则是今四川广汉城东七公里处的三星堆，考证结果的时间更早，距离现在为四千八百多年。

四千八百多年前，理论上是中华历史中的夏朝时代。作为或许曾经存在过的氏族公社时期，夏朝这个历史阶段很有可能只是一个猜想，至少这段历史缺少有效的证据链能将其存在过程予以完善，而三星堆所出土的文物表明，其文化与同一时期的南美玛雅文化和古埃及的塔萨文化非常相近。这一历史遗迹的出现，和我们已经熟知的华夏文明史有相悖之处，此处借用余秋雨先生的一句话，也许可以作为一种解释："伟大的文明就应该有点神秘，中国文化记录过于清晰，幸好有个三星堆。"

三星堆的历史过于久远，且与我们要追溯的匈奴起源没有直接关系，只能暂搁于此，剩下的就只有另外两条线脉。今天如果我们要研究青铜文化，有一个比较明确的文化符号，那就是中原地区所出土的青铜器等文物，从时间上推断应该属于殷商时期，这时甲骨文已经出现，加之已经出土的城镇与乡村遗址，文明特征非常清晰。

但是，在北方所出土的青铜，却没有任何文字记载，这就使得解读草原青铜文明非常困难。CCTV曾经播放过一部关于这一时期文明的纪录片《马背上的青铜帝国》，详细介绍了该地区所出土的大量青铜器，其中包括1972年1月在鄂尔多斯市阿鲁柴登沙漠出土、今天被当作这座城市形象展现在世人面前的鹰形金冠，代表着远古时期匈奴帝国曾经的兴盛时代。

汉朝，中国历史上最为强盛的朝代之一，"文景之治"所带来的空前富庶与繁荣，达到了"京师之钱累巨万，贯朽而不可校。太仓之粟陈陈相因，充溢露积于外，至腐败不可食"的地步；汉武大帝时代，国威之强盛无可匹敌，南平两越、北伐匈奴、经营西域、通西南夷、东定朝鲜，建立了空前辽阔的疆域，大汉帝国以极盛之势奠定了中华的疆域版图；汉元帝时，名将陈汤一句"宜悬头槀街蛮夷邸间，以示万里；明犯强汉者，虽远必诛！"如此令人血脉偾张的豪言壮语激励中华两千年。

然而，即便是一个如此强悍血性的王朝，也与汉人统治的其他朝代一样，从立国之初就面临着异族的骚扰和侵袭。

比如，匈奴。

如果说张骞开辟了通往西域的丝绸之路的话，那么其过程与匈奴有着密不可分的关系。匈奴的英文名是 hun，是祖居阿尔泰山脉东南、大兴安岭以西、蒙古草原以南、青藏高原东北、华北平原西北戈壁的披发左衽的北方野蛮民族，是古北亚人种和原始印欧人种的混合人种，被称为破坏者和野蛮人。从能够查阅到的有关匈奴的各种史料中不难发现，无论华夏民族还是欧洲各国都对匈奴有一种极为恐怖的记忆。

匈奴是秦汉时期北方一个强大的民族，历史非常悠久，远到可以追溯到三皇五帝中的尧帝时期。司马迁在《史记·匈奴列传》中记述："匈奴，其先祖夏后氏之苗裔也，曰淳维。唐虞以上有山戎、猃狁、獯鬻，居于北蛮，随畜牧而转移。其畜之所多则马、牛、羊，其奇畜则橐驼、驴、骡、駃騠、騊駼、驒騱。逐水草迁徙，毋城郭常处耕田之业，然亦各有分地。"

这个论断貌似是对匈奴来历最权威的解释，历朝历代的史官们在此基础上予以深化推演，于是，就有了历史上对于匈奴来历的多种不同版本的介绍。

司马迁在《史记·匈奴列传》中并没有直接说匈奴就是夏桀的后裔，看来是后人的解读有一定的出入，且后来的历史都是在误读的基础上加以延伸，包括后来所出的《山海经·大荒北经》中也说，犬戎与夏人相同，皆出于黄帝。至唐代司马贞在《史记索隐》中引用了张晏的话说"淳维在殷时奔北边"，尤其又引乐彦的《括地谱》作为佐证："夏桀无道，汤放之鸣条，三年而死，其子獯鬻妻桀之众妾，避居北野，随畜移徙，中国谓之匈奴。其言夏后苗裔，或当然也。"以此作为"铁证"，以坚持匈奴是出自夏桀之后的观点。

关于夏桀，即便是在三千六百多年后的今天，其人依然是荒淫无度、残暴无道的同义词。流传于今天的夏桀，人们所热衷的是有关他与四大妖姬之首的妹喜之间所发生的八卦艳情，而并非其如何残暴。《史记·夏本纪》中对桀的描述不多，仅限于尾段的寥寥不足百字："帝桀之时，自孔甲以来而诸侯多畔夏，桀不务德而武伤百姓，百姓弗堪。乃召汤而囚之夏台，已而释之。汤修德，诸侯皆归汤，汤遂率兵以伐夏桀。桀走鸣条，遂放而死。桀谓人曰：'吾悔不遂杀汤于夏台，使至此。'"而在《史记·殷本纪》中，司马迁则对夏桀的所作所为有一个相对比较完整的描述，也是对夏桀一个相对客观的评价，同时也爆出了夏桀因宠幸妹喜导致夏朝灭亡。但他并没有直接说，夏桀就是匈奴的祖先。

《史记》之后，比较权威的评价夏桀的史料，大多是以三国时期魏国《竹书纪年》为主要参考源头，也大都说夏桀其人是个暴君，更以其贪图妹喜而导致亡国作为一个时代符号予以评述，由此引出一个著名的成语叫作"酒池肉林"，并由史官根据自己的臆想与推断，对夏桀及其后人做了"适当"的增补，其中就有了"匈奴来源于夏桀之后"的来历。

于是，这个故事的完整版就此弥漫在了历史的天空，故事大致分为三个部分，从大禹开创了夏朝进入华夏的氏族公社开始，经过数百年后，到了其子孙桀这一代，因过于暴虐致民怒沸腾，尤其是为博宠妃妹喜一笑，桀搜刮民脂民膏为其修建了一座最为华丽的宫殿，故事至此渐入佳境。据说夏桀为妹喜修建的这座宫殿，其豪华程度丝毫不逊色于同时代的古巴比伦空中花园，远远望去，宫殿耸入云天，浮云游动，好像宫殿要倾倒一样，因此，这座宫殿就被称为倾宫，宫内有琼室瑶台，象牙嵌的走廊，白玉雕的床榻，一切都奢华无比。夏桀每日陪着妹喜登倾宫，观风光，恣意享乐，最终引来了商汤的谋反，推翻夏建立了殷，夏桀被放逐到南巢，最后被饿死于此地，而他的儿子獯鬻则偕同一群大小老婆一直往北逃窜，到了草原后繁衍生息，最终成为匈奴祖先。

这个故事乍一看似乎有一定的道理，但是仔细推敲就不是那么回事了。首先，太史公笔下的匈奴是夏后苗裔，但是并没有特指猃狁、山戎和獯鬻，清清楚楚说的是淳维，淳维！而有关猃狁、獯鬻，在《史记·五帝本纪》中已经有了记载，"北逐獯鬻，合符釜山，而邑于涿鹿之阿。迁徙往来无常处，以师兵为营卫"。这一记载充分说明了在黄帝时期猃狁或者獯鬻即已存在，与匈奴没有什么关系，可是却被乐彦说成獯鬻为夏桀之子，继而误传至今。

把匈奴说成"大禹的子孙"，这个观点不能成立的另一个原因在于，至少在语言上两者之间不能互联互通。通过对古匈奴人的进一步研究，匈奴的语言为阿尔泰语系，与中原地区所使用的汉藏语系表述方式完全不同。如果一定要说匈奴是大禹的子孙，只有一种可能，那就是淳维带着夏桀的妻妾出走以后，一路上融合了月氏、楼兰、乌孙、呼揭、坚昆、丁零、乌桓等各民族的血脉。但是这种说法也没有一条完整的证据链，更何况夏朝的存在与否本身就存在很大的疑点，所以这种分析同样也不可采取。换一个角度说，如果一旦扯进了这些种族，可能就会变得更加复杂，仅一个月氏的人种问题就被世界各国的史学家说得五花八门，有说突厥的，有说哥特的，也有说是鞑靼族的，等等。唯有王国维在《鬼方昆夷猃狁考》中，把匈奴名称的演变做了一个系统的概括。这位著名学者认为，商朝时的鬼方、混夷、獯鬻，周朝时的猃狁，春秋时的戎、狄，战国时的胡，都是后世所谓的匈奴。

王国维先生的这个观点也许是正确的，就像每一个时代都有一种表达的方式一样，他的这个论点来自先秦史书《逸周书》。《逸周书·王会解》记载，商汤大会诸族时，其中就有空同、大夏、莎车、姑他、旦略、豹胡、代翟、匈奴、楼烦、月氏、截犁、其龙、东胡诸民族，这里已经点明了匈奴的存在，而商汤即位之际，恰是夏朝灭亡之时，即便淳维有再强大的繁殖能力，也不可能一夜之间就创造出一个民族，更何况与大夏国同在。而这个大夏国，与谬解司马迁的"夏后氏"就不是一个概念了，因为这个大夏，是在距离大宛两千里外的阿姆河流域，如果这样来理解司马迁所说的"夏后氏"，可能就会比较准确。

假如我们今天这样来解释太史公的用词，也许会有不一样的结果，所以说，王国维先生的这个考证或许是对的。但是无论对错，对于今天而言已经不重要了，因为匈奴这个族群确实在历史上存在过，这是一个不争的事实。

早期的匈奴和大部分游牧民族一样，以狩猎、游牧和畜牧为主，按司马迁的说法是"其畜之所多则马牛羊"，另外还有各种奇畜，"橐驼、驴、骡、駃騠、騊駼、驒騱"。他们的生活方式是追循水草而迁徙，没有城郭和定居之处，虽然不搞农业生产，但是也有各自分占的地盘。匈奴没有自己的文字和书籍，只是通过语言来约束人们的行为。孩子在很小的时候就能骑马，同时也能拉弓射天上的鸟和地上的老鼠，稍微再长大一些就能背弓打猎，猎取一些狐兔作为食物。成年男人都能拉开弓箭，全部都骑战马披挂铠甲。

匈奴在没有战争的时候，在草原上随意放牧，以射猎飞禽走兽为主业，一旦遇到紧急情况，人人都有征战本领，以便侵袭掠夺。他们的主要兵器是弓箭以及短刀和铤。形势有利的时候就进攻，不利就撤退，从不以逃跑为羞耻之事，只要有利可得，从不管礼义与否。

匈奴自君王以下，都以牲畜的肉、奶为主要食品，而且人人都身穿皮草。他们看重的是能征善战的健壮者，而轻视老年人和妇孺，一般情况下，强壮的人可以随意吃自己喜欢的食物，而老年人只能吃残羹剩饭，没有孝悌之道，更没有乱伦之说，如果父亲死了，儿子可以娶继母为妻，兄弟死了，活着的兄弟也可以娶其妻子。

假设我们用王国维先生的解释，"商朝时的鬼方、混夷、獯鬻，周朝时的猃狁，春秋时的戎、狄，战国时的胡，都是后世所谓的匈奴"的话，那么匈奴的前称可能就是周代令人闻风丧胆的犬戎。

传说中的犬戎，可能是由周穆王姬满西征所致。《穆天子传》所载："穆王西征，还里天下，亿有九万里"，获"四白狼、四白鹿以归"。今天的解释可为姬满攻打了以犬和鹿为图腾的部族后，其部族尾随而至，潜于陕甘周围，最终成为华夏周边最可怕的敌人。

犬戎给周朝所造成的最大影响，就是在公元前 771 年杀了周幽王姬宫湦并灭掉西周。《史记》和《吕氏春秋》等典籍史书中都介绍过周幽王被杀的过程，除了"烽火戏诸侯"等个别细节有差别外，其他内容大致相同。

《史记》中所说的过程是，由于周幽王宠爱褒姒，听信谗官虢石父之话，废嫡立庶，即废了原来的皇后申后和太子，立褒姒所生的儿子姬伯服为太子。此举惹恼了申后之父申侯，他联合缯国并邀请外援犬戎帮忙攻打西周国都镐京，在骊山下杀死了周幽王。周幽王与申后所生的儿子姬宜臼继位，将国都迁往雒邑（今洛阳），西周从此灭亡。

大约也就是从这个时候开始，犬戎成了中原帝国的一个噩梦，以至于到了唐代，中原民族仍然把一切西北游牧民族统称为"犬戎"或"戎狄"。在唐朝的代宗年间，太常博士柳伉上疏说："犬戎犯关度陇，不血刃而入京师，劫宫闱，焚陵寝，士卒无一人力战，此将帅叛陛下也……"在唐德宗年间，大臣柳浑闻听唐德宗要与游牧部落结盟，惊恐地说："戎狄，豺狼也，非盟誓可结。"

从周朝到唐朝，尽管时光已经过去了一千多年，可听到"犬戎"一词仍然让人大惊失色，足见犬戎给中原所造成的危害有多大！

无论犬戎、林胡也好，抑或楼烦、匈奴也罢，总而言之，这些游牧民族给中原带来的麻烦非常大，赵武灵王胡服骑射，驱逐异族，设立边关重镇，警惕游牧部落的袭扰。公元前244年，赵国大将李牧指挥的"赵破匈奴之战"，以少打多，十万来犯之敌除少数侥幸逃脱外，全军覆没，使匈奴元气大伤。

秦始皇在统一中国后的公元前214年，曾派大将蒙恬率领三十万秦军北击匈奴，收河套，屯兵上郡（今陕西省榆林市东南）。贾谊在《过秦论》中记载："（秦始皇）乃使蒙恬北筑长城而守藩篱，却匈奴七百余里；胡人不敢南下而牧马，士不敢弯弓而报怨。"因蒙恬一人之力，把匈奴给打怕了。时蒙恬从榆中（今属甘肃）沿黄河至阴山构筑城塞，连接秦、赵、燕五千余里旧长城，据阳山（阴山之北）逶迤而北，并修筑北起九原、南至云阳的直道，构成了北方漫长的防御线。在蒙恬守北防十余年中，被打怕了的匈奴因慑其威猛，不敢再犯。

然而，匈奴令人发指地对中原王朝步步紧逼，想尽一切办法迫使中原就范，从刘邦吕雉，到刘恒刘启，面对匈奴的挑衅始终采取忍让求和的方式，任凭匈奴肆无忌惮地在自己的家园里撒野，却无能为力，尽管双方军队有过几次交手，可结果都如隔靴搔痒，没有什么作用。

匈奴崛起于冒顿单于时代，其强盛取决于他凶狠残暴的个性，从而得以快速扩张。由向达先生译注、美国学者E.H.帕克的《简明匈奴史》一书中称冒顿为"鞑靼族的汉尼拔"，以其平东胡、驱月氏、收失地、败丁零、灭坚昆，"诚一四征不庭之雄主"而言，这个称谓对冒顿来说并不为过。无论汉尼拔与罗马、居鲁士与亚历山大，还是大流士与薛西斯、恺撒与庞贝，虽然也都曾四征不庭，但仅仅是在地中海一隅，即被欧洲人动辄以"世界雄主""奄有万国"所称，然而都没有冒顿在亚洲摧枯拉朽般勇猛无敌，以至于到公元四五世纪，分裂后的匈奴经伊犁河一路向西，过锡尔河、渡顿河至多瑙河，打跑了长期居住于此的强悍的东西哥特人，并一度攻入罗马帝国，成为西罗马帝国灭亡的主要肇事者，可见其有多么强悍。

《汉书·卷九十四上·匈奴传第六十四上》载，"单于姓挛鞮氏，其国称之曰'撑犁孤涂单于'"，所以他的后代皆为挛鞮氏。史料中所记载的冒顿单于是头曼单于的儿子，生于公元前234年，早年即被头曼封为太子，可是后来头曼所钟爱的阏氏（嫔妃）又给他生了一个儿子，头曼就萌生了要除掉冒顿另立幼子的想法，于是把他派去月氏做人质。就在当天晚上，头曼发动了对月氏的袭击。这哪里是把冒顿当作人质，分明是让月氏将他除掉。而月氏人恰恰也是这么想的，打算先行一步杀了冒顿，再向匈奴开战，却没想到消息走漏，被冒顿得知，冒顿凭借着自己的能力杀了看护士兵，单骑冲出包围圈，最终回到了匈奴。

头曼见到从月氏国逃回来的冒顿，虽说心里有一百个不高兴，可这毕竟是自己的儿子，只能在表面上对他的英勇给予表扬，并拨了一万人马由他统率，待有合适的机会再下手不迟。

与优柔寡断的父亲相反，从逃回来的第一天开始，冒顿就显示了他的决断、深虑、坚忍与长谋。冒顿有了这一万人马后心里暗喜，表面上却不动声色，一切都以绝对服从父王的命令为上。但是在背后他却在秘密训练自己的这支军队，为此专门发明了一种飞镝，就是一种响箭，命令士兵，只要飞镝响过的地方，就是所有人箭镞的目标，如有违抗当场斩杀。开始是在打猎的时候，冒顿间或抽出一支响箭射向猎物，有的部下没反应过来而没跟着射，冒顿就下令将这些部下斩首。接下来有一天，冒顿突然抽出响箭射向自己的爱马，有些"聪明"的部下一犹豫，心想冒顿是无意的吧，而没跟着射，又被冒顿拖出去斩首。再后来的某一天，冒顿做出了更不可思议的事情，他竟然用响箭射向自己的妻子，有些部下又犹豫了，而他们都无一例外地遭到了冒顿的立即处决。从此，部下们心中有了这样一个信念，无论冒顿做出多么不合理、不可思议的事情，都必须随着响箭齐射。

在一次陪同头曼的出猎活动中，冒顿感觉到自己的机会终于来了，于是就将飞镝向头曼单于的爱马射去。随即他的手下毫不犹豫，将自己的箭全部射出，冒顿默然点头，知道时候到了。于是他带着部属随头曼出猎，并在出猎中用响箭射向头曼，顿时万箭齐发，头曼当即被射死于乱箭之中。射杀了头曼的部属再也没有回头之路，只有忠心跟着冒顿又杀死了那些不肯顺从他的众臣，从此冒顿自立为匈奴的单于。随后冒顿亲自动手在后宫大开杀戒，杀了头曼单于所宠幸的阏氏以及她所生的小儿子，并把那些不听他调动的大臣全部斩首，自己就这样坐上了单于的宝座。

当时北方游牧民族中，比匈奴更为强盛的是东胡。《辞海》中这样描写东胡："古代族名，因居匈奴（胡）以东而得名。"司马迁在《史记·匈奴列传》中说，（东胡）从商代至西汉初年，大约存在了一千三百年。最早见于记载的是《逸周书·王会篇》，曾提到"东胡黄罴山戎菽"。从另一方面来说，东胡与濊貊、肃慎并称为古东北三大游牧民族，后均被匈奴所灭，但是东胡各族并未就此消亡，如后来退居乌桓山的乌桓族和退居鲜卑山的鲜卑族，据传就是东胡主要的部落集团。再到后来，由鲜卑分化出的慕容、宇文、段部、拓跋、乞伏、秃发、吐谷浑各部，以及唐宋以后出现的柔然、库莫奚、契丹、室韦、蒙古等各游牧民族，皆源于东胡。

当东胡王听说冒顿杀了头曼自立为单于时，马上感觉到这是一个吞没匈奴部落的大好时机，于是就采取了"先礼后兵"的方式，试试冒顿的深浅。为此，东胡派出使者专程来到匈奴，对冒顿单于说，他们东胡首领听说冒顿单于这里有一匹上好的千里马，能不能送给东胡的首领？

冒顿单于召集群臣，征求他们对于此事的意见和建议。结果，群臣一听，就炸了锅，纷纷谴责东胡首领的不义行为。而此时的冒顿单于却认为，不就是一匹马嘛，有什么大不了的？千里马咱们匈奴这里不是要多少有多少？送就送了呗！于是，冒顿单于高高兴兴地把自己手里的那匹千里马通过人家的使者，送给了东胡首领。

得寸进尺的东胡首领一看，没想到这个敢于弑父诛臣的冒顿单于居然是这么个软柿子，就马上又派使者再次来到匈奴，告诉冒顿单于说，他们东胡首领听说冒顿单于身边有一位非常漂亮的阏氏，能不能送给东胡的首领？

冒顿单于再次召集群臣，征求他们对于此事的意见和建议。结果，群臣一听，更加炸了锅，一致谴责东胡首领的行为非常过分、不义。而此时的冒顿单于却认为，不就是一个漂亮姑娘嘛，有什么大不了的？漂亮姑娘咱们匈奴这里不是要多少有多少？送就送了呗！于是，冒顿单于又把自己非常漂亮的阏氏通过人家的使者，拱手送给了东胡的首领。

如此一而再再而三，东胡首领彻底找不着北了，过了一些时日又一次派使者过来找冒顿，他们东胡首领看上了东胡与匈奴两个部落之间的一块土地，要求冒顿单于必须马上把这块土地送给东胡首领。

这个时候，冒顿单于又把群臣召集到一起，征求他们对于此事的意见和建议。结果，这一次，群臣居然形成了一致的意见和建议：不就是一块荒地嘛，有什么大不了的？无人居住的荒地咱们匈奴这里不是要多少有多少？送就送了呗！这种观点完全是冒顿单于的手下对于冒顿单于本身思维的简单复制：原来那么多次，您都是这么说、这么做的；这一次，您肯定还会这么说、这么做的。我们还能有什么另外的想法吗？

这一回，令所有大臣非常意外的是，冒顿单于闻听大臣如此思维，勃然大怒，马上说道："土地，那可是国家的根本！没有了土地，我统治谁去啊？我什么都能送给东胡，就是这土地，一寸也不能给任何人！"冒顿单于马上下令，先杀掉所有主张把土地送给东胡的大臣，然后派出自己手下所有的兵马，与东胡决一死战。

这个时候的东胡，哪里知道冒顿单于居然会如此思维、如此行动啊，他们还等着来自冒顿单于的好消息呢！他们哪里会想到人家冒顿单于会如此迅速地派出全国所有兵马，与东胡决一死战啊？

结果，自然是冒顿单于大破东胡——不但是大破东胡，而且还一举杀掉了东胡的首领，大部分东胡人沦为了匈奴的奴隶，东胡自此灭亡。东胡虽然已经灭亡，但还没有灭族，侥幸从匈奴刀下逃出来的分为了两部，各自以山为名，逃往乌桓山（赤山，蒙古语意为乌兰山，今内蒙古阿鲁科尔沁旗北部，位于大兴安岭南端）的，后来成为"乌桓"，而逃往鲜卑山（今内蒙古自治区阿鲁科尔沁旗以北，即大兴安岭中部的东西罕山南麓）的则被称作"鲜卑"。不过这种说法被现代历史学家、人类和民族学家黄现璠推翻，他于1982年发表在《广西师范学院学报》中的论文《内蒙古自秦汉以来就是中国领土》中专门对乌桓和鲜卑的名字做了解释，说乌桓的原意为"聪明"，鲜卑则是"瑞兽皮带"的意思。

这一年，冒顿单于二十一岁。

二十一岁的冒顿单于此时正处在中国历史一个重要的拐点上——终结了战国时代的秦始皇帝嬴政，于公元前210年七月丙寅日（公历9月10日）死在了东巡途中的沙丘宫（今河北邢台市广宗县）。丞相李斯勾结宦官赵高秘不发丧，伪造遗诏逼迫太子扶苏自杀，扶立嬴政的十八子胡亥继位。胡亥当了皇帝后，继续任由赵高对大臣罗织罪名实施残害，同时将秦始皇的二十多个子女分别用最残忍的方式全部杀死，第一次是在咸阳市（此处的市，是指古代城市的商业中心）将十二个兄弟公开处死，第二次是在距离咸阳城西门外十里远的杜邮（今咸阳市东）把六个兄弟和十个姐妹及其家人用石碾全部碾死。杀人现场血腥冲天，经久不散，惨不忍睹！他们虽然不是同一个母亲所生，却都是秦始皇一脉相承的子女！

胡亥在赵高的挑唆下，毫无人性地把自己的兄弟姐妹赶尽杀绝的同时，也斩断了秦朝的根脉，实质上已经昭告天下，秦朝的气数已尽，甚至包括他自己在内，仅仅过了两年，也成为赵高的刀下之鬼！

接下来赵高又对忠良大臣大开杀戒，右丞相冯去疾和大将冯劫为免受羞辱而选择了自杀，秦始皇的开国功臣、第一猛将蒙恬蒙毅兄弟被赐死于狱中，就连与赵高一起扶立胡亥的李斯也没有善终，不仅全家被杀，自己也遭到了最残酷的"具五刑"处死。所谓"具五刑"是指首先黥面（即在脸上刺字，是秦朝的一种侮辱刑），然后劓（即割鼻子，也是秦朝的一种酷刑）、砍断左右趾（即砍掉左右脚），再处以腰斩（拦腰斩断），最后是醢（音海，在犯人被拦腰斩断后趁气未绝用众刀剁为肉酱），这在当时是最为残忍的一种处死方式，即用五种刑罚处死。

然而，秦二世的横征暴敛，导致了陈胜、吴广起义，从而引发了天下反秦热潮，被秦始皇所剿灭的原战国时期的赵、魏、韩、楚、齐、燕六国诸侯也纷纷加入其中，趁机复国。中原地区已经打成了一锅粥，谁还有闲暇顾及匈奴的事！

巧合的是，秦二世这时也是二十一岁。

胡亥和冒顿，两个同为二十一岁的帝王，却面临两种不同的命运，一个是四面楚歌，已成砧板上的一块死肉，于惶惶不可终日中苟且偷生；而另一个则气势如虹，以破竹之势继续东征西战。换句话说，这两个二十一岁的年轻人，一个是在作死，而另一个是在求生！

灭了东胡之后的冒顿没有停止进攻的步伐，挟胜向西继续发兵，驱逐占据在河西走廊地区的月氏，然后突然向南吞并楼烦（今山西省西北部的保德、岢岚一带）等部落，并且收复了秦国时被大将蒙恬所夺取的朝那（今宁夏固原市东南）、肤施（今陕西省榆林市南）等匈奴领地，同时又占领了秦朝北部的部分地区。经过一系列的大征伐，先后征服北方的浑庚、屈射、乌孙、呼揭、丁零、鬲昆、薪犁等诸部落，迫使各族无不臣服匈奴。至此，匈奴帝国达到了史上最强盛的时期，其控制疆域东起辽河流域，西到葱岭（现帕米尔高原），南达秦长城，北抵贝加尔湖的广大领土。而强盛的匈奴在冒顿单于时期已雄踞大漠南北，直接威胁到了中原边关重镇的安危。

这时楚汉之争刚刚结束，刘邦建立的汉朝立足未稳，匈奴的铁骑就已经出现在了长城外，给初立的大汉帝国带来了无限压力。但是，真正把中原人民置于水深火热中的并不是匈奴，而是投奔过去的汉人——"汉奸"一词由此诞生。

关于"汉奸"一词的出处，比较早的有两种不同说法，一是史学家班固、名将班超之父班彪在《文选》中所说"汉之奸虏，非韩信中行说无他"。此处的韩信特指韩王信，而文中的中行说，则是指汉文帝时期投靠匈奴的一个太监，后面会单独讲述。另一个来源则是元代胡震编纂的《周易衍义》，书中"汉奸"一词系专指汉朝的奸臣。

冒顿统一北方后，下一个目标毫无疑问指向刚刚立国的大汉王朝。他们挥舞着马鞭，开始袭击汉朝的边城马邑（今山西省朔州市），而驻守马邑的，则是汉初刘邦分封的七个异姓王之一的韩王信。

关于韩王信，这里有必要做一下说明，为了和大将韩信区别，历史上一直把此韩信称为韩王信。韩王信是战国时期韩襄公姬仓的庶孙，韩国被灭后，一直在韩地生活，后来跟随张良入关投奔刘邦，公元前202年（汉高祖五年），刘邦称帝，大封诸侯，其中异姓诸侯王有七位，韩王信便是其中之一，获封国于颍川一带，定都阳翟（今河南省禹州市）。阳翟地处中原腹地，刘邦认为韩王信封地乃兵家必争的战略重地，担心韩王信日后会构成威胁，便以防御匈奴为名，将韩王信封地迁至太原都，以晋阳（今山西省太原市）为都城。但是韩王信并不同意，按照他的意思是，晋阳距离边界较远，如果匈奴来犯从晋阳前往救援来不及，要求把都城建在马邑。刘邦在同意他这个提议的基础上，也对他产生了更大的疑心。而韩王信因为臧荼被杀，同样也对刘邦心存戒备。

公元前200年秋，冒顿亲自率领匈奴来到了马邑城下。

帝国之间的博弈

马邑!

直到 21 世纪的今天，如果有人提到朔州，几乎毫无疑问都会联系到马邑，无论秦汉抑或唐宋，马邑都是一座无字丰碑，而这座丰碑却是由无数的鲜血和白骨堆积而成，甚至在不少故老的眼里，马邑就是朔州的一个文化代名词，是古代中国战争史的缩影。马邑最早可以追溯到战国时期赵武灵王胡服骑射和秦国猛将蒙恬在此放马，至汉朝时，名将李广、卫青、霍去病率兵在这里抵御匈奴，到宋朝这里又成为宋辽之间的主战场，家喻户晓的杨家将，就是在这里抗击契丹的进犯。北宋末期，女真的铁蹄亦是从这里踏过，以极为血腥的方式终结了北宋王朝，迫使赵构狼狈地逃往南方，建都临安。

唐太宗李世民一生总共作了八十多首诗，其中最重要的一首《饮马长城窟行》，就有对马邑的记载：

> 胡尘清玉塞，羌笛韵金钲。
>
> 绝漠干戈戢，车徒振原隰。
>
> 都尉反龙堆，将军旋马邑。
>
> 扬麾氛雾静，纪石功名立。

荒裔一戎衣，灵台凯歌入。

　　能够进入一代帝王李世民的诗文中，足见马邑的不同凡响。

　　2016年夏天，当我在准备《茶战》第三部的资料时，和夫人来到了山西，从太原到忻州再至朔州来到马邑，一路走一路回望尘封了两千多年的历史过往。站在被称为"天下第一雄关"的雁门关上，读着天、读着地，读着长城沉积的历史，也读着积郁已久的心声。天很蓝，只有几片白云斜挂在远端。仰起头，望着瓦蓝的苍穹，心里豁然涌起一阵感慨，似乎有很多话要说，却又不知从何说起。我深切地感受到中国历史这部浩瀚的文化长卷，眼前所能看到的，无论是渺茫无际，还是奥博深邃，抑或是高远雄浑，这些词似乎都不能准确地表达天的意象，或者是不敢启齿，唯恐惊扰了肃穆的天还有这厚重的长城。足下乃是千载旧堰，岁月流逝，人间已换，昔虽褪却，仍犹睹堰下刀枪剑戟闪烁寒气，匈奴的猖獗、契丹的金戈、女真的铁蹄、蒙元的凶残，无一不从此间闯进中原，恍若在这一时间重新浮现，鼓号嘶鸣，马蹄声咽，杀声震天，天地之间一派肃杀景象，飞尘走石遮天蔽日，惨淡之处绝灭人寰，人仰马翻裹挟腥风血雨，孤魂亡灵沉卧劫后疆场，盔残甲破矛折戟断，唯一面碎旗于硝烟里孤矗，万物不复，仅存一息对曾经惨烈的反思和唏嘘。曾经的风华，散不尽凄弥满目的烟凉，当一季繁华落幕，是谁，还在守望长城关隘的地老天荒？饮一杯经年的苦酒，浅醉在落叶纷飞的雁门和马邑，初时杀戮俨同过往云烟，久已散尽，仅余乱石，昭示史叙。青丝漫舞，风拨柔肠，衣袂飘飘，扬起无尽惆怅。岁月的巨轮碾不断缠绕过往的锁链，流年的忧伤抚不尽绵延天际的烟云，现在的我，犹如看到一只留恋红尘的白狐，千年等待，千年孤独！明代著名文人乔宇在他的《雁门山游记》中亲述登上雁门山巅时的地理地貌："绝顶四望，则繁峙、五台耸其东，宁武诸山带其西，正阳石鼓挺其南，朔州马邑临边之地在其北。"寥寥几笔勾勒出雁门的重要位置!

秦汉之间的战争,加之后来项羽与刘邦的权力斗争,导致中原王朝疏忽了匈奴的存在,使其得以迅速扩张,消灭了东胡,吞并了楼烦,击败了乌孙,打跑了月氏,一跃成为当时亚洲第一强国。于是,刚刚易帜换主的中原王朝成了他们的下一个目标,匈奴欲与汉朝一决高下。

从战国时代起,匈奴对中原的骚扰都是小股人马,像一群残忍且狡黠的草原狼,突破中原的边防后,便显露出他们的兽性,见人杀人,遇物抢物,一旦遭遇中原军队的阻击,就化整为零四散溃逃,尤其是经历过李牧、蒙恬等中原大将的打击后,更加显得谨小慎微,不敢轻举妄动。

但是,刘邦建立汉朝后,匈奴对中原的进犯更加频繁,从过去提心吊胆的小股袭扰,变成了狂妄无忌的大兵压境,使中原边关地带压力日趋增大。为了能够威慑匈奴的不断进攻,刘邦同意了韩王信镇守马邑的请求。

公元前200年秋,冒顿单于亲率匈奴重兵进犯中原。然而,要想大举进入中原,首先必须突破长城。从战国时期开始,秦国、赵国、燕国等与匈奴接壤的边界各国各自修筑了长城。秦始皇统一六国后,将原来各诸侯国的长城重新加以修葺、完善和延长,并将其相互连接,由西向东延伸,西起甘肃临洮,东至辽东,这便是名闻天下的万里长城。如此一道人工修筑的万里防线,且在重要塞口驻兵布防,形成一个完整的防御体系,想要突破谈何容易!

然而,对于冒顿而言,攻破长城不是难事,因为所有防线即便能做到固若金汤,也有其致命之处,更何况还有一句民间谚语,"城是死的,人是活的",只要肯开动脑筋,总会想到办法。

于是冒顿命匈奴人马在万里长城的每一个关隘进行试探性进攻，找到一个能够有把握打穿的薄弱环节后，再准备大规模进攻。冒顿在思考了很长时间后，决定选择中原军事防线最薄弱的马邑下手，其理由是马邑距离匈奴的王庭相对比较近，一旦打穿了马邑防线，进可长驱直入，退能及时回防，况且在短时间内，汉朝军队根本就来不及向这里增兵救援。

狡猾的冒顿为了迷惑汉朝军队，表面上用小股人马继续骚扰中原防线，而背地里却悄悄将主力调至马邑城外集结，寻找有利时机强攻。

驻守在马邑的韩王信已经识破了匈奴的意图，虽然也象征性地做出一副主动出击的样子，但是也仅仅是"象征"而已——军队出城还没靠近匈奴，就赶忙下令收兵，并向匈奴提出和谈要求。与此同时急报朝廷，夸大其词地说"马邑遭遇围困，危在旦夕"。

匈奴围城是真，可是冒顿并不知道马邑城内的驻守兵力，所以也就不敢贸然进攻。当他收到韩王信的和谈要求时，第一感觉是其中必定有诈，就更不敢轻易行动了，只是费尽心思地揣摩马邑守军的用意。

而韩王信之所以主动向匈奴提出和谈请求，自然有他的个人考量。因为一个军事长官，在没有得到上司同意的前提下主动向敌方提出求和，有悖于最基本的原则。然而，这时的韩王信已经明确地感觉到刘邦对他的不信任，尤其是在臧荼被杀之后，这种压力愈发明显，他甚至已经嗅到了汉高祖挥起屠刀砍向自己的味道。如果在这个时候不能保存自己的实力，将会彻底失去与刘邦谈条件的筹码。而冒顿这时候也猜测出韩王信的用意，所以并不急于进攻，而是从侧面给予韩王信更大的压力，希望能兵不血刃地轻松拿下马邑城，以不需要牺牲兵力为代价轻松突破长城屏障，实现向中原进攻的目标。

刘邦闻报马邑被匈奴围困的消息，不由得大惊失色，他心里很明白，一旦马邑失守，匈奴将长驱直入，直达腹地，其身后的晋阳立刻就

茶战3：东方树叶的起源

会暴露在敌人的眼皮下，后果将不可收拾。他连想都不敢多想，当即下令连夜派兵，立刻对马邑进行增援。

当增援的汉军风尘仆仆地赶到马邑的时候，冒顿便意识到自己错失了进攻的最佳时机，黯然撤出了阵地。但是，他的这一举动却在无意中造成了韩王信的配合假象，使刘邦对韩王信彻底失去了信任，直接怀疑他与匈奴相勾结，专程写信斥责他对匈奴的消极行为，此举也加快了韩王信的投降步伐。刘邦信曰："专死不勇，专生不任，寇攻马邑，君王力不足以坚守乎？安危存亡之地，此二者朕所以责于君王。"（《汉书》）

韩王信读罢刘邦的信，心里明白刘邦已对他动了杀心，与其在这里静等受死，倒不如直接投降匈奴反倒能活一条命。于是，韩王信义无反顾地投靠了冒顿。此时的冒顿还在因为自己没有抓住战机攻破马邑而郁闷，却没想到韩王信向他投降了，而且还不是他一个人，身后还带着一份意想不到的大礼：马邑！

大喜过望的冒顿当即任命韩王信为先锋，率军转身攻打中原腹地。

于是，"汉奸"一词由此诞生！

马邑不战而破，成了刘邦的一个噩梦。在韩王信的率领下，匈奴兵像一群穷凶极恶的野兽，潮水般涌入中原，一路上烧杀抢掠，直逼晋阳。

刘邦闻报，大惊失色，当即调动三十万大军御驾亲征，遣陈平、樊哙、周勃等大将兵分六路快速向晋阳方向集结，不惜代价全力剿杀韩王信和冒顿。此时的汉军，经历了秦末战争和楚汉战争，都是具有极强战斗力的勇猛之士，面对外寇的入侵、汉奸的背叛，个个都义愤填膺，争先恐后地投入杀敌的行列中。各路将士捷报频传，连连获胜，杀得敌人四处逃窜。

韩王信深知汉军乃虎狼之师，不敢与之对战，只能且战且退，如此一来，把左右两路匈奴贤王彻底暴露在周勃的眼皮底下。周勃与樊哙是汉初悍将，韩王信的溃逃，暴露出匈奴的左右两翼，一旦砍掉这两个贤王，匈奴必败无疑。周勃当即下令分兵包抄，先断掉敌人的退路，再会同樊哙从中间将其分割，致使匈奴首尾不能相接，最后集中优势兵力将其彻底绞杀。

周勃这一招够狠，汉军将士得令迂回到匈奴身后，从阵地中突然杀出。虽然匈奴平时在草原驰骋异常骁勇，但打阵地战却是他们的短板。而经过大战历练的汉军个个都对阵地战有丰富的经验，不慌不忙地从四周向匈奴慢慢靠近。骑兵分作两路，给中间的步兵留出了充分的空间，一场厮杀就此展开。勇猛的汉军呈扇面向匈奴人发起了进攻，在震天的杀声中，仅仅过了一轮的冲击，地上就倒下了一大片匈奴人。

这是一场农耕民族和游牧民族之间的战役，无论游牧民族还是农耕民族，这都是一场输不起的战斗。对于匈奴而言，一旦战败无疑是灭顶之灾，不但要退出河西走廊，而且草原霸主的地位也将荡然无存；而对于汉朝来说，此战获胜等于完全巩固了新兴的江山，一劳永逸地解决了边关忧患。

须臾之间，战场成了一台巨大的绞肉机，腥风血雨之中，汉军将士以不可战胜的气势越战越勇，打得匈奴连招架之力都没有了，相互踩踏乱作一团，像受到惊吓的老鼠一样，毫无目的地四处乱窜。左贤王在几个侍卫的保护下，丢下近万匈奴士兵，极为狼狈地逃出了战场，而右贤王身中数箭侥幸捡回了一条性命。

战斗以匈奴和韩王信的惨败戛然而止！

面对这场轻松的胜利，刘邦有些飘飘然了，他觉得自己应该向战国时代的李牧和秦朝的蒙恬那样，把匈奴这群野狼彻底打残，让他们从此不敢靠近汉地，这将是一件名垂青史的大事业。理想很丰满，可现实很骨感，因为他忘记了一个关键问题，蒙恬当年打的是心胸狭隘头脑简单的头曼，而现在他所面临的却是匈奴史上最凶残也最冷酷的冒顿。

冒顿做梦都没有想到，汉军居然有如此强盛的气势和战斗力，原本还以为所向披靡的强悍匈奴对阵农耕民族是没有悬念的，而今看来这是个错误的判断，不仅被汉军打得灰头土脸，而且甫一交手就被人家斩掉了两翼，死伤惨重。毕竟是新兴的草原霸主，一旦败在了汉人的手里，费尽心思打下的江山将拱手让出。

战争都打到了这个程度，冒顿清晰地感觉到自己已经输不起了。毕竟他是曾经靠自己的智慧杀了父亲登上大位、又灭掉强大东胡的冒顿，仅此一点就足以看出他的智慧。而初次与汉军面对面的这场战斗，让他亲眼看到了汉军将领的指挥能力和作战水平，面对败局，他内心充满了纠结，是继续打下去，还是保存实力撤退？眼看着这场战役打成了这个惨状，当务之急是改变一下目前的战术。

然而，对面的刘邦也是这么想的。他所想的是，必须在短时间内稳准狠地彻底打垮匈奴，最好能把冒顿的人头也一并砍下。他所采用的方式是，主动与匈奴提出和谈，以麻痹冒顿，然后再趁机发起进攻，将匈奴一举歼灭。但是，事后证明，这种轻敌的心态导致他犯下了一个致命错误，他把冒顿想得过于简单了。因为任何一个战略家都明白一个道理，汉军优势在握，在刚刚结束的战斗中以强大的实力斩断了敌人的两翼，在这样的前提下主动求和，而且还不提任何条件，其中必然有诈——天下绝对没有免费的午餐，更何况是在你死我活的两个强敌之间！

冒顿的判断非常准确，却表现得不动声色，一面接见汉军的和谈代表，容和谈代表仔细地查看自己的阵地，另一面却悄悄地把主力队伍撤出阵地，只留下一些老弱病残用来迷惑汉军。

汉军的和谈代表果然上当了，他们眼里所看到的匈奴兵士，不是老弱便是伤残，而且所带的牛羊都很瘦。由此可以分析出，匈奴的兵力不行，后勤保障也跟不上，这样的军队没有任何能力抵御汉军。

和谈代表把自己亲眼所见的匈奴阵地情况向刘邦做了全面报告，起初刘邦并不相信，每一个细节都问得非常认真，随后又派出了第二拨使臣，继续与冒顿"和谈"，结果，所传递回来的信息不仅与上次完全一样，而且人畜的数量还在减少。刘邦这回信以为真了，必战的欲望一下子就被点燃，甚至连起码的分析都没有，连天气的变化也顾不上，在后勤军需还没有到位的情况下，迫不及待地就下令全军北上，目的非常简单，就是要全歼匈奴！

刘邦果然上当了。

历史的经验始终都在强调一个道理，在很多情况下，所有错误都有机会得到及时的修正。比如刘邦，当他发出错误的指令，把三十二万大军向北调集的时候，至少还有两个让他改正错误的时机，以及时调整战略战术：第一是天气的因素，就在刘邦出兵的命令发出不久，气温骤降，严寒的风雪连续数日不止，因为没有及时提供抗寒的后勤军需，许多士兵冻死冻伤，行军进度变得异常缓慢。假如刘邦能明智地及时叫停，对进攻重新做出部署，也许就会出现不同的结局。

第二则是人的因素，因为天气的阻隔，部队的行军速度变慢。当汉军好不容易翻越句注山（即雁门山）的时候，从后面赶来的刘敬挡在了刘邦的前面，力劝刘邦三思而行。

刘敬原来并不姓刘，而叫娄敬，齐国人，原是刘邦军中一个名不见经传的推车兵士。《汉书》所载，刘邦夺取天下后，由于秦朝的横征暴敛，再加上连年战乱，他所面对的是"天下之民肝脑涂地，父子暴骸中野，不可胜数，哭泣之声不绝，伤夷者未起"的残破局面，田野荒芜，人烟稀少，物资匮乏，身为皇帝的刘邦出行时，连四匹相同颜色的马都很难找到，甚至有的大臣上朝时，因没有像样的马，只能不怎么体面地坐着牛车代步。在这种情况下，刘邦原本打算定都洛阳，而作为"一无勇猛之名，次无贤德之望"的娄敬，通过他的同乡虞将军要求面陈刘邦。

虞将军原本也认为娄敬不过就是一推车小卒，想见皇帝无异于天方夜谭，所以上奏的时候仅随口说了一句。没想到的是，不知道刘邦那天是因为心情不错，还是因刚刚平定天下，要表现出自己是个明君，居然真的传旨召见了娄敬。一介布衣见驾，也就没有必要像文臣武将那样小心翼翼，娄敬大胆地推翻刘邦将国都建于洛阳的设想，并提出了自己的建议和想法。娄敬认为：洛阳这个地方自古以来就是天下交通往来的中心，太平盛世可以在此称王，一遇战乱就很难控制局面。现在战争刚刚停息，尸骸尚暴露于野外，哭泣之声还沿路可闻，中央政权还不稳固，不宜在洛阳建都。而秦朝经营了几代之久的关中地区，则被山带河，四面都有自然险阻，即便有紧急情况，百万之众不难召集，而且那里土地肥沃、气候适宜，便于发展生产，恢复经济，称得上是天府之国。这就像与人格斗，不击其背扼其喉，就不易取胜，而建都关中正是击中了天下之背，扼住了天下的咽喉，是巩固政权的关键。

刘邦手下的群臣看到这个粗衣敝履、人微言轻的小人物竟然对建都这样的国家大事如此滔滔不绝地发表意见，本来就有一种莫名的反感，加之他们大都不是关中地区的人，对这个建议就更感到不能容忍了。于是，他们纷纷进言，横加指责。在一片反对声中，却有一人站出来支持娄敬。

张良！

与其说是刘邦力排众议采纳了娄敬的建议，毋宁说是他听信了张良，使他对这个微不足道的推车军卒的迁都提议重新考虑，并且"即日车驾西都关中"。从而确定了大汉王朝的霸业建立于长安。因娄敬提议建都有功，赐其姓刘，拜为郎中，号曰"奉春君"。

此时的刘敬追上刘邦后，说出了自己的看法："两国相击，此宜夸矜见长。今臣往，徒见羸瘠老弱，此必欲见短，伏奇兵以争利。愚以为匈奴不可击也。"(《史记·刘敬叔孙通列传》)如果这时的刘邦能听进刘敬劝阻的话，也许还不至于败得那么狼狈。然而，刘邦像走火入魔一样，一门心思要打败匈奴，在这个时候闻听此言，顿时龙颜大怒，厉声斥骂："齐国孬种，凭着两片嘴捞得官做，现在竟敢胡言乱语阻碍我的大军。"(齐虏！以口舌得官，今乃妄言沮吾军。——《史记·刘敬叔孙通列传》)喝令左右把这个扰乱军心的家伙押进大牢，待赢得胜利后再来处置他。

刘邦对自己的能力太过于自信了，对这场胜利看得过重，同时也对冒顿的奸诈太不了解，他几乎没有听明白刘敬在说什么，直接下令将其下狱关押，然后义无反顾地率军继续向北进发。

刘邦的目的就是要拿下冒顿的人头，而冒顿的想法也和他完全一样。冒顿是示弱的高手，而且这一招百用百灵，当年他就是用示弱麻痹了东胡，从而上演了一出扮猪吃虎的好戏，而今再次祭出这一老招，隐藏精锐主力，然后让一群老弱病残充当主角，诱使刘邦上当。

因为汉军多以步兵为主，再加上天气的原因，行军的速度相对较慢，刘邦求胜心切，集结了所有的骑兵，由自己亲自带领夏侯婴和陈平率先出发，而步兵和辎重车兵则在后。大汉王朝的开国皇帝亲自当了先锋官，可见他对匈奴乃至冒顿的轻视到了何等程度。

由刘邦亲率的骑兵很快就来到了平城（今山西大同），其时与后面的步兵已经拉开了几天的行进距离。而早已埋伏于此的冒顿，已经集结了匈奴四十万精兵强将，要全部剿灭汉军。当他发现汉军只是来了一部分骑兵，大部步兵并未出现时，不由得大喜过望，立刻下令全面出击，要把刘邦的骑兵围歼在平城。

一场惨烈的战役就此打响，匈奴不愧为马背上的民族，马快刀利

茶战 3：东方树叶的起源

再加上人多势众，优势很快就显现出来，两军直杀得天昏地暗。匈奴像一群发了狂的野兽，发出野兽般的嚎叫，一次次疯狂地向汉军冲杀过来，打得汉军节节败退。从某种意义上说，如果汉军只是一群士兵倒还罢了，关键是刘邦也在其中，所以很多将军的注意力都集中在了皇帝身上，各自带兵前突后拼力保刘邦的安危，由此导致人员伤亡异常惨重。

汉军到底是一支经历过大战考验的军队，面对数倍于己的匈奴，虽然付出了沉重代价，但匈奴也没有赚到多少便宜，更重要的是，占有优势的匈奴居然被汉军打得极为狼狈，阵型早已凌乱，而汉军则步步为营，始终顽抗抵御匈奴一次又一次的进攻。在外围的掩护下，位于中间的将士们则拼死保护刘邦，且战且退，很快就占据了白登山（今名马铺山，位于大同城东五公里处）的制高点，并赶在敌人发起下一轮进攻之前抢修工事。

这时的刘邦站在山顶，望着山下黑压压的匈奴人马，明白了自己已处在极其危险的境地，这才后悔没有听从刘敬的劝阻。然而事已至此，后悔已经毫无意义，摆在眼前唯一的出路，就是赶快想办法冲出匈奴的重重包围。

这一围就是七天，时下正值隆冬，跟随刘邦一同被包围在白登山的，多是早几年跟他一起起事的南方士兵，虽然身经百战，却无法忍受凛冽至极的北方严寒，更严重的是后勤保障没有及时跟上，士兵已经开始冻死冻伤，如果再不冲出重围，面临的将不仅仅是冻死冻伤的问题，随军的粮食供应也已严重短缺。再看山下，匈奴人马将白登山围得里三层外三层，别说汉军想冲出重围，就是个苍蝇都很难飞得出去。虽然跟在骑兵后边的步兵没有被匈奴包围，但是这个局面也很难救援，尝试了很多方式均无功而返。

刘邦与他狐裘龙茸的大汉王朝已到了危在旦夕的地步！

就在这个危难时刻，一个人出来向刘邦献计，何不利用冒顿的阏氏与匈奴谈判呢？

提出此计的是陈平。

陈平，堪称汉初时代的地缘战略大师。

"地缘战略"这个词最早起源于古希腊的地米斯托克利，也就是著名的"马拉松战役"指挥者之一。公元前480年，在与波斯帝国薛西斯一世所发动的第二次波希战争中，他主动与包括雅典和斯巴达在内的三十一个希腊国家结成同盟。雅典虽然拥有希腊最强大的海军，地米斯托克利为保持同盟团结，主动提出由斯巴达人出任海军统帅，但是由于斯巴达人不善于指挥海军，所以处处要向地米斯托克利请教，因此地米斯托克利实际掌握了海军的统率权。在世界战争史上占有重要地位的"温泉关之战"，希腊和斯巴达联军以三百斩敌两万的故事就是发生在这时。

但是，对于这场战争究竟是否存在，就像我们始终质疑古希腊历史一样，我个人的选择是不信。因为在冷兵器时代三百人要砍杀两万人谈何容易？首先是兵刃的问题，以现代工业所制造的刀械韧度，砍杀不超过十人，刀刃就会变钝，更何况是在两千年前呢？其次是人的问题，人最大究竟可以承受多少次刀起刀落的挥舞呢？据力量学专家提供的资料，使用兵器的话，一个强壮的士兵每次劈杀的力量将达到260公斤，最多只能劈杀50次，而且还必须是在目标静止的前提下。也就是说，人的最大体能在对方没有任何反抗的基础上也仅仅能劈杀50人，但如果在面对面的运动厮杀状态下，按照每人平均挥刀5次与对方博斗，要在短时间内连续拼杀的可能性很小，更何况双方在人数上相差悬殊，所以我个人认为这只是一个故事而绝非是真实的历史。

然而，历史就是这样白纸黑字记载的，就像没有足够的证据链能够证明我对古希腊历史以及柏拉图、苏格拉底等人物究竟是否真的在历史上存在的质疑一样，所以也就容不得不信。假定这段历史并非人为编造，我们只能感到遗憾，两千多年前东西方的文化并不重合，所以"地缘战略"这个词在当时尚没有传到中国，否则的话，陈平也应该列入"地缘战略大师"的行列。

在被匈奴包围的七天里，陈平所看到的是冒顿每天与他的新阏氏朝夕相处，一同在山下散步，显得格外宠爱。于是就给刘邦献计，何不从冒顿的阏氏身上打打主意？刘邦听从了陈平的计谋，就特派使臣带着大量金银财宝，趁着雾色下山，潜入匈奴营内。

在《史记》《汉书》以及后来的史料中，都有"白登之围"的具体记载，但基本都是以《史记》为蓝本，再加以修改编纂而成。据《史记》所载，冒顿单于在这个时间内原本与韩王信的部下王黄、赵利约定了会师的日期，但他们的军队没有按时前来，冒顿单于怀疑他们同汉军有勾结，就采纳了阏氏的建议，打开包围圈的一角，让汉军撤出。当天正值天气出现大雾，汉军拉满弓搭上箭，从已经解除包围的一角慢慢地走出，才得以脱险。

不过，我对这个说法始终持怀疑态度。一方面是与冒顿的性格不相符，比如在他从月氏侥幸逃脱，训练他的"飞镝军"时，曾经让部下用箭镞射死过他的一个阏氏。其次在东胡派使臣前来约见他时，要求他把自己最宠爱的阏氏献给东胡王，他力排众议果断答应。如此一个冷酷的单于会听从于阏氏的枕边之风？

另一方面则是地理位置的不符。我于 2016 年夏天在好友的陪同下，来到了位于山西省大同市城东五公里处的马铺山，实地瞻仰这个两千多年前的著名古战场。白登山，又名小白登山，元代改名为马铺山，一直沿用至今。这是一座并不算很高的山，与其称为山，毋宁叫"坡"更加合适。从山上往下看，此山西临大同市的主要河流御河，东接险峻的采凉山，往南与采凉山之间的山坳有一条经张家口通达内蒙古的公路。1993年，大同市政府在山下专门修建了一座汉阙式碑亭，碑文记录了两千年前那场著名的"白登之战"的详细内容。

据1989年第八期《文物》杂志刊载的山西大学王银田教授的文章《大同东郊北魏元淑墓》所述，1984年，考古学家在大同城东的东王庄发现了北魏时期的元淑墓，其中墓志记有"葬于白登之阳"，与《史记·匈奴列传》中所记述的"白登，台名，去平城七里"距离相符，而且还有三国时期魏国的如淳对《汉书》中的白登专门做了解释："小白登山在区东七里，高一里，盘踞三十五里。"专家由此断定，这里便是历史上赫赫有名的白登山。

在我来到马铺山之前，曾经查阅了大量的资料，发现学界就"白登之围"的战场存在很大的争议，而我到了这里后也发现，此山面积并不是很大，很难容纳如史书所记载的刘邦数万骑兵，且地势平缓，呈三十度缓坡可一直登到山顶，没有任何险堑可据，对于匈奴的骑兵来说如履平地。如果汉军真的被围困于此，别说坚持七天七夜，恐怕连一天都很难坚守。然而，距离大同市东三十公里、位于阳高县境内的采凉山，倒是很有可能是这场战役的主战场，这是一座呈曲状的地垒山，海拔2144米，山体浑圆，山顶平坦，山体面积六百余平方公里。山上森林密布，泉水潺潺，池影莲开，漫山鸟鸣，更有山兽出没，野兔乱窜，而山顶则常年积雪不化。

由此看来，这里才是"白登之围"的战场，太史公的记载还是比较准确，只是我们今天还没有确凿证据能够证明陈平的"阏氏之计"是否真实。

至于韩王信，结局肯定好不到哪里去。"白登之围"三年后，也就是公元前197年，韩王信再次带领匈奴攻打汉地，遭到汉将柴武的阻击。柴武在发起攻击前，专门写信给韩王信，大概意思说："皇上对你

茶战3：东方树叶的起源

不薄，希望你能迷途知返。"以此希望韩王信能主动投降。而韩王信则回了一封信，对柴武详细诉说了自己不能回汉的原因："在荥阳保卫战中，我不能以死效忠，而被项羽关押，这是我的第一条罪状；等到匈奴进犯马邑，我不能坚守城池，献城投降，这是我的第二条罪状；现在反而为敌人带兵，和将军争战，争这旦夕之间的活头，这是我的第三条罪状；文种、范蠡没有任何罪状，成功后一个被杀一个外逃，何况我这三条死罪加在一起，我回去能有好结果吗？"

柴武见劝降无望，便发起进攻，率兵攻下了参合城（今大同市东），恰遇迎面过来的韩王信，柴武挥刀将其斩落马下，并拔剑割下其首级向朝廷交了差。不过刘邦做得还算仁义，不但没有为难韩王信的家人，反而对其后代相应做了分封，由此可见韩王信叛逃匈奴确实是被刘邦所逼。

热热闹闹地说了这么半天，无论秦末汉初也好，或者西戎匈奴也罢，这些历史事件与茶叶的起源究竟有多少关系？

"黄老治术，与民休息"

"白登之围"让刘邦明白了一件事，新兴的汉朝尚不是匈奴的对手，如果硬碰硬地和匈奴打下去，自己明显处于下风。其中有两个原因：其一，匈奴是游牧民族，挑起战争进行抢掠是他们的本能；其二，汉朝初立，在经过了秦末一系列战争后，民生遭到破坏，国力明显不支。换句话说，汉人是穿鞋的，而匈奴是赤脚的，从古到今赤脚的从没怕过穿鞋的。在这种情况下，唯一能解决双方军事对抗的方式，就是采用萧何、曹参、张良等人的建议，以联姻换取暂时的和平，养精蓄锐，一切留待日后解决。

陈平则是这一政策的积极响应与执行者，他之所以要积极响应这个建议，除了为国家社稷考虑之外，其中很重要的一部分是为自己着想。因为，他不像萧何和曹参，是从沛县就跟随刘邦起事的嫡系，而张良虽然并非刘邦早期的原班手下，却是在萧何的引荐下带着一班人马过来投靠刘邦，也算是交过投名状并且已经知根知底的人。与上述几位相比，陈平就差了许多，最重要的一个原因是，他曾经是项羽的手下，虽然在鸿门宴等关键时刻出手救过刘邦，但刘邦此人疑心很重，况且那些已经成为刘邦刀下之鬼的异姓王，被杀的田横、臧荼和逼反的韩王信、陈豨、卢绾，哪一个没有给刘邦立国出生入死卖过命？哪一个没有为汉朝兴邦立下过汗马功劳？然而，刘邦说翻脸就翻脸，拿起屠刀说杀就杀，赫赫战功一概作废，致使身边很多大臣都人人自危，一举一动都谨小慎微，生怕自己的言行惹恼了这位混混出身的皇帝，给自己招来杀身之祸。所以当萧何、曹参、张良向刘邦提出"黄老治术，与民休息"时，陈平当即表态坚决支持，并主动请缨去做一个践行者。

所谓"黄老治术"，最早出自老子。是战国时代的哲学、政治思想流派，尊传说中的黄帝和老子为创始人，故名，这一学派假托黄帝和老子的思想，实为道家和法家思想相结合，并兼采阴阳、儒、墨等诸家观点而集成的一种独立政治体系。这一流派褒赞黄帝时期的政治清明，希望以道家的清静俭约作为官员以身作则奉行的圭臬，以无为的政策推行方法取代有为的积极实行。

在社会政治领域，黄老治术强调"道生法"，主张"是非有，以法断之，虚静谨听，以法为符"。认为君主应"无为而治""省苛事，薄赋敛，毋夺民时""公正无私""恭俭朴素""贵柔守雌"，通过"无为"而达到"有为"。

然而，这只是古人对中国"道"的一种理解，对于今天的人来说，可能感受不会很深，如果换作今天的语言，也许更容易被接受。

南怀瑾先生曾经说："佛为心，道为骨，儒为表，大度看世界。"客观地阐述了中华传统文化中的"儒释道"精神。道，乃中华文脉之骨，老子在《道德经》中强调"人法地，地法天，天法道，道法自然"，其意是一切都是围绕着自然中"炁"的循环过程，而非今日所理解的"气"。

"元炁"是中国古代一个很重要的哲学概念，指产生和构成天地万物的原始物质，是构成世界的基本物质。中国古代哲学笃信万物同源与人体循环理论，从饮食的角度出发，简单且形象地把五行串联到一起，"五色入五味，五味入五经，五经入五行，五行入五脏"，一切均合乎自然，以元炁的运动变化来解释宇宙万物的生成、发展、变化、消亡等现象。

今天看来，中国古代的哲学思想非常神奇，比如一年有 365 天，而人的身上有 365 个穴位；一年 12 个月，人有 12 道经络；一年有二十四节气，对应人体 24 节脊椎。

人与自然完全契合！

我们今天只是把"心平气和"当作一个成语来使用，殊不知在古代这四个字却代表了人类心、肝、脾、肾四个重要器官。当 19 世纪人们都大肆鼓吹赫胥黎的《天演论》，甚至把他的"物竞天择，适者生存"当作警语的时候，却忘记了中国的祖先在两千多年前就已经把"天演"运用到日常生活和治国理论中去了。

这种朴素的唯物主义哲学思想，在中国古代哲学史上占有极重要的地位，并对自然科学的发展产生了深刻的影响。元炁学说作为一种自然观，是对整个物质世界的总体认识。因为人的生命活动是物质运动的一种特殊形态，故元炁学说在对天地万物的生成和各种自然现象做唯物主义解释的同时，还对人类生命的起源以及有关生理现象提出了朴素但很深刻的见解。

由此可见，萧何等人提出的"黄老治术""与民休息"这些治国理政方案，非常符合汉初的时代背景，就像司马迁在《史记·货殖列传》的开篇中所说："老子曰：'至治之极，邻国相望，鸡犬之声相闻，民各甘其食，美其服，安其俗，乐其业，至老死不相往来。'必用此为务，挽近世涂民耳目，则几无行矣。"

在相继消灭了专制集权的秦王朝和企图返回战国诸侯并立时代的项羽势力之后，究竟采取何种思想进行统治以稳妥地解决一系列现实问题，成为摆在刘邦及其统治集团面前的重大问题。前事不忘，后事之师。

孔子曾经痴迷向往的三代之治虽然从未真正实现，即便是他心中理想的三代也不会多么美好，美好的过去和美好的未来其实都是一样的，都是人们美好理想的创造物，不过过去的历史时代，看上去好像曾经实现过，而未来似乎只是空想的。

理想的社会制度每一代人类都有过很多构想，但是真要实施起来往往就成了问题。美好的社会往往需要设计，这种设计无疑要求人们做点什么，往往要求人们在思想和行动上向它靠近，好像美好的世界这样就会达到。虽然宗教往往用更富有幻想性质的世界来代替，但其实和现实中圣人们的种种美好构想，无论是三代还是王道，都是差不多的，只不过宗教往往迫于世俗权力不敢让人们全身心投入，而很多圣人们则可以靠近世俗权力，最终实现自身和现实政治的合一。汉代儒生把孔子尊为素王，就是因为汉代儒生成功地让儒家成为世俗权力的指导思想，并把道德礼法这内外一套从上到下实践起来。

汉代以降，除少数朝代，大部分政权都还是信奉儒家理论，时间久了，中国从上到下都基本实现了儒家从家到国的道德礼法秩序，并且从乡村野老到朝堂大臣直至皇帝的各种观念无不在儒家的秩序之中，中国可以说是实现了儒家的基本理想。不过，历史还是不断告诉我们，实现了这一套的中国，往往逃不过治乱兴亡的循环，往往人们生活得也不那么幸福。

秦王朝推行法家路线，大搞严刑酷法，推行思想专制，仅过二世就乌呼哀哉，从秦亡的废墟中冲杀出来的刘邦，对这一深刻教训有着切身的感受，这就决定了他不可能把法家的政治思想作为治国方式，必须要选择另外一种更加适合汉朝的政治理念。由于汉初的官员大臣大多来自社会下层，"方其鼓刀屠狗卖缯之时，岂自知附骥之尾，垂名汉廷，德留子孙哉"（《史记·樊郦滕灌列传》），因而对儒家治国的高深理论也不可能产生浓厚的兴趣。刘邦本人尽管没有完全排斥儒学，但儒生的信而好古、脱离现实、高目标也令其厌恶。这时，唯有主张清静无为、以柔制刚、以静制动、以退为进、以守为攻、刑德相养的黄老之术比较切合刘邦集团的需要，能够为汉初统治者提供最合理、最有效的统治手段和制定政策的理论依据。

而"与民休息"就比较容易理解，在《成语辞典》中的解释为："动乱后，亟须保养民力，复兴经济。"班固在《汉书·循吏传》中对"与民休息"政策做了这样的评价："汉兴之初，反秦之敝，与民休息，凡事简易，禁罔疏阔，而相国萧、曹以宽厚清静为天下帅，民作'画一'之歌。"

另外，刘邦之所以能够接受"与民休息"政策，也是不得已而为之。就当时的政治背景而言，从陈胜、吴广在大泽乡举起了起义大旗后，爆发了各路人马组成的反秦战争，从十九路诸侯混战，到三年楚汉战争，造成"兵不休者八年，万民与苦甚""民失作业而大饥馑，人相食，死者过半"的悲惨结果。长时间的以恶相争已导致民不聊生，再加上之后与匈奴的战争，倘若不是听从陈平所献之计，刘邦险些酿成兵败国亡的悲剧。所以，在这样的背景下，刘邦不得不考虑变革。除了接纳刘敬的提议与匈奴和亲以缓当时之急外，他已经没有能力对匈奴再采取什么重大的军事行动了，刚刚立国的汉朝已经到了最危险的关头，如果不从长远出发，把改善民生作为当务之急，大汉王朝随时都有可能堕入万劫不复的深渊。也就是说，局势到了这个地步，不是刘邦想不想"与民休息"改善民生的问题，而是除此之外别无选择！

当然，"与民休息"也并非一件简单的事，而是一个繁杂与系统的大工程，其中牵扯到诸多需要衔接的问题。比如，首先就是要结束战争，一旦战争结束，庞大的士兵队伍如果得不到很好的安置，将引发社会动荡，古今中外，这样的先例不胜枚举。所以"兵罢皆归家""偃兵

茶战3：东方树叶的起源

息民"成了亟待解决的首要问题。因为除了必须要保留的一小部分部队外，其余大部分士兵都各自回家，所以必须要妥善处理好士兵的安置问题。这个问题只要照搬当年周武王兴周翦商、平定天下后"纵马于华山之阳，放牛于桃林之虚，偃干戈，振兵释旅，示天下不复用也"和秦始皇统一六国后"收天下兵，聚之咸阳""夷郡县城，销其兵刃，示不复用"，相对还比较容易解决，只不过周武王和秦始皇是主动，而刘邦是被动罢了。

其次就是制定法律。刘邦心里很明白，如要获得民心，就必须制定新法，废除秦代的"苛法"，一方面以更换法律昭示新朝代的开始，另一方面也算是安民的一种手段，通过新政换取民众的希望。当年刘邦初进咸阳之时，就曾经亲自向民众承诺："父老苦秦苛法久矣，诽谤者族，偶语者弃市。吾与诸侯约，先入咸阳者王之，吾当王关中。与父老约法三章耳，杀人者死，伤人及盗抵罪。余悉除去秦法。"而今随着新政的出台，也到了刘邦兑现承诺的时候。

最后便是天下所有百姓都关心的问题：税赋。新政出台之际，刘邦打出的是"轻田赋，十五而税一，以年逐减"的税收政策，深得民心。所谓的"十五而税一"是指地主向佃农收取土地产量的十分之五即产量一半的地租后，地主再向国家交纳土地产量的十分之一的税赋。也就是土地产量为十份，地主与佃农五五开后，地主再向国家交一份的税。即地租率为百分之五十，税率为十分之一。从表面上看"十五而税一"似乎比秦代的《田律》还要略高一成，但每年降低税赋成为百姓们最大的希望，而且这一政策至后来吕雉当政时期得以发扬光大，成为最得民心的条令，并为之后的"文景之治"打下了基础。

但凡提到吕雉，也就是刘邦的老婆吕后，略知汉朝历史的人都会对她有非常不好的印象，如擅权跋扈、残害无辜、心狠手辣、嫉妒尖刻。有两个举国瞩目的人物死在了她的屠刀之下，这两个人都为大汉江山立下过汗马功劳，一个是军事才能盖世无双的淮阴侯韩信，另一个是勇冠三军的一代骁将彭越。这两位功劳卓著的将领都被扣上一个"莫须有"的罪名而夷灭三族。更为残虐的是，彭越竟被捣为肉泥，然后将肉泥分赠给各诸侯王，并警告说："有不从吾命者，如彭越。"此言此行，致使当时的各路诸侯王心灰意冷，不寒而栗，履薄临渊，人人自危。在刘邦死后，为了巩固自己的权势，她不惜大开杀戒，诛功臣、戮王子、斩忠良、杀贵族，残暴手段几乎用尽。

大凡独裁者都有一个共同的特点，就是心怀疑忌，妒功害能，刚愎自用，独行其是。爱则加诸膝，恶则坠诸渊。他们可以很武断地完全以一己之偏见将周围的人分为若干类别，然后随意罗织罪名，排除异己。对于不满其意的人，必处心积虑地置之死地而后快。吕雉当年就阴置"三册"。分别记载着顺、逆、中三类人物，她随时可以根据"三册"确定擢拔利用和打倒陷害的对象。最令人发指的是，把刘邦生前的宠妃戚氏斩去手足，熏聋耳朵，挖出双眼，最后再用哑药将其毒成哑巴扔进厕所，称为"人彘"。关于吕雉的暴行，用"罄竹难书"来形容毫不为过！

但是，这仅仅是吕雉残忍的一面，她之所以敢如此为所欲为，是因为她有这个资格。《史记·吕后本纪》中介绍吕雉是单父（今山东单县）人，因随父亲吕公躲避仇家来到沛县。那时候的刘邦在沛县城里还仅仅是个负责开关城门、维护社会治安、处理邻里关系的"亭长"，在一次由萧何组织的宴会上，与吕公相识。尽管刘邦当时职低位卑，却因仪表堂堂而被吕公相中，义无反顾地将吕雉嫁给了他。

刘邦虽出身农户，却不通农活，好行侠仗义，结交朋友。在一次押送犯人的路上，竟然与刑犯交上了朋友，走在半路上私自将犯人给放了，由此自己不仅丢了饭碗，还受到官府的通缉，于无奈之中，只能藏身于芒砀山中，在此期间，也只有吕雉一直跟随其左右。直到发生了陈胜、吴广起义后，刘邦才从山里走出来，集合了萧何、曹参、周勃、樊哙、夏侯婴等一班人马，连同与他一起亡命在芒砀山的那群犯人，拉起了一支三千人的队伍攻占了沛县，从这个时候开始刘邦被人称为沛公。之后又投奔到义军规模比较大的项梁麾下，被封为武安侯。

其后的刘邦奋起巴蜀，逐鹿中原，劫掠诸侯，灭秦亡楚，鞭笞天下，威震四海，吕雉的身影始终伴其身边。公元前205年，刘邦率汉军乘项羽陷入齐地不能自拔之际，一举攻下楚都彭城。却没想到项羽率骑兵迅速回防，与汉军战于睢水，致汉军大败，吕雉等眷皆为楚军所俘，受尽了凌辱。

也许这是日后吕雉情绪发生转变的一个主要原因，然而从另一个层面上来说，正是因为她的暴虐，才有可能把这"黄老治术"与"与民休息"深入贯彻下去。由于没有了战争，再加上连续几年风调雨顺，汉初时期濒临崩溃的国力得到了恢复，仅仅在过了几年后，"黄老治术""与民休息"的国策便看到了效果：粮食丰足，物质充沛，人民安居乐业，国家日臻兴旺。

大约在这个时期出现了茶。

茶叶究竟是从哪里来的？

这个话题一直都是业界争论的对象，但谁都说不清楚。多数人都把陆羽在《茶经》里所说的"茶之为饮，发乎神农氏"当作依据，从而编出了很多故事和传说。但是，文史研究必须要有严谨的证据链，在没有任何证据的基础上，我们只能将其做一个假定或者推测。

在远古的历史中，究竟有没有神农这么个人出现？

这还真是一个玄之又玄的谜。如果说有，实在找不到任何相应的证据，如果说没有，被口口相传了几千年，在没有文字的时代，口传的历史也是历史。在此，我们只能将其作为一个假定。

且不说中华始祖中是否真的有神农这个人，如果我们真的按照陆羽所说"发乎神农氏"的话，可能就会距离茶叶的真相越来越遥远，因为无论春秋战国时代的《竹书纪年》还是西汉初司马迁的《史记》中都没有记载神农氏与茶叶之间的关系，所以这种记载理应受到质疑。如果从现有的文献来找，比较早提到神农这个人的，就是《竹书纪年》，其中仅对其做了一个简单的描述。

一直到了东汉时期，才出现关于神农氏的各种记载。包括《帝王世纪》在内，直到这个时期，终于有了关于神农氏这个人物的形象描述，而且还是以妖魔的长相推出来："炎帝神农氏，姜姓也。母日任姒，有乔氏之女，名女登。游于华阳，有神龙首感女登于尚羊，生炎帝。人身牛首，长于姜水。有圣德，以火承木，位在南方，主夏，故谓之炎帝。"再加上流传至今的《神农百草经》，无论形象还是著作，其实都与神农氏这个人相差千里。所以，我们有理由相信，神农形象是东汉以后才逐渐出现的，到唐朝又被陆羽炮制成"茶祖"。

如果我们把神农的传说放下，以理性来推断茶叶的发展历程，相对来说就容易了许多。当然，此处也仅仅是作为一个推断。无论文献多么早地有过茶的记载，也只是一种说法而已，缺少合理的逻辑自洽。直到汉阳陵出土了茶叶后，我们才能证实茶叶出现的大概时间。

茶树，作为植物的一个物种存在，已经在这个世界上生存了五千万年，但是作为饮品出现的时间相对较晚。从古到今，关于茶的称谓也比较多，比如司马相如称为"荈诧"，扬雄称为"蔎"，《尔雅》里称为"槚"，《诗经》里称为"荼"，甚至还有更早时期的记载。东晋常璩撰写的《华阳国志·巴志》，其中这样记载："周武王伐纣，实得巴蜀之师，著乎尚书……武王既克殷，封其宗姬于巴……鱼盐铜铁、丹漆茶蜜……皆纳贡之。其果实之珍者，树有荔枝……园有芳蒻、香茗。"《周礼》记载，西周宫廷里就已经有了"掌茶官"的设置，说明这时即已经有了"茶事国礼"，代表了早期的"茗饮之事"—— 然而，上述记载可以肯定地说，这些称谓都不一定把茶叶当作一种单一饮品，仅能够证明茶这个物种的存在，却无法证明起源的具体时间和地点。

如果按照《华阳国志》中的记载，在武王伐纣前巴人就已经有了茶，但是却没有确凿的物证，只能假定其存在的大约时间。根据 1976年在陕西临潼出土的西周利簋所记录武王伐纣的具体时间，约为公元前1044 年，这印证了《华阳国志》中"鱼盐铜铁、丹漆茶蜜……皆纳贡之"的记载，或者间接证明了茶出自巴地。

古代的巴地与后来所说的巴蜀并非一个概念，巴和蜀本来就是两个不同的族群，而巴人的文化则更加久远。

巴国，大约就是今天的川北地区，在远古时期的文明程度可能要远远高于中原文化，现在已经无法考证古代巴人究竟来自哪里，仅从今广源地区三星堆遗址所出土的青铜器，我们就不难看出，远在四千八百年前，这里的文明就已经高度发达，无论从时间还是从出土的文物来看，都与古埃及的塔萨文化时期比较接近，所以，其文明程度已经高到了中原所不能与之相提并论的地步。

我们可以做一个大胆的假定，茶叶的生长环境在北纬 30 度周围区域，如果以汉阳陵出土的茶作为一个参照物，以当时的运力为生产半径，大致可以断定其生产地在今天的陕西省安康地区，亦为古代巴人的聚居区，这一点与《华阳国志》的记载相吻合。

如果从纬度上来界别的话，那么世界可分为三大民族：一类是高纬度地区出现的海盗民族，比如欧洲的法兰克人、凯尔特人。另两类是以北纬 40 度作为分界线的游牧民族和农耕民族，40 度线以北为游牧民族，从陕西往西的甘肃、宁夏到蒙古，一直延伸到北京的长城以北，包括犬戎、匈奴、党项、契丹、女真、蒙古等。而40度以南则是农耕民族，祖祖辈辈面朝黄土背朝天。茶叶，便是农耕民族给这个世界的一大贡献，所以我们把茶叶尊奉为中国的第五大发明。

北纬30度及其附近至今是一个神奇的区域，在这条纬度上，有海拔最高的珠穆朗玛峰（8848米），有海拔最低的马里亚纳海沟（-11 034米）；这条纬度上诞生了最早的人类文明，即两河文明，以美索不达米亚平原为代表的人类文明发源地，产生了最早的水利建设，从此人类从狩猎采集进步到了种植农耕；苏美尔人在这里创造了人类最早的文字——楔形文字的同时，也发明了啤酒和红酒；当然还有圣贤，古希腊的毕达哥拉斯、苏格拉底，以色列的先知，印度的释迦牟尼，中国的孔子和老子，都诞生在这条看不见摸不着但是真实存在的纬度上。

茶，刚好也生长在北纬30度周围，除了武夷山以外，多数产茶区都在这个纬度的周围。比如印度的大吉岭、阿萨姆，斯里兰卡，中国安徽的祁门、云南综合产区以及陕茶的核心产区安康紫阳，同样也是在30度周围区域。

由于汉阳陵中意外地发现了茶，而且无论从茶叶的"马蹄"到茶叶的形状，理论上已经可以断定，汉阳陵出土茶叶的产地，在今天的陕西省紫阳地区。但是从紫阳到长安，中间横亘着一道天然屏障——平均海拔在一千米以上的秦岭山脉，如果想要翻越，就必须依靠那几条著名的秦岭古道。

如果要确定陕茶的起源，首先必须了解从陕南到关中的这几条古道：骆谷道、褒斜道、蓝武道、子午道、陈仓道、傥骆道，除此之外还有另外几条野道，比如库谷道、义谷道、锡谷道等。

所谓秦岭古道，以山高险峻几乎无路可行而著称于天下，其山势峥嵘突兀，怪石嶙峋；环境幽静神秘，崎岖逶迤；途中山林密布，野兽出没，即便是在今日驾车从盘山公路通过，仍然会有惊恐之感。不妨借用唐朝大诗人李白所写的《蜀道难》来形容一下秦岭古道：

> 蚕丛及鱼凫，开国何茫然！尔来四万八千岁，不与秦塞通人烟。西当太白有鸟道，可以横绝峨眉巅。地崩山摧壮士死，然后天梯石栈相勾连。

从陕南到关中地区主要的几条古道中，最重要的三条分别为子午道、褒斜道和陈仓道，距离长安六百多里。这几条古道都是由陕南翻越秦岭后进入关中。另有一条镗古道，是通过秦岭以后经过今天宝鸡的大散关后再向东到达长安。这是一条极为重要的古道，在历史上具有极其重要的战略意义，比如南宋初年，女真就试图通过镗古道翻越秦岭进入川地，继而沿长江进入中原，结果被吴玠在此击败。

在研究有关陕茶究竟如何起源的过程中，我曾经几次尝试着要穿越子午道和褒斜道等几条古道，但都半途而废。一路上的艰难险阻，促发我去想象几千年前的古人到底是如何翻越巍巍秦岭的。如果说，汉阳陵出土的茶叶能够确信是通过秦岭古道来到关中的茶叶，那么我们就有理由相信，公元前191年吕雉诏令大兴农业，以"轻徭薄赋"的优惠政策，不仅带动了农业的发展，而且带动了茶叶作为经济植物的种植。

由此，可以从理论上推断，茶叶的发展与吕雉在公元前191年所推出的"黄老治术"和"与民休息"的政策有极大的关系。

对于生活在今天的人来说，吕雉给人们的最深印象，是与晚清时期的慈禧一样专权跋扈，滥杀无辜，其实历史中的她并不尽然如此，这样的评价甚至过于偏颇。司马迁在《史记·吕后本纪》中对她的评价是："政不出房户，天下晏然；刑罚罕用，罪人是希；民务稼穑，衣食滋殖。"

当然，对于生活在汉朝的司马迁来说，用这样的高度来评价吕雉，也有其原因。毕竟自己的小命在刘氏王朝的掌控之中，仅仅因为替李陵打抱不平就被刘彻处以宫刑，所以尽管他在《史记》中表露出对汉武帝的种种不满，但多数都写得很隐晦，绝对不敢过多地痛责刘氏汉朝创始人的老婆的那些罪行。

然而，他的这段话也讲出了吕雉在那个时代所起到的作用。比如公元前191年，她听从了陈平、张良等人的献策，大兴"黄老治术"，提倡"与民休息"，行"无为而治"，以"轻徭薄赋"鼓励农耕，大兴农业，使农业产量有了大幅度提高。可以肯定地说，正是因为有了一套新的治国理政方式，才使得人民有了一个安居乐业的稳定生活。据《史记·平准书》所载，自汉高祖刘邦建立汉朝后，到文、景二帝这七十余年时间里，大汉王朝已经富裕到"至今上即位数岁，汉兴七十余年之间，国家无事，非遇水旱之灾，民则人给家足，都鄙廪庾皆满，而府库余货财。京师之钱累巨万，贯朽而不可校。太仓之粟陈陈相因，充溢露积于外，至腐败不可食。众庶街巷有马，阡陌之间成群，而乘字牝者傧而不得聚会。守闾阎者食梁肉，为吏者长子孙，居官者以为姓号。故人人自爱而重犯法，先行义而后绌耻辱焉"。

"白登之围"迫使刘邦不得不遣使求和，通过联姻和上贡岁币换得几分平安。然而，即便做得再好，也不可能换来长久的和平，只能让匈奴变本加厉。

刘邦死后，匈奴对中原的骚扰并没有停止，匈奴单于冒顿甚至用刘邦生前与其所拜的"昆弟"关系，以匈奴"兄弟死，皆娶其妻妻之"的收继婚风俗，遣使致汉说："孤偾之君，生于沮泽之中，长于平野马牛之域，数至边境，愿游中国。陛下独立，孤偾独居。两主不乐，无

以自虞，愿以所有，易其所无。"（《汉书·匈奴传上》）

吕后闻听大怒，欲"斩其使者，发兵而击之"，幸得名将季布的阻拦，才让这位"为人刚毅"、杀伐决断的高祖遗孀不得不放下脾气，低声下气地复函贬损自己道："单于不忘弊邑，赐之以书，弊邑恐惧。退日自图，年老气衰，发齿堕落，行步失度，单于过听，不足以自污。弊邑无罪，宜在见赦，窃有御车二乘，马二驷，以奉常驾。"

能让吕雉如此低下高贵的头，也说明了初汉时期汉朝面对强大匈奴的弱势。公元前 180 年，汉文帝刘恒继位，复修和亲之事。但是到了第三年，即公元前 177 年，匈奴右贤王大举入侵汉地，杀掠人民。文帝"发边吏车骑八万诣高奴，遣丞相灌婴将击右贤王"。

公元前 166 年，大汉与匈奴的和平再度遭到破坏，老上单于亲率十四万匈奴大军，大举进犯汉地，一路烧杀掳掠，直到距离汉都仅三百里处，沿途民众惨遭杀戮。文帝大怒，坚决予以打击，分别调遣和部署了两支作战部队，对匈奴展开围击，并且要求"出塞即还，不能有所杀"。然而，这场搭箭在弦的战役仅在外围刚刚开始，匈奴却"识破汉兵谋"，率军撤往塞外。

这就是匈奴，既残忍且狡猾，目的只有一个，就是抢！

孔夫子曾经说过一句名言："多行不义必自毙"，对中原王朝犯下滔天罪行的匈奴，最终遇到了中原的一位强者，让这帮抢劫犯终于知道了什么叫作"弱羊强悍能吃狼"。

韬光养晦的汉文帝

吕后终于也死了。

无论后人对她怎样评述，说她"滥杀无辜残害忠良"也好，"排除异己培植外戚"也罢，这一切都随着公元前 180 年 8 月 18 日她在世界上所呼出的最后一口气而宣告结束。

从这个时刻开始，时代便翻了篇。

尽管在她病危之时，已经预测到了身后的政治格局将发生重大变化，并且下令任命她的侄子赵王吕禄为上将军，统领北军；吕产统领南军，可这一切并不能改变时代的发展。

虽然她在弥留之际，把几个侄儿叫到跟前面授机宜："高帝平定天下以后，与大臣订立盟约：'不是刘氏宗族称王的，天下共诛之。'现在吕氏称王，刘氏和大臣愤愤不平，我很快就死了，皇帝年轻，大臣们可能发生兵变。所以你们要牢牢掌握军队，守卫宫殿，千万不要离开皇宫为我送葬，更不要被人挟制。"然而"人死如灯灭"这句古语依然成谶，所以她无论怎样费尽心机所安排的那些吕氏子侄王侯，在她死后都无法逃脱被杀戮的厄运。

吕后驾崩后留下诏赐给各诸侯黄金千斤，将、相、列侯、郎、吏都按官阶赐给黄金，并且大赦天下，让吕王吕产担任相国，让吕禄的女儿做皇后。皆因为吕后在政时期所培植的这个吕氏外戚集团，加剧了汉统治阶级内部的矛盾，在她死后，马上就酿成了刘氏皇族集团与吕氏外戚集团的流血斗争。

严格地说，吕太后没有完成她的政治计划就离开了人世，导致统治集团内部矛盾骤然激化，袒刘之军蜂起。先有齐王刘襄发难于外，陈平、周勃响应于内，刘氏诸王，遂群起而杀诸吕，刘氏皇族集团与吕氏外戚集团的一场流血斗争，最终以皇族集团的胜利而告终。

第一个被杀的，是那个倒霉的皇帝刘弘。

汉惠帝刘盈死后，吕后所扶植的两个皇帝，少帝刘恭和后少帝刘弘，前者因质疑吕后而早早被废，后者则在吕后死后不到三个月，就被陈平等人怀疑其血统有问题，遭到了先废后杀的结局，并且连累了他的另外四个兄弟。

至于吕氏外戚集团，已经成了濒死的蚂蚱，即便长了翅膀也飞不出皇权集团的手掌心。皇权集团的人心里很明白，吕氏一族已经成了砧板上的鱼肉，最合适的结果就是把他们送回吕后的身边，只有在那边才能继续"享受"吕后的关照。

政治，就是这么残酷！

国不可一日无君，既然吕后"任命"的皇帝已奔赴黄泉，当务之急就是需要有个新皇帝即刻上任。在解决了刘弘、清理了外戚后，大臣们又围坐在一起，重新商讨新皇帝的问题，当然，前提必须是刘姓皇族的直接血脉，也就是刘邦八个儿子中仅存的两个，即四子刘恒和七子刘长。还有一个更加重要的问题，必须考虑新皇帝的母亲是否有一个强势的家族。

这样，命运之神就降在了刘恒的头上。

刘恒就像做梦一样稀里糊涂地当上了皇帝。

在此前很长一段时间里，他连睡觉都得睁着一只眼，唯恐吕后的屠刀挥到自己头上。不过，在刘邦的八个儿子当中，刘恒算是最幸运的一个，因为在惠帝刘盈去世后，吕后为了使自己长期掌握政权，对刘邦其他的儿子大开杀戒，前后共害死了四个。虽然大儿子刘肥最后未被陷害，得以善终，却是因为死在了吕后的前面，使她没有机会下手而已。到吕后死的时候，刘邦的八个儿子只剩下刘恒和刘长。

不妨看看刘邦另外七个儿子的命运。

长子刘肥（前221—前189年），刘邦的庶长子，其母亲是刘邦娶吕雉之前的情妇曹氏。公元前201年受封齐王。刘邦在世之时，刘肥度过了一段平安岁月。公元前195年刘邦去世，吕后专权，刘肥过上了胆战心惊的保命生活。公元前193年，齐王刘肥朝见汉惠帝。汉惠帝刘盈想与长兄一叙兄弟之情。饮宴之时，刘盈与兄长刘肥行的是平等之礼，且让这个兄长上座。吕太后大怒，但又不便表达，于是让人给刘肥上了毒酒。刘盈不知所以，用刘肥壶中酒与兄长一起向吕后敬酒，吕后为保儿子性命，无奈将酒打翻。刘肥不敢喝酒，于是假装喝醉，离席而去。吕后不准刘肥回齐国，刘肥为了脱离险境，就将封地中的城阳郡献给吕后之女鲁元公主，并尊鲁元公主为齐王太后，这种尊妹妹为母亲的行为，实在可笑。吕后见齐王刘肥屈服，放刘肥归国。没过几年，公元前189年，刘肥在忧惧中去世，年仅三十二岁。

次子刘盈（前210—前188年），刘邦和吕后所生，前205年汉王刘邦立刘盈为王太子。公元前202年，刘邦于定陶称帝，刘盈成为皇太子。公元前195年，刘邦去世，十六岁的刘盈继承皇位。刘盈即位后，吕后专权。吕后先是将仇人戚夫人戴上铁枷，关于永春巷春米。公元前194年，吕后又命人剪去戚夫人的头发，断其手脚，挖其眼球，用蜡烛烧聋其耳朵，用哑酒将其灌哑，关在厕所里，起名为"人彘"。然后让汉惠帝刘盈观赏，刘盈不知此为何物，当吕后告诉他这就是戚夫人时，刘盈失声痛哭，说这种事不是人做出来的，精神第一次受到刺激，从此不理朝政。刘盈为防吕后杀害戚夫人之子刘如意，每日与刘如意同吃同住，将其保护了起来。但有一天，刘盈早起有事，不忍心叫醒刘如意。吕后的耳目将这个机会报告给吕后，吕后乘机将刘如意毒杀。当刘盈看到被毒死的弟弟时，精神第二次受到刺激。刘盈每日意志消沉，喝酒度日。公元前192年，吕后又立鲁元公主之女张嫣为皇后，张嫣当时年仅十一岁，是汉惠帝的亲外甥女，吕后美其名曰：亲上加亲。这种有悖人伦的事令刘盈相当痛苦，刘盈出于道德，直至亡故都没有临幸张皇后。这是刘盈受到的第三个刺激。皇后张嫣因此一直未有身孕，吕后便将周美人生的儿子对外宣称是张嫣所生，并立为太子，其生母却被吕后杀死了。这是刘盈受到的第四个刺激。吕后的这些行为已经颠覆了常人的认知，刘盈接受不了其母吕后这接连而至的非人行为，精神崩溃，抑郁而终。公元前188年，在位七年、年仅二十三岁的汉惠帝去世，葬于安陵。

三子刘如意（前204—前194年），母戚夫人。公元前200年受封为代王。公元前198年，改封为赵王。因戚夫人受宠，汉高祖欲立刘如意为太子，但由于吕后的竭力阻止而没有成功。公元前194年，吕后派人毒死了年仅十岁的刘如意，之后又将其母残害为"人彘"。

五子刘恢（？—前181年），公元前196年，刘恢受封为梁王，定都于定陶。公元前181年，赵王刘友被吕后饿死，刘恢被改封为赵王。同时，被迫娶吕产的女儿为王后，吕产接管刘恢的封地，成为新的梁王。娶吕产的女儿之前，刘恢有一个非常宠爱的妃子。吕产之女成为王后之后，依仗吕后，根本不把刘恢放在眼中，不让刘恢亲近其他女子。刘恢只能背着吕王后，偷偷与自己的宠妃幽会。吕产之女于是毒死刘恢的宠妃。宠妃被毒杀，刘恢满腔恨意，但又无可奈何，为此他创作了四首挽歌，每天吟唱不已，以此表达自己的无奈和悲伤。四个月后，刘恢悲伤自杀。

六子刘友（？—前181年），生母不详。公元前196年，受封淮阳王。公元前194年，吕后杀赵王刘如意之后，改封刘友为赵王。公元前181年，刘友的王后（吕氏之女）因刘友冷落自己，与别的女人恩爱，便向吕后诬陷刘友，说刘友曾表达对吕后的不满："吕氏封王有违祖制，太后死后，一定要铲除他们。"吕后大怒，将刘友软禁于京城，并下令将其活活饿死，死后被以平民身份葬于长安郊外。

八子刘建（？—前181年），母不详。公元前195年，受封燕王。公元前181年，刘建去世，死因不明。刘建生有一子，其名不详，吕后派人将其杀害，刘建绝后，封国随即被除。

关于刘邦的第七个儿子刘长，这里需要多说几句。刘长的母亲赵姬，原是赵王张敖的美人。公元前199年，刘邦经过赵国，张敖把赵姬献给刘邦。一夜欢娱后赵姬居然怀孕。于是张敖为其另建居所。前198年，张敖之相贯高等人在柏人县密谋刺杀刘邦事发，张敖及其家人被囚。赵姬向囚禁他的人说自己怀有刘邦的孩子，禀报到刘邦处，刘邦不信。赵姬的弟弟赵兼又花重金通过审食其求助于吕后，吕后吃醋不肯为之向刘邦求情，审食其也不再为之活动。赵姬在狱中生下刘长后，怨恨自杀。狱吏将刘长送给刘邦，刘邦命吕后收养他。前196年，刘长被封淮南王。刘长在吕后的照顾下长大，并因此而免遭吕后祸害。长大之后，力能扛鼎。但是他一直怨恨吕后身边的红人审食其，因其不救自己的母亲。直到汉文帝即位，刘长终于有了为母报仇的机会。公元前177年，刘长来到了审食其府上，审食其与其相见时，还没来得及寒暄几句，刘长即取出藏于袖中的铁锤，狠狠地捶击审食其，然后命随从魏敬当着审家老小的面，将其杀死。可怜的审食其至死都不知道自己究竟怎么惹了这位爷，竟落下了杀身之祸。随后，刘长祖身向刘恒请罪，汉文帝同情刘长母子的遭遇，因而赦免了他，并对审食其进行了厚葬。

尽管刘长也贵为王族，可连刘邦都怀疑他的出处，所以肯定不会被陈平、周勃等人当作皇帝的候选人，而且还有更重要的一个原因，他是被吕后带大的人，如果立他为帝，说不定将来会对推翻吕后遗诏的这些大臣秋后算账。这样算下来，那么也只有四子刘恒是唯一人选。

在刘邦的众子中，刘恒是最不引人注目的一个，这和他的母亲有关。母亲薄姬原是项羽所封魏国王宫的宫女，刘邦打败魏国后，将许多宫女选进自己的后宫，后来便和薄姬生了文帝刘恒。但刘恒出生后，薄姬却遭到刘邦的冷落，地位一直是"姬"，没有升到"夫人"，所以，文帝刘恒从小就做事小心，从不惹是生非，给大家留下了很好的印象。在刘恒八岁时，也就是公元前 196 年，汉高祖镇压了陈豨叛乱后，三十多位大臣共同保举他做了代王，虽然地位没其他王子那样显赫，但这恰好帮文帝躲过了吕后的迫害，幸运地活下来。

刘邦的旧臣陈平和周勃在吕后死后，携手诛灭了吕氏势力，然后商议由谁来继承皇位，取代吕后当初立的小皇帝刘弘。他们觉得刘弘不是惠帝的后代，不符合皇位继承的法统。最后，他们相中了宽厚仁慈名声较好的代王刘恒，于是派出使者去接刘恒赴长安继承皇位。

但是，刘恒见到使者并不是很高兴，反而起了疑心，他的属臣们也意见不同，有的认为是一个阴谋，有的则分析说不会有假。不管怎么说，使臣既然来了，"候选皇帝"刘恒无论如何也要有个态度，所以他决定用占卜来决定自己的吉凶，结果是一个"大横"的占卜结果，这个结果的意思是：大横所裂的纹路很是正当，我不久要即位天王，将父亲的伟业发扬光大，就像启延续禹那样。占卜的人向他解释天王即是做天子，比现在一般的王还要高一级。于是，刘恒决定去长安先看个究竟再说。

尽管如此，刘恒在向长安进发的过程中还是步步小心从事，生怕又中了计，丧命黄泉路。为了预防万一，他先是派舅舅薄昭到长安探听虚实，其次是离长安城五十里的时候，又派属下宋昌进城探路，而自己则安营扎寨，等候前方传来的消息。

刘恒在营地坐立不安地等候前往长安打探消息的两拨人马，直到看到陈平、周勃等大臣亲自前来迎接他的时候，那颗悬着的心才放了下来。刘恒在众大臣的拥戴下继承了皇位，从此住进了未央宫治国理政，是为汉文帝。

汉文帝即位后，最显著的特点，就是继续传承刘邦、吕后所制定的"与民休息"这一韬光养晦长治久安的治国之道，励精图治，兴修水利，降低税赋，衣着朴素，废除肉刑。在他的治理下，汉朝很快进入强盛安定的时期。

今天，在没有任何史料可以查证的前提下，我们也只能再搬出汉阳陵出土的茶作为唯一的参考。也就是说，在汉文帝励精图治的治理下，茶叶无论是作为药品还是饮品出现，在这个时候已经初具规模，如果这一论述能够得到充分证明的话，那么贾谊功不可没。

贾谊，汉族，洛阳（今河南洛阳东）人，出生于汉高祖七年，即公元前200年，也就是刘邦"白登之围"那年。少年时便师从战国后期著名哲学家荀子的学生张苍，公元前183年即以能诵诗书善文闻名于当地。据《汉书·贾谊传》所载："贾谊，洛阳人也，年十八，以能诵诗书属文称于郡中。河南守吴公闻其秀材，召置门下，甚幸爱。文帝初立，闻河南守吴公治平为天下第一，故与李斯同邑，而尝学事焉，征以为廷尉。廷尉乃言谊年少，颇通诸家之书。文帝召以为博士。"在贾谊辅佐下，吴公治理河南郡，成绩卓著，社会安定，时评天下第一。由此可以说明贾谊的才能。汉文帝登基后，听说河南郡治理有方，擢升河南郡守为廷尉，吴公因势举荐贾谊。汉文帝征召贾谊，委以博士之职，当时贾谊二十一岁，在所聘博士中年纪最轻。出任博士期间，每逢皇帝出题让讨论时，贾谊每每有精辟见解，应答如流，获得同侪的一致赞许，汉文帝非常欣赏，破格提拔，一年之内便升任为太中大夫。

贾谊初任太中大夫，就开始为汉文帝出策。汉文帝元年，贾谊提议进行礼制改革，上《论定制度兴礼乐疏》，以儒学与五行学说设计了一整套汉代礼仪制度，主张"改正朔、易服色、制法度、兴礼乐"，以进一步代替秦制。由于当时文帝刚即位，认为条件还不成熟，因此没有采纳贾谊的建议。

在这个时候，汉初所形成的黄老学有一个主要特征："守法而无为"，所谓"无为"，不是毫无作为，也不是漫无边际地放任，而是不超越既定的法律规定。"法"是"无为"的界限，而无为的"道"又是"法"的根源。所以，要求"法立而弗敢废"，就是指立法之后不轻易变更，要"循守成法"。而贾谊则认为，正是这种墨守成规的黄老之学阻碍了汉朝的发展，必须要在"黄老治术"的基础上重新树立一种新的治国理论，才能使汉朝有一个新的方向。

汉文帝二年（公元前178年），针对当时"背本趋末"（弃农经商）、"淫侈之风，日日以长"的现象，贾谊上《论积贮疏》，提出重农抑商的经济政策，主张发展农业生产，加强粮食贮备，预防饥荒。汉文帝采纳了他的建议，下令鼓励农业生产。而在政治上，贾谊提出遣送列侯离开京城回到自己封地的措施。大概正是因为他所推出的这些政令措施，引起了他人的嫉妒，其中包括绛侯周勃、灌婴、东阳侯、冯敬等德高望重的老臣在内，纷纷向汉文帝进言诽谤贾谊"年少初学，专欲擅权，纷乱诸事"。

刘恒之所以能登基坐上皇位，毕竟是依靠了这些老臣的扶持，所以他们的意见必须要听，从此便逐渐疏远贾谊，不再采纳他的意见，之后又将其斥出长安外放长沙，贬谪为长沙王太傅。

谪居长沙三年后，汉文帝想念贾谊，征召入京，于未央宫祭神的宣室接见贾谊。文帝因对鬼神之事有所感触，就向贾谊询问鬼神的原本。贾谊详细讲述其中的道理，一直谈到深夜，汉文帝听得不觉移坐到席的前端。谈论完了，汉文帝说："我很久没看到贾生了，自以为超过他了，今天看来，还比不上他啊。"

贾谊这次回到长安，朝廷人事已有很大变化，灌婴已死，周勃遭冤狱被赦后，回到绛县封地，不再过问朝事。但文帝还是没有对贾谊委以重任，只是任命他为梁怀王太傅，任职所在地离朝廷更近，而且梁怀王刘揖是文帝的小儿子，很受宠爱，也算是对他的一种重视。

其时，汉文帝已经把蜀郡的严道铜山赐给了嬖臣邓通，因为太子刘启失手杀了吴王刘濞的太子刘贤，汉文帝为了弥补自己的歉意，特批吴王刘濞开豫章铜山铸钱。因此，"邓氏钱"和吴钱居然遍布天下，与官钱同步流通。面对这样的状况，贾谊心急如焚，却又无计可施，只能在汉文帝五年，向文帝上《谏铸钱疏》，指出私人铸钱会导致币制混乱，这不是一种正常的经济关系，于国于民都非常不利，建议汉文帝赶快下令禁止。

西汉初年，儒生陆贾与叔孙通等人在总结秦亡教训的基础上，提出了用儒家治国的设想，但未及付诸政治实践。西汉初期，贾谊冲破文帝时道家、黄老之学的束缚，将儒家学说推到了政治前台，制定了仁与礼相结合的政治蓝图，得到了汉文帝的重视，在历史上留下了深刻的影响。

贾谊认为秦亡在于"仁义不施"，要使汉朝长治久安，必须施仁义、行仁政。同时，贾谊的仁义观带有强烈的民本主义色彩。贾谊从秦的强大与灭亡中，看到了民在国家治乱兴衰中所起的至关重要的作用。以这种民本主义思想为基础，贾谊认为施仁义、行仁政，其主要

茶战3：东方树叶的起源

内容就是爱民，"故夫民者，弗爱则弗附"，只有与民以福，与民以财，才能得到人民的拥护。以爱民为主要内容的施仁义、行仁政的思想是贾谊政治思想的基本内容。

在研究历史的同时，贾谊对汉朝的社会现实也进行了仔细考察。贾谊认为，当时的情况是，在表面平静的景象之后已隐藏着种种矛盾和行将到来的社会危机：农民暴乱已时有出现；诸侯王僭上越等、割据反叛，已对中央政权构成了严重的威胁；整个社会以侈靡相竞、以出伦逾等相骄，社会风气每况愈下。因此，在贾谊看来，面对这样一种上无制度、弃礼义、捐廉丑的社会现实，不能遵奉黄老之术，必须改正朔，易服色，定官名，兴礼乐，因此，叔孙通等人倡导的制礼仪、明尊卑、以礼治国的主张，也成了贾谊政治思想的重要内容。通过仁与礼，贾谊为汉朝提出了一个仁以爱民、礼以尊君的忠君爱民的儒家式的政治统治模式。

贾谊所提出的这一理论，便是后来被称为"文景之治"的主要理论依据之一。也正是因为有了贾谊的这套理论系统，汉朝才有了勃勃生机，毫无疑问，茶叶也是这个时代的主要产物之一。

但是，汉文帝虽然有了贾谊的治国安邦论，但并不能说，他的时代就是一片灿烂，身边也是内忧外患危机重重。

比如他仅存的兄弟刘长。

刘恒即位后，由于八兄弟中只剩下刘长，所以对这唯一存活的弟弟极重手足之情，能包容的尽量包容，能宽宏的一定宽宏。但是刘长却不这么想，并因此而骄横，在自己的封地为所欲为，自己制定法律，私养军队，甚至收留逃犯、死士，已经做好了谋反的准备。

公元前174年，刘长命死士但等七十人与棘蒲侯柴武之子柴奇商议，策划用四十辆大货车在谷口县举兵谋反，并派出使者与匈奴谋划一同起兵。汉文帝发觉此事，派出使臣召刘长入京。

可能刘长过于自信，自以为所做的事天衣无缝，岂不知早已有人将消息透露给了汉文帝。当他得意扬扬进入京城之时，当即就遭到了控制。

在任何朝代，无论是谁一旦沾上了谋反罪名都是死罪。时任丞相，也就是贾谊的老师张苍，与几位臣子一同向汉文帝上书，强烈要求处死刘长。但汉文帝不忍心，赦免刘长死罪，废掉刘长的王位，将刘长流放到蜀郡严道县邛崃山邮亭，并命县署为他们供给住所和粮食。刘长被关在囚车里，由沿途各县递解入蜀。由于刘长力能扛鼎，押刘长的人都不敢打开囚车的封门，刘长从来没有受过这样的苦，在路上绝食身亡。

而外部也是危机四伏，虽然汉文帝继续对匈奴采取和亲政策，但公元前177年，匈奴右贤王背弃和亲之约，率数万大军侵占河南地（今内蒙古鄂尔多斯市地区），并进袭上郡（今陕西绥德地区），杀掠汉民，威胁长安。双方虽未交兵，但这次用兵是西汉自"白登之围"后对匈奴第一次大规模的军事行动，表明西汉王朝并不甘于和亲政策。

公元前174年，冒顿单于死，其子稽粥即位，号老上单于，于公元前166年冬，老上单于亲率十四万匈奴大军入北地郡，进占朝那（今宁夏固原东南）、萧关（今甘肃固原东南）、彭阳（今宁夏固原南），烧毁中宫（秦宫，故址在今宁夏固原），前锋直抵岐州雍（今宝鸡凤翔）、甘泉（今陕西淳化西北），距长安仅二百里，直接威胁西汉王朝的统治中心。

汉文帝大怒，当即部署反击，以中尉周舍、郎中令张武为将军，发车千乘，骑十万，驻军长安旁以备应战匈奴。而拜昌侯卢卿为上郡将军，甯侯魏遫为北地将军，隆虑侯周灶为陇西将军，东阳侯张相如为大将军，成侯董赤为前将军，大发车骑往击匈奴。

　　　　　　　　　　　　　茶战3：东方树叶的起源

都说"虎父无犬子"，这话搁老上单于身上似乎就不成立，当他看到汉军出兵动了真格，就心生胆怯，畏惧汉兵的勇猛，避不敢战，不与汉军进行正面决战，专门在汉地寻找一些偏僻之地，烧杀抢掠了一个多月，然后就遁逃出境。而出击的汉军则谨记汉文帝旨意，把匈奴匪军赶出塞外后就撤军。

　　从此，匈奴日益骄横，数次入边，杀戮人民劫掠畜产甚多，以云中、辽东最甚，至代郡杀害汉地人民一万余人。西汉王朝深以为患，不得不遣使者复与匈奴修好和亲。

　　公元前160年，短命的老上单于稽鬻在位十六年后，其子军臣立为单于，仍以中行说为亲信，积极准备攻汉。公元前158年，军臣单于拒绝和亲之约，对汉发动战争。他以六万骑兵，分两路，每路三万骑，分别侵入上郡及云中郡，杀掠甚众。刘恒急忙以中大夫令勉为车骑将军，率军进驻飞狐（今山西上党）；以原楚相苏意为将军，将兵入代地，进驻句注（今山西雁门关附近）；又派将军张武屯兵北地，同时，置三将军，命河内守周亚夫驻屯细柳，祝兹侯徐悍驻棘门，宗正刘礼驻霸上，保卫长安。此时，匈奴骑兵已进至代地句注边，边境烽火警报连连告急。汉军经数月调动，方抵边境地区。匈奴见汉军加强了守备，遂退出塞外，汉军也罢兵撤警，不予追击。

刘彻凭什么能当上皇帝

公元前157年，刘恒驾崩。

从公元前203年出生，到公元前157年离去，可以用"惊心动魄"四个字来形容他四十六年的一生。他的一生只分了两个二十三年，前面的二十三年，几乎活在惊恐之中，每天都在心惊肉跳中度过，唯恐一不留神就招来杀身之祸，就连二十三岁进京登基之时，还提着心吊着胆，直到登上金銮宝座才长舒了一口气。后一个二十三年则活在高度紧张里，尽管已荣为天下至尊，可无时不在睁大眼睛观察周围，以防稍有疏漏会遭到不测，时时刻刻都要关注身边的每一个人，还要密切警惕北面卧着的那条狼的动向。

平心而论，起初的刘恒并不认同黄老道家，而是笃信墨子。这一点从起用贾谊便足能看出。刘恒的前半生几乎可以用"险象环生"来形容，尤其是从公元前195年刘邦驾崩起，一直到公元前180年吕后病逝，在这十五年里他体验到了活着的恐惧，谁也无法形容他的心脏究竟有多大的承受能力。他的人生就像过山车一样，随时都在等候不可预知的危险，在惶惶不可终日中度日如年地挨过了漫长的十五年。从他的一生来说，虽然终年只有四十六岁，但他能够在那样的险恶环境下毫发无损地善终，也算是创下了一个人间奇迹。所以说，他能够信奉墨家也无可厚非。

　　毕竟墨子讲的是公道，对于当时的统治集团而言，这种信仰极其危险，幸亏没有被吕后察觉，否则的话，刘恒恐怕早就和他的兄弟们一样，早早地奔了望乡台。不过，就他前二十三年的动荡生活而言，最需要的何尝不是公道呢？这也就迎合了墨子所说的那句名言："今天下无大小国，皆天之邑也；人无幼长贵贱，皆天之臣也。"

　　由此可见刘恒的前半生活得有多么痛苦！

　　但凡读过一点历史的人都知道，在先秦时期的诸子百家中，墨子是唯一一个农民出身的哲学家，由他所创立的墨家学说具有非常广泛的影响，与儒家并称"显学"。他提出了"兼爱""非攻""尚贤""尚同""天志""明鬼""非命""非乐""节葬""节用"等观点，一直到今天依然影响了全世界。但是遗憾的是，由于从汉朝，特别是汉武帝时期开始，"罢黜百家，独尊儒术"，儒家学说一统天下，而墨家理论却因此湮灭。

　　说墨家学说影响了全世界，有据可查。比如，今天的人们只要说到启蒙运动，几乎所有人都知道，这是现代民主制度的基础，18世纪从法国开始盛行，继而波及全世界，其代表人物是卢梭、伏尔泰和孟德斯鸠，其中最重要的愿景就是推崇"自由、平等、博爱"。但是，却很少有人将其与墨子的思想联系到一起。比如，美国《独立宣言》中最重要的一段话："人人生而平等，造物主赋予他们某些不可剥夺的权利"与两千多年前的墨子理论如出一辙。

　　如果说刘恒能够信奉墨子，也仅限于他二十三岁之前所身处的恶劣环境，而到了二十三岁后，随着他意外地登上了大位，化身为统治者之后，这种想法也就烟消云散了，因为他要掌控天下！

　　面对内斗叛乱和外夷进犯，他的人生就像过山车一样，一次又一次从环生的险象中由一个极端到另一个极端，精神始终处在高度紧张之中，虽然每次都能平安落地，但毕竟人的承受能力有限，当第二个二十三年结束的时候，他的心脏终于崩塌了，永远告别了心惊胆战的一生。

继位的是刘恒的儿子刘启，是为汉景帝，他与他爹一同完成了中国历史上伟大的"文景之治"，使大汉王朝走向空前绝后的辉煌！

然而，从他登基之后，一切并不是那么顺利，其中有一个最大的隐患，就是他在当太子的时候，失手打死了吴王刘濞的太子刘贤，引起了刘濞的痛恨，更为日后埋下了祸根。登基后的刘启心里很明白，刘濞肯定会寻机反叛。

俗话说，是福不是祸，是祸躲不过。祸是刘启惹下的不假，但当时文帝在处理此事上也有问题。宽厚仁义的汉文帝知道儿子失理，下诏免除了刘濞的所有税收，睁一只眼闭一只眼地允许他私自开山铸钱，私养军队，同时刘濞还不遵守诸侯对天子的礼节，称病不朝。刘恒之所以能做出这么大的让步，还有一个原因，那就是刘濞有一个特殊的身份。

刘濞是刘邦哥哥刘仲的儿子，跟着刘邦南征北战立下赫赫战功，尤其是在平灭英布叛乱时，年仅二十岁的刘濞全身是胆，以个人之威横扫英布叛军。因为身有战功，受到刘邦的垂爱，封为沛侯。第二年，也就是他二十一岁时，刘邦因担心吴人受楚国教化多年而不服新朝管辖，再封其为吴王，掌管东南三郡五十三座城池，定都于广陵（今江苏扬州）。

吴地一向都是非常富庶的鱼米之乡，豫章（今江西南昌）有铜矿，三圩（今江苏响水）有盐场，铜矿可以解决铸钱的原料，盐场能够满足民生需求，刘濞经营吴国四十年，属地民众只认吴王而不知皇上，使得他有恃无恐地在封国内大量铸钱、煮盐，并招纳工商和"任侠奸人"，以扩张割据势力，图谋篡夺帝位。当时，由于天子奉行黄老之道"无为而治"，尤其汉文帝刘恒，本身就对刘濞有一种负罪感，对其鲜有过问，给了刘濞谋反的机会，刘濞多以钱币贿赂其他刘姓诸侯，与其结为死党，等侍机会联合谋反。

还在刘启尚未登基之前，就已经发现了刘濞很多不正常的举动，但此时文帝还在，作为太子的他手不敢伸得过长，所以只能夹着尾巴。待文帝驾崩，刘启登基，他做的第一个重大决定就是听从晁错的建议：削藩！

晁错对刘启提出的一系列政治主张，仍以"重农轻商"政策为主，主张纳粟受爵，增加农业生产，振兴经济；在军事上抵御匈奴侵边问题上，提出"移民实边"的战略思想，建议募民充实边塞，积极备御匈奴攻掠；而在政治上，进言削藩，必须剥夺诸侯王的政治特权，以巩固中央集权。特别是在他的《削藩策》中，毫不隐讳地提出自己的观点："今削之亦反，不削亦反。削之，其反亟，祸小；不削之，其反迟，祸大。"

此举无疑直接削弱了诸侯的权力，立刻引起了轩然大波。公元前154年冬，刘启率先向楚王刘戊、胶西王刘卬等诸侯下手，以试探诸王的反应。

刘启的削藩之举在朝野引起了很大震动，谁都没想到，刘恒几次想做都没敢做的事，到了他这里竟然不露声色地就干成了，这就等于直接宣布，朝廷和诸侯撕破脸皮，要么诸王归顺朝廷，要么双方鱼死网破。接下来，刘启把矛头直指吴王刘濞，放出风要削夺吴国的会稽和豫章两郡。这等于直接要了刘濞的命，因为这是刘濞最重要的属地，一个是制造兵器的地方，一个是开矿铸钱之地，他的全部财富几乎都来自这里。

朝廷果然开始下手，而且下手的速度非常快。本来就和刘启有杀子之仇的刘濞岂会坐以待毙，就开始谋划造反，于是亲自前往胶西，与胶西王刘卬约定反汉事成，吴与胶四分天下而治。刘卬同意谋反，并与他的兄弟、齐国旧地其他诸王相约反汉。同时，刘濞还派出心腹亲信分别前往楚、赵、淮南诸国，通谋相约起兵。

不久，汉景帝降诏削夺吴王刘濞的豫章郡、会稽郡。诏令传到吴国，吴王刘濞立即谋杀了吴国境内汉所置二千石以下官吏，联合已经串通好的楚王刘戊、赵王刘遂、济南王刘辟光、淄川王刘贤、胶西王刘卬、胶东王刘雄渠六王公开反叛。刘濞征募了封国内十四岁以上、六十岁以下的全部男子入伍，聚众三十余万人，又派人与匈奴、东越、闽越贵族勾结，以"请诛晁错，以清君侧"的名义，举兵西向，从而开始了西汉历史上最著名的吴楚"七国之乱"。

公元前154年正月，吴王刘濞起兵广陵（今江苏扬州），置粮仓于淮南的东阳，向西渡过淮河，与楚兵会合，并派遣间谍和游军深入肴渑地区活动。吴楚联军渡过淮水，向西进攻，是叛乱的主力。胶西等国叛军共攻齐王刘将闾据守的临淄，赵国则约匈奴联兵犯汉。由于刘濞早有预谋，所以七国军队在叛乱之初进展顺利。

汉景帝闻知消息，和晁错商量出兵事宜。晁错建议汉景帝御驾亲征，自己留守京城。曾当过吴国丞相的袁盎向景帝献策诛杀晁错，满足叛军"清君侧"的要求以换取他们退兵，景帝采纳了袁盎之计，封袁盎为太常，要他秘密整治行装，出使吴国。袁盎献策十多天后，丞相陶青、中尉陈嘉、廷尉张欧联名上书，弹劾晁错，提议将晁错满门抄斩。景帝批准了这道奏章，腰斩晁错于东市。

刘启虽然按照叛军所提出的"清君侧"要求，将晁错处死，却并没有让七国军队停下进攻的步伐。七国联军反而认为景帝软弱无能，于是刘濞自称东帝，公开与朝廷政权分庭抗礼，拒见前来谈和的袁盎。

这时的汉景帝明白了刘濞的真正目的，他不是要"清君侧"，而是

"要君命"。于是下定决心武力镇压叛乱，派出太尉周亚夫（周勃之子）率三十六位将军领兵抵御吴楚联军，派曲周侯郦寄领兵攻打赵国，栾布攻击齐地诸叛国，并派大将军窦婴驻屯荥阳，监视齐、赵的动向。

常言说，虎父无犬子。周亚夫不愧猛将周勃的儿子，设计截断叛军的粮食通道，陷吴军于困顿之中。其时，叛军见向东无果，只好转过身想往西去，但守军凭借城墙，死死咬住叛军不许其动。叛军自知不能西去，于是跑到周亚夫军队驻扎的地方来了。

在下邑两军相遇，叛军想同汉军作战，但周亚夫深沟壁垒，不肯应战。这时叛军的粮食已经断绝，兵卒非常饥饿。叛军将领虽然屡次向周亚夫挑战，但周亚夫置之不理。着急的叛军采用夜晚奔袭的方式，到条侯壁垒的东南面骚扰。周亚夫依旧不慌不忙，并不急于与叛军发生战斗，只是派人在西北面防备。叛军果然从西北面攻进来，结果遭到了守军的拼命抵抗，叛军大败，士兵大多饿死或反叛逃散。

周亚夫采用坚守不出不与叛军正面交手的战略，最终击溃了叛军，只用了三个月就将叛乱彻底平定。而刘濞则在乱军中被汉军刺杀，首级被送到了朝廷。

虽然晁错在"七国之乱"中做了一个政治牺牲品，但他的这一整套治国方略均被刘启采纳。在刘启当政的后十年中，如果没有晁错的这套政治主张，很难形成"文景之治"所带来的国富民安的空前盛世，再进一步说，如果没有晁错的这些思想，那么包括茶叶在内的一系列经济作物，便很难在这个时候出现。

晁错的《言兵事疏》《守边劝农疏》《论贵粟疏》和《贤良对策》等政治论述，在那个时代具有很高的评价，被称为"疏直激切，尽所欲言"。尤其是他的《论贵粟疏》，继承了贾谊的重农思想，强调重农抑商。晁错在这篇疏中细致地分析了农民与商人之间的矛盾，导致农民流亡、粮食匮乏的严重状况。面对这种商人势力日趋膨胀，农民不断破产的局势，晁错提出重农抑商、入粟于官、拜爵除罪等一系列主张。建议朝廷采取两个方面的措施：其一，贵五谷而贱金玉；其二，贵粟。这对当时发展生产和巩固国防，都具有一定的进步意义。后世鲁迅在《汉文学史纲要》中，对晁错有着高度的评价，称他为"西汉鸿文，沾溉后人，其泽甚远"。

依然以司马迁的《史记·平准书》作为一个参考依据，就文景时期的经济发达程度而言，在物质供应充沛的前提下，种植业必然会出现经济作物。没有证据能够证实茶叶出现的具体时间，包括2016年1月7日中国科学院博士生导师吕厚远等研究人员在英国顶级期刊《自然》上发表的研究成果，仅仅是确认了在汉景帝帝陵第15号从葬坑随葬品中发现的植物标本为茶叶，然而并没有说出茶叶形成的具体时间的权威论断，所以我们只能从理论上进行推断，茶叶大约就是在这个时间内出现。

我在汉阳陵博物馆亲眼见到了这块茶叶标本，虽然在地下沉睡了两千多年，且已经出现石化，但茶叶外形依然清新可辨，色泽成黑褐色，芽叶尚能显出春茶的毫绒，叶质肥厚，均衡饱满，外观上和现在的头春茶没有太大的区别。

根据植物学家的介绍，茶叶的无性栽培是清朝以后才产生，而此前一直都是使用茶种栽培技术。按照一株茶树从茶种栽培到可以采摘茶叶的时间为六年来推算，能够大面积地将茶树驯化的周期将长一百多年。

这就与汉阳陵出土茶有了契合的关系。汉景帝刘启死于公元前141年正月，而萧何、曹参、张良等人提出"黄老治术""与民休息"的时间是在"白登之围"后的公元前198年，中间有将近六十年的时间，这个时间刚好与茶树人工驯化的周期相吻合，所以我们有理由认

茶战 3：东方树叶的起源

为，茶叶就是这段时间的产物。

无论是否能够确定茶叶生产的具体时间，对于文景二帝来说，只是一个发现的见证者，因为茶叶在他们的生命里仅仅是一种经济作物，无论是当作保健品还是药品出现。而真正使茶叶发挥作用的，则是在他们死后。

历史性的根本转折，是从汉武大帝登基开始。

刘彻，被毛泽东尊为中国历史上的四大模范皇帝之一。如果加上汉惠帝刘盈和另外两个名不正言不顺的"半吊子"皇帝刘恭、刘弘的话，他算是汉朝第七位皇帝。

关于汉武帝，历史上对他的是非功过褒贬不一，比如司马迁在评价刘彻的时候就显得非常矛盾，他在《史记》中一方面肯定刘彻"外攘夷狄，内修法度"的历史功绩，另一方面又在《平准书》里揭露他晚年穷兵黩武、奢侈浪费、财政困难而加紧搜刮人民的情况，并在《封禅书》里无情地抨击他一味迷信、梦想会见仙人的荒唐事情。班固在《汉书·武帝纪》中说："孝武初立，卓然罢黜百家，表章六经，遂畴咨海内，举其俊茂，与之立功。兴太学，修郊祀，改正朔，定历数，协音律，作诗乐，建封禅，礼百神，绍周后，号令文章，焕焉可述。"

北宋司马光在《资治通鉴》中，沿用了司马迁的说法，对他做了比较中肯的评价："孝武穷奢极欲。繁刑重敛，内侈宫室，外事四夷。信惑神怪，巡游无度。使百姓疲敝，起为盗贼，其所以异于秦始皇无几矣。然秦以之亡，汉以之兴者，孝武能尊先王之道，知所统守，受忠直之言。恶人欺蔽，好贤不倦，诛赏严明。晚而改过，顾托得人。此其所以有亡秦之失而免亡秦之祸乎？"

近代著名历史学家夏增佑先生说，"武帝时为中国极强之世，故古今称雄主者，曰秦皇汉武"，他还说，历史上有的皇帝是一代之帝王，比如汉高祖刘邦；有的皇帝是百代之帝王，比如秦始皇和汉武帝。所谓百代之帝王是说他的历史贡献与历史影响并没有因为他的朝代结束而结束，他们所产生的影响延续到此后很多代。

刘彻继位，既是故事也是事故。这事想想也确实是这样，毕竟他是刘启的第十个儿子，前面除了老大刘荣已经确立为太子，后面还有二哥刘德、三哥刘阏于、四哥刘余、五哥刘非、六哥刘发、七哥刘彭祖、八哥刘端、九哥刘胜，八个哥哥都在后面排队呢，如果按照常规的话，皇帝大位怎么也落不到他头上。

不过，俗话说得好，奇人必有奇命，而造就他"奇命"的关键原因，在于他有一个"不得了"的母亲和一个"了不得"的丈母娘。

先说他那位"不得了"的娘，名叫王娡，《史记》和《汉书》都对其生平有过记载，但"王娡"这个名字却没有出现，直到八百多年后的唐朝，在司马贞的《史记索隐》中才有了这个名字，这也使她名字的真伪令人质疑。

从某种意义上说，"不得了"是有遗传基因的，比如王娡就是因为从她母亲，也就是刘彻的姥姥身上继承了"不得了"的强大基因，才造就了她"不得了"的地位，更生下了一个"不得了"的儿子，从而确定了她"不得了"的身份。

先说王娡那位"不得了"的母亲吧，也就是刘彻的姥姥，名字叫做臧儿。臧儿算得上是名门之后，她的爷爷臧荼原来是燕王韩广的部下，后来投奔了项羽。当项羽自称霸业大分天下于十八路诸侯时，臧荼是其中之一，并被立为燕王。公元前202年，刘邦打败了项羽，臧荼见大势已去，便会同韩信、韩王信、彭越、英布、吴芮、张耳转投刘邦。

但是仅仅过了两年，可怜的臧荼就继田横之后，成为第二个被刘邦处死的异姓王，罪名是谋反！

关于臧荼谋反的过程，在史料的记载中矛盾百出，就连时间都没说明白，《史记·高祖本纪》所说的时间是"十月，燕王臧荼反，攻下代地。高祖自将击之，得燕王臧荼"。而《汉书》和《资治通鉴》里则分别说他谋反的时间在七月和九月，甚至都没有指明谋反的具体原因，只一句话就将一件重要的历史事件带过，再无下文，而且也没有做出任何解释。

无论怎么说都已经不重要，毕竟臧荼确实是被刘邦除灭了。臧荼被杀后，他的儿子臧衍，即臧儿的父亲唯恐自己受到株连，连夜出逃，一路奔袭逃到了匈奴，并娶了一个匈奴女人，一起生活了十几年。

因受到祖父的牵连，臧儿成年后家道中落，已经沦为平民，所以不得不放下前贵族身段，过普通人的生活。成年后的臧儿所嫁的第一个丈夫，是槐里（今陕西兴平）的低级官员王仲，生下儿子王信和王娡、王皃姁两个女儿。王仲死后，臧儿改嫁给长陵田氏，又生下了田蚡和田胜两个儿子。

就连母亲改嫁的身世都能传给女儿，可见其基因的强大。更厉害的是，女儿王娡居然在生了孩子后，再半道改嫁给当时的皇太子，这就不是谁都能做到的事了。

王娡大约十五岁时，在其母臧儿的主张下嫁给了地主的儿子金王孙，婚后第二年便生下了一个女儿金俗。就在王娡生下金俗后不久，她的母亲臧儿意外遇到了曾经在臧荼手下做相师的姚翁，也就是从这次意外的邂逅开始，王娡的命运被彻底改变。

姚翁见到王娡的第一感觉就是，她不应该是一个农民的老婆，而是应该进入皇宫，将来不但能生下天子，而且还能母仪天下。臧儿不但信了，而且给王娡规划出一个金光灿烂的前景，就劝王娡离开金王孙。

起初王娡因为刚生了女儿，态度摇摆不定。后来在臧儿的劝说下，终于下定决心离开金王孙和女儿金俗，去实现臧儿为她量身定制的远大目标。

虽然王娡已经同意了母亲的提议，可她老公金王孙不干了，明明是自己的老婆，现在居然提出不跟自己过了，这个理走到哪里也说不通！于是就直接上门找丈母娘哭闹，要求把老婆还给自己。但他万万没有想到的是，此时的臧儿已经成了别人的"丈母娘"，和他没有半毛钱的关系了。

关于刘启娶王娡，虽然《史记》和《汉书》都有记载，但都只是简单说了过程，没有任何具体说明，以至于直到今天我们也无法理解当时贵为太子的刘启，究竟是在什么样的心态驱使下，娶了曾经嫁人且生过孩子的王娡。不过，景帝能看上王娡的根本原因，毫无疑问是因为王娡长得非常漂亮或者说格外惊艳。由此我们可以大胆假定一个可能性：臧荼被杀后，其子臧衍远逃匈奴，而臧儿极有可能就是臧衍与匈奴女人生下的混血儿女。

通过分子人类学对墓葬匈奴的分析显示，匈奴包括欧亚混血的南西伯利亚类型以及少量高加索人种的塞种遗存。这一分析结果连同前面所述匈奴的起源足以证明，匈奴人与中原华夏人属于完全不同的两个种族，从而也就否定了"匈奴是夏桀的后裔"这一论断。从《史记·外戚世家》中记载王娡的个性，以及她所生下的刘彻身上所具备的善战天性来看，倒是比较接近我们的推断——她身上流淌着匈奴的好战血液。

如果刘彻只有这么一位"不得了"的母亲，怕是难以撑起他的帝皇之位，所以他还需要一位手段更加高明，而且能直接与父皇对话的人，此人便是他那位"了不得"的丈母娘，刘启的亲姐姐、馆陶长公主刘嫖。

之所以说刘嫖"了不得"，是因为她能在不动声色之中，就把刘启的前几位夫人所生的九个儿子全部淘汰。

而扫平这一切障碍都是靠刘嫖一个人，这才使排位老十的刘彻有出头之日。

从某种意义上说，刘嫖实在算不上是一个好女人，因为和弟弟刘启都是窦太后所生，所以姐弟俩的关系非同一般。由于窦太后早年失明，身边最亲近者即是馆陶长公主刘嫖，大小事务必须由刘嫖亲力亲为，她才能放心，所有事情只偏听偏信刘嫖的一家之言。

史书记载的刘嫖生于公元前189年，在她九岁的时候，高后吕雉去世，陈平、周勃等刘邦老臣发动宫廷政变，以"血统不正"为名废掉并杀了吕后钦定的皇帝刘弘，众老臣迎接她的父亲，也就是刘邦的第四个儿子、时为代王的刘恒入主皇宫。

六个月后，刘启被封为太子，她的母亲窦氏则被封为皇后，刘嫖因此也得到了封地于邯郸馆陶，因而被称为馆陶长公主。刘嫖于汉文帝三年（公元前177年），大约十三岁的时候下嫁世袭列侯堂邑侯（食邑一千八百户）陈午为妻，所以又被称为"堂邑长公主"。史料中所记载的刘嫖和陈午共生育了两子一女，长子陈须、次子陈蟜及女儿陈阿娇。

刘嫖是一个极有政治心机的女人，为了巩固自己的地位，起初她想把女儿嫁给刘启的皇长子、已被立为太子的刘荣，并通过王娡把自己的意思传达给刘荣的母亲栗姬，却没想到遭到栗姬当面拒绝，因此得罪了这位不可一世的"皇大姑姐"。刘嫖一怒之下欲把女儿再嫁给年仅三岁的胶东王刘彻，然而却没有得到刘启的同意。

后来长公主来到宫中，抱着才几岁的刘彻于膝上，问道："你想娶媳妇吗？"说着便指着左右女官一百多人挨个问，刘彻都说不好。随后长公主又指着自己的女儿问道："娶阿娇好不好？"刘彻笑着说："果能娶到阿娇做妻子，应该修建一座金屋让她住。"公主大为欢喜，于是苦苦请求景帝，景帝便答应了这门亲事。

无论这段记录真实与否，都不影响"金屋藏娇"的来历。关于陈阿娇的生卒年代，史书中没有明确的记载，但根据上述这个故事推断，她的年龄可能要比刘彻大很多。

关于陈阿娇，史书上并没有她的名字记载，多是以"孝武陈皇后"称之。关于"陈阿娇"这个名字的来历，除了"金屋藏娇"的故事外，司马迁在《史记》中曾有一笔"陈后太娇"，于是在后来的书中，尤其是晋朝以后的一些志怪小说中多以陈阿娇来作为她的名字。

另外，如果没有刘嫖的帮忙，刘彻肯定是会远离京城，赴他的属地胶东国，即今天的青岛平度仁兆镇即墨古城。如果他离开京城，估计皇帝的大位就和他没什么关系了，毕竟宫中关系错综复杂，派系林立，不会还有人去惦记着在封地逍遥的人，更何况在刘彻的前面还排着那么多的皇兄。

遭到了栗姬拒绝的刘嫖，已经心生报复，此时身份地位还仅是美人（后妃等级的一种）级别的王娡将这一切看在眼中，刘嫖雄厚的家世岂是一般人可比。若阿娇能成为自己的儿媳，儿子取代太子指日可待，在利益的驱使下，刘嫖与王娡走到了一起，一拍即合，虽然被刘启阻止，却用"金屋藏娇"之计将他说服，使这一切都变得顺理成章。由此说来，所谓的"金屋藏娇"不过是王娡与刘彻讨刘嫖开心并得到刘启接受的戏码而已。

之后的栗姬，在刘嫖和王娡的联手打压下，遭遇到内外挑拨，终使刘启对她产生了厌恶。而刘嫖已对栗姬动了杀机，通过王娡安排心腹向刘启提议，打着"子以母贵，母以子贵"的旗号，要求拥立栗姬为皇后，致使刘启勃然大怒，当场诛杀提议的大臣，同时废掉了太子刘荣。从此栗姬郁郁寡欢，于公元前 150 年在极其郁闷中死去。

就在栗姬死后当年的四月乙巳日，王娡被刘启封为了皇后，二十天后刘彻被册封为太子。一个"不得了"的女人和一个"了不得"的丈母娘，就这样联手清除异己，最终把刘彻捧上了大位。

公元前 141 年正月，刘启驾崩，时年四十八岁。

刘彻继位，年号建元。从他当上皇帝的第一天开始，就一直在琢磨如何能彻底解决匈奴的骚扰问题。

第二章

丝绸之路的起源

　　以史为鉴，未来往往能在历史中找到相似的发展轨迹。茶业何去何从现在大家都在思考和探索。但是，如果把思考放置到一个较长的历史时间里来观察，我相信会有所启发。在历史上，茶叶不仅仅是饮品，还是民族政治的筹码、经济发展的增长极、财政收入的重要来源，更是人类重大历史拐点的重要触发因素。这也是中国茶文明的重要组成部分。我们讲茶叶历史的时候必须正视这些部分，并在其中为茶业的发展寻找启发。

—— 茶人　王文礼

如果李希霍芬是英国人的话

西汉建元元年（公元前 140 年）。

不厚道的匈奴人趁着汉室办丧事，又开始从西北两个方向进犯中原。他们的目的其实很简单，就是想给十六岁的小皇帝刘彻来个下马威，让他明白大匈奴的厉害，也顺便试探一下这位小皇帝的底牌。

自从冒顿单于在公元前 174 年死了以后，匈奴的单于由他儿子稽粥接班，人称"老上单于"。想当年，冒顿飞镝杀父，统一匈奴，智取东胡，纵横西域，收复失地，险灭刘邦，无论胆识还是智谋，都有过人之处，算得上当时一位有谋略有远见的军事家和政治家。但是他的后人却让人不敢恭维，用句老话说是"黄鼠狼下耗子——一窝不如一窝"。

不客气地说，从老上单于的身上看不到冒顿当年的一丝血性，给人的感觉倒像是一个抢一把就跑的小毛贼，处事猥琐，行为鬼祟，虽然自己兵强马壮，却专行一些欺负老头吓唬小孩的勾当。比如，西面的月氏早在若干年前就已经服软称臣，可老上单于非得假称月氏王意欲反叛，出兵平定了西域，斩杀月氏王，并且将月氏王的颅骨作为酒杯。此举震惊了整个西域，几乎使该地的所有小邦都胆战心惊，纷纷下马向其称臣。

茶战3：东方树叶的起源

按说出手够狠的匈奴对汉朝也该如此，可老上单于却没有那个胆量，只是采用"敌休我袭，敌进我遁"的游击政策，在边关地区发起一些突然的骚扰、入侵、掳掠、杀戮，从不敢向纵深腹地发起进攻，致使汉朝在防守上疲于奔命，每次整顿好兵力求战匈奴，匈奴就带着既得的掠夺品逃回塞外，使汉军求战不得。

最大规模的一次军事行动，是在公元前166年冬，老上单于挥兵十四万直抵彭阳（今属宁夏），其先锋人马火焚大汉回中宫，远哨铁骑逼近长安。汉文帝当即下令反击，调集重兵，从三面向匈奴发起进攻。但老上单于这个怕死鬼口头上说保存实力，其实是畏惧汉兵的计谋与强悍，仓皇地遁逃出塞，让汉军再次扑了个空。

在老上单于的率领下，匈奴虽然一而再再而三地进犯中原，但基本上都是去一些偏远地区，专门烧杀抢掠那些手无寸铁的老弱病残，从不敢与汉军面对面地交手，而且只要听到风吹草动，立刻转身就跑，唯恐跑慢了被汉军逮住痛扁一顿，所以，从某种意义上说，老上单于基本上属于敢做不敢当的小流氓。

这就是老上单于，能把心善宽厚的汉文帝气死！

老上单于就是用这种方式，把匈奴的军事势力做得空前强大。不过，这人注定是一个短命鬼。史料上没有记载他的出生年月，只是记录了他统治了匈奴十四年就死了，所以无法判定他的真实年龄，只能根据他爹冒顿六十岁死的年龄估计，老上单于的年龄在五十岁左右。

老上单于死后，匈奴的命运掌控在了他儿子军臣的手上。从史书中可以看出，这个军臣单于似乎比他爹的能力强了不少，尽管还是继承了他爹的猥琐血统，不过从他身上或多或少地能读出些许当年冒顿的阴险和奸诈。

军臣的确是个狠主，从登基开始，就断绝了与汉朝的和亲关系，然后起兵大举南下，疯狂掠夺了大量人口和财富，汉朝的报警烽火一度烧到甘泉宫（长安皇帝行宫），引得满朝文武非常紧张。汉文帝也惊出了一身冷汗，连忙调兵遣将抗击匈奴的进犯。

军臣单于发现汉军已经集结，不敢继续进犯，只在边关一带掠夺一番后，悻悻而退。不久汉文帝驾崩，汉景帝刘启即位，汉朝遭遇了自刘邦以来最大的内乱——以刘濞为首的七国诸侯起兵叛乱，史称"七国之乱"。吴王刘濞内联其他六个诸侯，外通匈奴勾结军臣单于，计划联手攻入长安。但因为七国之乱马上被平息，军臣单于放弃了进攻的计划。

随后，汉景帝刘启因给军臣单于送上了大批珠宝、美女，继续施行和亲政策，匈奴没有再大规模骚扰边境，大汉王朝与匈奴之间出现了一段极为罕见的和平时期，匈奴平民可以自由地往来汉匈边境进行贸易。

看上去一团祥和之气，虽然汉军不敢掉以轻心，对边关重镇加以严密监督，可仍不时有匈奴兵马越境进犯，依旧一副毛贼的面目出现，抢一把就跑。在景帝时代，有一次飞将军李广仅带了百十来个兵将，误入了匈奴的中军大营，面对上万匈奴人，李广一下就傻眼了。就在他苦苦思考自己该如何脱离险境的时候，匈奴不但没有向他们冲杀，反而主动开始后退了。此举就连李广都觉得不可思议，一分钟前还陷入必死无疑的绝境，一分钟后竟发生绝地生还的奇迹！但他没有想到的是，自己这一露面，化解了军臣单于一次有计划的大规模进犯行动。

除此之外，汉匈两地再无大规模的军事冲突，这种和平一直到刘彻登基才被彻底打破，两国又回到了硝烟战鼓的厮杀。

此时，汉朝已成立六十多年，经过一系列发展经济与民生的政策之后，西汉王朝的国力蒸蒸日上。刘彻承袭了这些政策，同时积极准备军事力量的发展，目标直指匈奴。

面对匈奴的不断袭扰，汉武帝刘彻必须制订出一个彻底的计划，一劳永逸地解决匈奴日益狂妄的进犯。

就在刘彻登基后不久，从降从的匈奴人嘴里听说，月氏人对匈奴充满了仇恨，因匈奴残暴无度，杀其主辱其民，逼其背井离乡。得到这个消息后，刘彻经过一番思考，特委派侍郎官张骞出使月氏，欲联手抵御匈奴。

刘彻之所以要派出使臣请外援，有两个原因：其一，此时刚刚登基，虽然已经贵为皇帝，但实权却在他奶奶——窦太后的手里，自己尚处在"名誉皇帝"的位置上，不敢造次；其二，由于常年跟随在父皇刘启身边，深知此时的汉朝还不是强大匈奴的对手。如果要一劳永逸地解决匈奴这一大祸害，借助别人的手是最合适不过的。这样做的最大好处就是，能很好地保全自己的实力，只消把每年被匈奴讹诈去的金银财宝拿出一部分给月氏和其他小国，他们一定会手舞足蹈地去为大汉王朝卖命！

严格地说，在当时的环境下，刘彻的这个想法确实不错，不过他忘了一点，丰满的思想和骨感的现实往往不能有机地结合在一起。

比如，他派出去的这个张骞。

张骞就是在这样的情况下带领属下一百多人，在匈奴向导堂邑父带领下，带着大量的财富出长安，西行进入河西走廊。据司马迁的《史记》和英国著名史学家彼得·弗兰科潘所著《丝绸之路》记载，张骞出使时所携带的财富中有丝绸、美酒以及各种珠宝等物品。

其中就出现了一个问题，如果按照中国科学院博士生导师吕厚远等研究人员于2016年发表在英国《自然》上的论文分析，茶叶早在汉景帝时代就已经广泛种植。按照中原人的传统文化礼仪和对人情世故的重要原则，送人的礼品一定要选最好的，那么在张骞出使西域的时候，他所携带的礼物中应该有茶叶！

然而，无论中国的还是国外的书籍史料中，都没有提到过茶叶。由于没有史料能证明茶叶的出处，这就让"丝绸之路"上的商品产生了疑问。中国的专家们很少提到这条道路上的通商物品，只是一味地按照德国人斐迪南·冯·李希霍芬的理解，错误地认为中原王朝早期出口的货物只有丝绸。直到今天，我始终都无法说服自己，当年李希霍芬的这一定义究竟有何证据？而一百多年来，中国的专家们坚信这条贸易通道上只有丝绸的依据究竟在哪里？

　　客观地说，如果这条道路上对外贸易输出只有丝绸的话，肯定不能形成频繁的贸易往来，因为丝绸在西汉初期产量极其有限，没有任何可能成为丝绸之路上的主要贸易产品。

　　那么，什么才是这条通商路上的主要贸易品呢？翻遍了所有史料都没有任何记载，至少在张骞出使西域的时候没有一个较为具体的文字记载，甚至也没有提到过丝绸。直到 1877 年李希霍芬在《中国——亲身旅行的成果和以之为根据的研究》一书中提到了丝绸之路后，似乎才找到了相应的"证据链"。

　　相对比较权威的解读，是英国著名历史学家、牛津大学伍斯特学院高级研究员彼得·弗兰科潘所著的《丝绸之路》，书中直截了当地说出了丝绸之路以丝绸为主要贸易产品，依据是司马迁的《史记》。

　　按照彼得·弗兰科潘的理解，向异族贡奉丝绸最早是从刘邦时代开始的。一场"白登之围"让刘邦明白了自己的实力，也知道了匈奴并不是"被上天遗弃的民族"，只好提出"和亲"政策，向匈奴提供汉朝公主及大量贡品，其中包括粮食、美酒和丝绸，以此来保证汉朝这个新兴帝国的安全。

　　在《丝绸之路》中，彼得·弗兰科潘这样介绍丝绸："丝绸是汉朝最重要的贡品，游牧部落极为看重这种纺织品，因为它质地好、分量轻，铺床做衣都用得上。丝绸同样是一种政治权力和社会地位的象

　　　　　　　　　　　　　　　　　　　　　　茶战 3：东方树叶的起源

征：拥有那么多的高级绸缎是单于尊贵身份的体现，并将之赏赐给手下侍从。"

事实上，彼得·弗兰科潘的这种说法并没有更多的物证支持，只是作者对李希霍芬的"丝绸构想"太过迷信而已。

之后的中国丝绸不知道过了多少年，又和神秘的腓尼基红结合到一起，包括古埃及的地理学家托勒密及更早时期马里努斯等人不同的解读方式，越发把这段历史搞得扑朔迷离，也使茶叶与丝绸之路之间的关系越来越遥远，以至于到了只字不提的程度，茶叶就此脱离了历史视线。

在世界历史舞台上，曾经涌现出许多古老的民族，但是，随着时代的发展，由于各种各样的原因，很多古老民族灭迹，比如两河流域的苏美尔人和阿卡德人、小亚细亚半岛的赫梯人和伊朗高原的埃兰人、北非的古埃及人、腓尼基人，曾经创造出古巴比伦文明的迦勒底人，还有欧洲的古希腊人和古罗马人，曾与中国、埃及、印度和希腊的古代文明相辉映的中美洲文明的玛雅人等。这些曾经盛极一时的伟大民族如今已经湮没在浩瀚的历史长河中，它们创造的辉煌文明而今只剩下残垣断壁与沉默的雕塑、壁画和泥版。

腓尼基人是希腊人对迦南人的一个称呼，在闪米特语中意为"紫红"，源于当地出产的一种紫红色染料，这就是"腓尼基红"。

腓尼基是一个神奇的民族，今天谁也不知道它起源于哪里，更无法说清他们究竟长什么样。我们至今所掌握的关于这个民族的所有信息，是从希腊人和罗马人口中传下来的。不过，据说腓尼基文明对今天的爱琴海文明有着深远的影响，希腊文字就是从腓尼基字母演变而来。

可以确定的是，腓尼基人在公元前 3000 年至公元前 1000 年，曾经是兴盛于亚非欧三大洲的一个民族，其本民族在非洲北海岸建立了强盛的古迦太基国，大概的位置在今天的突尼斯、叙利亚、黎巴嫩和阿尔及利亚一带。直到今天，在距离突尼斯首都仅十七公里的"迦太基古城"，那些残垣断壁和战车的辙痕，似乎在讲述这个文明古国曾经的璀璨，而时至今日却只遗留落寞夕阳下的叹息。

从地理位置来看，迦太基古国领土并不在一起，中间至少还有一个古埃及，北部和东部面向地中海，隔着突尼斯海峡与西西里岛相望。迦太基的噩梦就是源于隔海相望的西西里岛，虽然他们在第二次布匿战争中出现了伟大的战神汉尼拔，却也无法阻挡这个帝国灭亡的步伐。

当神秘的腓尼基红与中国丝绸结合在一起的时候，这个曾经建立了高度文明的古代民族，已经黯然凋零。关于腓尼基人和腓尼基红，由于早已经消失在历史的烟波云海之中，有关他们的记载都出自曾经吃过腓尼基人苦头的古希腊人和古罗马人之手，所以，今天我们所知道的腓尼基人很不全面。通过描写著名的布匿战争的相关书籍，包括《卢比孔河：罗马共和国的胜利与悲剧》《剑桥希腊罗马战争史》《罗马人》以及当代盐野七生所著的《罗马人的故事》等资料，我们仅知道，腓尼基人是古代世界最著名的航海家和商人，在距离今天三千多年前，这个民族就是当时世界上最为出色的经济动物，他们驾驶着狭长的船只踏遍地中海的每一个角落。古埃及第六王朝（约公元前2345—前2181年）时，就能在地中海沿岸的每个港口见到腓尼基商人的踪影了。

富庶的腓尼基人引起地中海沿岸强大帝国的觊觎，先是在公元前9世纪，亚述帝国那西尔帕二世把战火烧到了腓尼基人的腹地，对这个民族进行了疯狂杀戮。继而于公元前7世纪，腓尼基又遭到新巴比伦王国肢解式的分裂。但这并没有结束腓尼基人的多舛命运，仅过了八十多年，公元前539年，波斯帝国居鲁士大帝灭掉了短命的新巴比伦王国的同时，也将腓尼基划入自己的版图。到了公元前333年，著名的

　　　　　　　　　　　　　　　茶战3：东方树叶的起源

马其顿王亚历山大大帝，以势如破竹之势横扫波斯帝国，腓尼基的地盘再度更换了主人。六十九年后，也就是公元前264年起，到公元前201年才结束的第三次布匿战争，这场罗马与迦太基之间长达六十三年的战争最终以罗马帝国获胜，迦太基失败为结果，从而使腓尼基这个民族逐渐走向了灭亡。

而导致这个民族灭绝的原因之一，竟然是腓尼基红！

据说，腓尼基红是从海洋中的一种海螺的汁液中所发现的染料，这种海螺藏在海洋的深处，需要很辛苦地潜到海底才能将其打捞上来，经过加工后才能成为染料。服装被这种染料染过之后，呈现出瑰丽的红宝石色，更加神奇的是，即便经历风吹日晒，绚丽的红也不褪色。

腓尼基人除了生活的富有以外，还有身上穿着的时尚绚丽的红色服装，这引起了周围那些贵族的觊觎。亚述帝国、新巴比伦王国、波斯帝国、马其顿亚历山大帝国、罗马帝国，像一群群龇牙咧嘴的恶狼，走马灯一样前赴后继，将战祸置于腓尼基人的头上，使其土地遭沦陷，人民遭屠杀，财产遭抢掠，生灵遭涂炭，民族遭灭亡！

腓尼基就此消失在了历史的长河中，唯有红宝石般灿烂绚丽的腓尼基红，经过了数千年血与火的洗礼，经由波斯人头上的一块方巾传到了希腊、印度和罗马，与东方的丝绸结合到一起，成为显示贵族身份的一个主要标志。曾经最为强悍的帝国君主和最为尊贵的神职人员，也都以能够身着腓尼基红长袍而感到荣耀。融合了红色热情与黑色压抑的酒红色，在宗教中常被视为高贵的色彩，象征至高无上的权威，直到今天。

弱肉强食，看上去像是一条公平的丛林法则，但是历史的事实告诉我们，遭到强食的未必都是弱肉，其中也有悍兽。比如腓尼基人，无论从经济到军事，他们的势力都不弱，从某种程度上说甚至很强悍，也曾经有过自己的文字，但同样在历史上消失，连同其文化一道被得逞者焚尸灭迹，之后的一切则由胜利者任意描绘和刻画，并且成为唯一的记载，而真相却早已无从考证了！

因为有了腓尼基红，世界绚丽了，但是历史却因此而凌乱！

这一切或许并非德国人李希霍芬，还有那个法国人埃玛纽埃尔 - 爱德华·沙畹所致，他俩在分别命名"丝绸之路"和"海上丝绸之路"的时候，很大程度上加入了一些个人因素。比如李希霍芬，他认定了中国是丝绸的最早输出国，于是以丝绸命名这条商道。而沙畹也如出一辙，在李希霍芬的基础上，他也想当然地加入了自己的主观臆断，仅仅是把丝绸当作一个具有地标性的产品，从而忽略了这条道路原本的贸易属性，大概这就是东西方文化的差异，这个错误的理解随着历史的发展而不断叠加，至今已经无法纠正。

但就李希霍芬对中国所进行的考察而言，包括为丝绸之路命名，动机并不是那么单纯，其中包含着不可告人的目的和背景。1877 年，他曾专门提交了一份名为《山东地理环境和矿产资源》的报告，其中强调了青岛地区优越的地理位置，并渲染了可以在胶州湾筑建现代港口的关键性观点。李希霍芬还建议，应该同时"建设一条与内地衔接的铁路线"。此文为日后著名的"巨野教案"打下了基础，并为德国占领青岛提供支持。

1903 年 10 月，鲁迅以索子为笔名在《中国地质略论》中说："支那大陆均蓄石炭，而山西尤盛；然矿业盛衰，首关输运，惟扼胶州，则足制山西之矿业，故分割支那，以先得胶州为第一着。呜呼，今竟何如？毋曰一文弱之地质家，而眼光足迹间，实涵有无量刚劲善战之军队。盖自利氏游历以来，胶州早非我有矣。"

鲁迅文中从山西一眼看到胶州的利氏，也就是李希霍芬。

有证据显示，李希霍芬的考察结论后来被德国政府视为有关中国的"科学的、值得信赖的"知识基础。当德国的占领考虑开始出现时，李希霍芬对胶州湾的评价就被重新提起。典型的例子就是在海军建设顾问弗朗裴斯的研究报告中，曾多次援引了李希霍芬的论述。

李希霍芬 (Ferdinand Von Richthofen，1833—1905)。德国地理学家、地质学家，从 1868 年到 1872 年，李希霍芬以上海为基地，对大清帝国十八个行省中的十三个进行了地理、地质考察，足迹遍及广东、江西、湖南、浙江、直隶、山西、河南、山东、陕西、甘肃、四川、内蒙古等省区。1877 年回国之后，他先后写出并发表了五卷并带有附图的《中国——亲身旅行的成果和以之为根据的研究》。

李希霍芬于 1870 年到达洛阳，考察了洛阳南关的丝绸、棉花市场，之后又到达了山陕会馆和关帝庙，写出了《关于河南及陕西的报告》等著作，其中提出一个观点，就是从洛阳到中亚古城撒马尔罕之间有一条古代商道——而这条古代的商道在他来到中国之前，即便不用他做过多的解释，只要翻阅一下唐宋以前的著作，也都能证明这条古道的存在。

直到第二年，也就是 1871 年 9 月到 1872 年 5 月，他才对河西走廊一带做了一次考察和研究，然后就在他的《中国——亲身旅行的成果和以之为根据的研究》一书中，给这条古老的商道做了命名。从这个时候开始，李希霍芬这个外国名字便与中国的"丝绸之路"紧紧地绑在了一起。

如果我们从另一个角度来说，假如李希霍芬和沙畹不是德国人和法国人，而是生活在那个时代的英国人，他们还会用丝绸来命名这两条商道吗？严谨的德国人和浪漫的法国人大概不会明白，茶叶对于英国的重要性远远大于丝绸。毫不客气地说，假如没有茶叶，就没有大不列颠及北爱尔兰联合王国的今天！

这不是危言耸听！这个崛起于 17 世纪，发展在 18 世纪，到 19 世纪称霸世界的国家，从起步开始就和茶叶有着密不可分的关系，茶叶一度是这个国家最重要的财政收入，很难想象，如果没有茶叶，英国的发展会是怎么样。就像艾伦·麦克法兰在《绿色黄金》中所说的那样："如果没有茶，英国的工业化进程至少要推迟一百年！"

这就是英国人对茶叶的态度。麦克法兰这句话说得没错，茶叶至少从两个方面彻底改变了英国，一是药用价值，优化了16世纪以前英伦三岛"脏乱差的环境"（肯·福莱特《圣殿春秋》）。二是高额的利益，如果没有通过茶叶所获取的利益，英国不可能在短短的一百年中就能快速发展成为"日不落帝国"，《剑桥英国史》中非常中肯地对中国产的茶叶为英国经济所做出的贡献给予了充分的肯定。如果没有茶叶做背书，英国也就不会发动包括对荷兰、中国等在内的一系列战争，甚至包括美国的独立战争，也是因茶叶而起。由此可见，茶叶对英国的重要性。

直到今天，位于伦敦市中心西南部、著名的海德公园旁边的英国自然历史博物馆达尔文中心，还陈列着17世纪爱尔兰自然历史学家汉斯·斯隆爵士在1698年所收藏的一款从中国来到英国的福建武夷山茶叶标本，编号为857。能把一片小小的树叶置于世界著名的自然历史博物馆中，并且与全球最珍贵的动植物标本平起平坐，足可见茶叶对英国人的重要性。要知道，那时候在英国茶叶可不是一般意义上的金贵，一磅茶叶的价格高达60到80先令，是最高品质咖啡的10到12倍。所以，我们有理由怀疑，如果李希霍芬和沙畹都是英国人的话，他们对这条古代商道还会冠以"丝绸"吗？

遗憾的是，历史绝不可以使用"如果"二字。

这种解释并非有意夸大茶叶而降低丝绸的重要性，从某种程度上说，我们实际上始终都在削弱茶叶的历史地位，忘记了茶叶也曾经和丝绸一样，在一部分地区能够当作货币使用和流通。但是没有人做进一步解释，这条古代商道上除了丝绸、粮食和美酒以外，究竟还有没有其他物品？

由此我们可以做一个大胆的假设：既然汉景帝时代就已经有了茶叶，并且已经形成了一定规模的产量，所以在这条商道上一定会有茶叶的贸易，至少已经有证据证明在公元前 90 年，汉朝发动的那场打击大宛国的战争中，在大宛的属地就已经有了茶叶。暂且不论茶叶在当时究竟是以饮品还是药品的属性出现，至少能够证明茶叶在西汉时代已经通过丝绸古道到达了西域诸国。

从另一个方面来解释，李希霍芬毕竟是一个德国人，对中国的了解仅限于他的地质专业范畴之内，他对中国久远的历史、文化并没有更深的认识和了解，对中国历史的见解相对来说比较浅薄，或者说只是一种想当然。

李希霍芬把丝绸之路定义为一条主要存在于公元前 114 年至公元 127 年之间，以丝绸贸易为媒介将中国与中亚以及印度连接起来的交通路线。其实，这个说法并不准确。假如说，这条西部商道仅存在了二百四十一年的话，那么唐宋乃至元代通往中亚的贸易之路又是从哪里走的呢？其次，李希霍芬的确是基于丝绸贸易的视野在谈丝绸之路，但是，"贸易"是丝绸之路的一个关键词。北京大学城市与环境学院历史地理研究中心唐晓峰教授发表于 2018 年第三期《读书》杂志上的《李希霍芬的"丝绸之路"》一文，也在反复强调这个疑点。

如果只有丝绸，也就谈不上贸易了。

毫无疑问，李希霍芬借鉴的是西方权威地理著作——托勒密的《地理学》，在那里整理出了丝绸从中国向西输送的路线，并将其称为"托勒密丝绸之路"。托勒密关于东方地理的记述，在很大程度上得益于马里努斯。不过，马里努斯的著作已经失传，只能通过托勒密的介绍而略有所闻。所以，托勒密丝绸之路在李希霍芬那里又是"马里努斯丝绸之路"。李希霍芬在他的《中国——亲身旅行的成果和以之为根据的研究》中，有一幅著名的"丝绸之路"路线图，路线有蓝、红两种颜色。蓝线是李希霍芬根据"中国史料"整理的汉代丝绸之路，东起沙洲（敦煌），西至中亚。红线是李希霍芬整理的马里努斯丝绸之路，东起长安，西至西亚，横贯亚洲。这幅路线图也直观地表明，李希霍芬所说的丝绸之路是横贯亚洲的丝绸之路，汉代丝绸之路又或者中亚丝绸之路是丝绸之路的东段。

虽然李希霍芬早在1877年就已经命名了这条西部古道为"丝绸之路"，但西方学术界的权威们对这条有两千多年的古道并不感兴趣，在他们的视界中，落后的亚洲和所谓的"劣等民族"无法与欧洲文明的摇篮相提并论，更不相信东亚的崛起和亚洲地区的重要。1895年，斯文·赫定首次探访塔克拉玛干沙漠，进入一个欧洲人全然无知的偏远世界。多亏这一地区的干燥气候，让斯文·赫定以及斯坦因等人才能发现伊斯兰教到来之前的各种文书和文物，这些典籍和文物所体现的文明程度甚至要远远高于他们的欧洲。

随着考古文物不断被发现，他们才突然意识到李希霍芬所说的丝绸之路沿线地区在历史上的重要地位，认识到西亚、中亚和东亚这条文明传播道路的活跃程度，这是世界中心所在地。如果说，中亚和新疆是四大文明交会的十字路口，涉及今天的印度、阿富汗、巴基斯坦、伊朗、土耳其、叙利亚等国家，那么东亚广袤地区构成的交通道路网络状布局，更是将中国、朝鲜、日本等国连接到一起，从而形成一个历史文明带。这使他们不得不承认，这个起源于公元前的历史文明带，不亚于古希腊和古罗马时期的文明程度，甚至在某些方面领先于欧洲的文明进程！

张骞出使西域的礼品单

　　无论这条古道是否该叫"丝绸之路"，都与公元前139年张骞前往西域没有任何关系，因为张骞通西域本身是出于军事和政治的目的，而并不是出于贸易目的。但无论怎么说，张骞和这条古道有着必然的联系。

　　汉武帝建元二年，也就是公元前139年，刘彻从一些被俘的匈奴人嘴里得知月氏惨遭匈奴和乌孙的杀戮与驱赶的消息后，立刻召开御前会议，按照"敌人的敌人便是朋友"的逻辑，商讨派出使臣前往月氏，双方联合共同抗击匈奴进犯等事宜。使臣代表中原王朝皇帝陛下向备受匈奴欺凌的大月氏等民族进行声援，坚决支持大月氏人民对外来侵略者的顽强抵抗，并强烈谴责匈奴及其一手扶持的傀儡爪牙乌孙国昆弥（国王）猎骄靡对月氏人民犯下的累累罪行。

　　当然，这不过都是些表面文章，最重要的是，想尽一切办法说服大月氏与中原王朝团结合作，前后共同夹击匈奴，让其腹背受敌，以达到"断匈右臂"的目的。

　　不过，这只是中原王朝的一个御前设定，所有文武大臣都希望此行能够达到预期的效果。但是，所有人也都明白，外交问题往往都很复杂，其中任何一个微小的细节出现疏漏，都有可能导致整个谈判出现不太好的结果，所以对于此行到底能否达到目的，谁都不确定，所以委派谁去担当这个大任成为一个关键因素。

要穿越西域一万四千多里绝非像李希霍芬那样随口一说，实际上极为艰险，特别是在交通条件非常艰苦的情况下，这条所谓的路上随处都有流沙荒漠，随时都会有野兽出没，随地都是险象环生！除了这些恶劣的自然地理环境外，还有战争横阻和强盗劫掠，每往前走一步，都可能遭遇万劫不复的灾难。然而，横穿西域，不仅仅需要探险家不畏艰险的胆略和长途跋涉的体魄，更要有外交家能言善辩的才华和驾驭谈判的能力，最重要的，必须得到皇帝的信任，三者缺一不可。也就是说，必须具备政治经验、外交素养，对国家朝廷的忠诚、年轻健壮的身体以及见多识广的胆识等条件。要选出这样一个各方面条件都具备的人，并非一件容易的事！

在这个情况下，朝廷决定在全国范围内招募贤能之士，作为钦差大臣代表皇帝前往大月氏国商讨国事。经过三轮角逐，时年二十五岁的张骞进入了汉武帝及身边重臣的视线，从激烈的竞争中脱颖而出。

关于张骞这个人，史料中并没有他的具体出生信息，至于他出使西域的具体年龄，是根据他的老家，今陕西省汉中市城固县城南博望镇饶家营村的张骞纪念馆中所记录的出生于公元前164年计算而来。这个年龄究竟是否准确，还真值得商榷，因为按照《史记·大宛列传》的记载，张骞生年及早期经历不详，汉武帝刘彻即位时，他在朝廷担任一个名为"郎"的小侍从官，职位非常低，在出使西域之前对他的评论也仅限于"为人强力，宽大信人"。

张骞经过了三个多月的细致准备工作，朝廷也为此做了充分考量，除挑选壮士，选择良马，还选中了匈奴人堂邑父来担当向导和翻译。张骞率领一支由百多人组成的队伍，带着中原王朝精心准备的各种礼品，浩浩荡荡地离开长安，一路向西，首度奔赴西域。

关于向导堂邑父，这里需要做一个简单的介绍。据《史记》介绍，"堂邑氏胡奴甘父"，原本是匈奴的一个兵卒。公元前166年，匈奴老上单于集结十四万军进犯中原，以迅雷不及掩耳之势攻破汉朝边关朝那寨，杀死北地守将孙卬，剑锋直指长安。甘父当时就是匈奴军中的一员，年龄应该不会太大。当时闻听匈奴来犯，汉文帝立刻遣十万大军予以还击。在这场战役中，甘父成了汉军的俘虏，被押解回到长安。因为史料中没有注明他的生卒年月，所以只能大概地推断他被俘时的年龄，是十五岁左右。

被俘后的甘父被刘恒作为礼物奖赏给刘彻那位"了不得"的丈母娘刘嫖做了家奴，因刘嫖的丈夫陈午世袭堂邑侯，所以甘父只能放弃匈奴姓氏，另取名为"堂邑父"，意思是堂邑家的人，说白了就是这家的奴隶。

让堂邑父去给张骞做向导兼翻译，这个耐人寻味的主意毫无疑问出自汉武帝本人。因为这个时候的刘彻皇位尚未坐稳，真正掌握着朝政大权的是他奶奶窦太后，而他的姑姑兼丈母娘刘嫖恰恰又是窦太后最信赖的人，刘彻迫切需要获得刘嫖的支持，所以无论有任何好处，在第一时间必须要先考虑到刘嫖，只有得到刘嫖的首肯，自己才能坐得更稳，选中堂邑父就是一个典型事例。

堂邑父从公元前166年被俘来到汉地，直到公元前139年才跟随张骞出使西域，其中过去了整整二十七年，即便以他被俘时十五岁的年龄推断，也已经是一位四十二岁的中年汉子了。在汉地生活了长达二十七年的堂邑父，早已适应了中原的生活方式，尤其是在皇亲国戚的家里，虽然谈不上生活有多么安逸，或地位有什么特殊，至少有一点可以肯定，那就是远离了飘忽不定的游牧生活和你死我活的战争厮杀，不需要再为自己是否能看到明天的太阳而提心吊胆。

假定堂邑父就是十五岁时来到堂邑侯陈午家为奴，年龄应该和陈午的长子陈须相仿，那么我们有理由相信，他在陈午家的二十七年里，肯定受到了陈午、刘嫖的恩惠，和陈须一样接受过很好的教育，并且对刘彻或刘彻身边的重臣非常熟悉。因为向导身份的特殊性和所担负职位的重要性，除了要有知识有文化，还得具有非常好的沟通和协调能力，尤其重要的是，要对汉王朝绝对忠诚，否则谁也不敢让他去担当这么重要的工作！

张骞一行从长安出发的具体日期在史料上比较模糊，不同的资料记载了不同的时间，有的说是公元前139年，也有的说是公元前138年。现在看起来，公元前138年的可信度比较高。刘彻是在公元前139年从俘获的匈奴人嘴里得知匈奴和乌孙联手攻打大月氏的消息，推断他应该从这时开始商定起对策，完成招募、物资准备等，一直到正式出发，这期间至少需要六个月的时间，所以公元前139年出发的可能性比较低，应该是第二年春天，也就是公元前138年离开长安比较合理。

张骞和堂邑父在出发之前制定的线路，是从长安出发，经陈仓（今陕西宝鸡）、走陇西、过武威，出玉门关后进入今天的新疆区域。我们通常所说的西域，在张骞时代还没有这个称呼，这个词是从汉宣帝时代才出现，《汉书·西域传》中对西域有一个明确的地理划分："在匈奴之西，乌孙之南。南北有大山，中央有河……东侧接汉关，厄以阳关、玉门，西侧限以葱岭"，即现在的新疆南疆地区，多以农业为生，兼以畜牧，有城离庐舍，称为"城离诸国"。这些城离诸国分南北两道，包括龟兹、焉耆、若羌、楼兰、且末、小宛、戎卢、渠勒、皮山、西夜、蒲犁、依耐、莎车、疏勒、尉头、温宿、尉犁、姑墨、卑陆、乌贪訾、卑陆后国、单桓、蒲类、蒲类后国、西且弥、劫国、狐胡、山国、车师前国、车师后国、车师尉都国、车师后城国等国，总称为"西域三十六国"，中间隔着一望无际的塔里木大沙漠。但在这些国家中，却不包括乌孙。

这是汉朝对西域最官方的记载。

但是，已经走在路上的张骞所不知道的是，他此行的目的国大月氏，这个时候被匈奴乌孙联军打得丢盔卸甲，带着家小赶着牲畜牵着骡马，无比狼狈地逃出伊犁河流域，继续向西奔溃在亡命的路上，连他们自己也不知道，到底哪里才是自己的家园，更不用说从东土大汉来的张骞等人，到底应该去哪里找到他们呢？这确实还是一个未知数。

和所有已经消失在历史中的民族一样，现在已经很少有人能说清楚月氏人的来历，只是从史料文献中能找到有关这个民族的一些并不清晰的辙印。这个族群究竟是从哪里来，一直备受学界争论，比较广泛的说法是，大约在公元前两千三百多年的伊朗高原西部，出现了一支古印欧血统的游牧民族，世代居住于这一地区的亚述人把这一民族称为"古提人"。

古提人的出现，对当时的巴比伦帝国构成了很大的威胁，甚至一度推翻了巴比伦王朝。但是，古提人占领巴比伦的时间并不长，在大约公元前 2082 年被苏美尔王舒尔吉征服之后，这个民族就从近东一带神秘地消失了。

著有《历史上最初的印欧人》的英国语言学家亨宁教授（W.B.Henning）曾经在 1978 年指出，根据《苏美尔王表》所记载古提王的名字，这支消失了的古提人和之后在中国出现的吐火罗人所使用的语言类似，他因而推测出当年古提人逃离巴比伦后，一路长途跋涉向东迁徙，在大约不晚于公元前 1000 年出现在了中国新疆塔里木盆地边缘的绿洲，并在此繁衍生息。

这个民族后来被希腊人称为吐火罗人，包括居住在阿尔泰山至巴里坤草原的月氏人、天山南麓的龟兹人和焉耆人、吐鲁番盆地的车师人以及塔里木盆地东部的楼兰人等在内，都被统称为吐火罗人，而他们很有可能就是公元前2300年左右出现在波斯西部扎伽罗斯山区的游牧民族古提人！

月氏人可能具有做生意的天赋，《管子》曾经记载，"禺氏人"（即月氏人的另一称谓）手里有很多高级玉石，希望能以白璧与中原王朝做生意，"然后八千里之禺氏可得而朝也"。这一记载与中原王朝特别喜欢玉器相吻合，比如商代的妇好墓中就曾经出土了700多块和田美玉，这些玉器毫无疑问来自西域，管仲的话又直接道破了这些玉的主人正是月氏人。

《史记》和《汉书》都有记载，说月氏曾经是生活在中国西部的古老民族之一，他们的势力一度非常强大，有"控弦之士一二十万"之说。月氏游牧于河西走廊西部的张掖至敦煌一带，是西域众多国家中非常强大的一个，以至于连早期的匈奴都不敢招惹，在头曼当匈奴王的时候，主动把冒顿送到月氏做质子，可见当时月氏的势力。

强盛时期的月氏，内部分为休密、双靡、贵霜、胖顿、都密五部歙侯，也可以理解为其内部有五个诸侯国，控制了整个西部地区，这种局面一直到公元前176年前后。冒顿领导下的匈奴，灭了强大的东胡，降伏了新生的汉朝后，并没有停止进攻的步伐，而是以摧枯拉朽之势，继续向西挺进，击溃了长期占据在河西走廊一带的强大的月氏，然后又突然向南吞并楼烦。

月氏被匈奴打败，并继续向西败退，因此而分为两部，一部分向西迁徙到伊犁河流域，被称为大月氏，另一部分由于行动不便或其他原因，则向东南方向迁入今天的甘南地区，被后人称为小月氏，与生活在这里的羌人为邻，生活方式和语言逐渐与羌人相像，后来融合于当地的汉、羌以及其他民族之中。

大月氏在西退过程中，仍然表现出极强的战斗力，顺手将与匈奴眉来眼去的乌孙灭掉，并残忍地把乌孙昆弥难兜靡杀死。后来，难兜靡的儿子猎骄靡则被匈奴抚养长大，在老上单于时期，猎骄靡长大成人，为了报杀父之仇，重新组织乌孙人，与匈奴合力进击迁往伊犁河流域的月氏，致月氏王被杀。

可能连匈奴和乌孙都没有想到，即便遭到毁灭性的残暴屠杀，月氏人仍然没有灭绝，侥幸逃出后，继续向西逃窜。经历了约十年的迁徙，到公元前 128 年前后，占据了妫水两岸（《史记》《汉书》称谓，今为阿姆河，中亚第三大河流，位于土库曼斯坦和乌兹别克斯坦等国境内），继续展现出月氏人的传统强势，打跑了长期在此地生息的大夏国（极有可能是古代巴克特里亚人，又称为塞种人），成立了大月氏国。

大约也就是从这个时期开始，月氏又逐渐走向了鼎盛时代。公元 1 世纪 50 年代，月氏五个诸侯国之一的贵霜，在头领丘就却的领导下，战胜了希腊中亚王赫尔谟尤斯和帕提亚帝国，一举夺得战略要地喀布尔河谷，与此同时统一了月氏的另外四部，正式创立贵霜王国，自封迦德菲塞斯一世。贵霜帝国在最鼎盛时期，其疆域从今天中亚的塔吉克斯坦全境绵延至里海、阿富汗及印度河流域，号称中亚地区第一强国，并被认定为这一时期与罗马、汉朝和安息帝国（即帕提亚帝国）并列的世界四大强国之一。

贵霜帝国崇信佛教，佛教迅速传播，丘就却、迦腻色伽都是佛教的赞助者。迦腻色迦信奉大乘教派，从此印度佛教以大乘为主。两汉三国时，外国僧人半数以上来自贵霜领地，迦腻色迦在首都建立起极其壮丽的寺院和佛塔。我国东晋高僧法显巡礼印度时曾亲眼看到过这些雄伟的建筑物。

贵霜曾经创造了自己独特的语言，即大夏语（巴克特利亚语），从出土的贵霜帝国钱币文字上，发现有大量的古希腊文字，这种语言一直沿用到 10 世纪，最后也随着这个民族的衰弱而逐渐淹没在茫茫历史中。

据说，今天生活在印度的高种姓贾特人就是贵霜人，也就是大月氏的后人。

这是后话。

2014年8月17日，经过了三个多月的准备后，我按照两千多年前张骞走过的路线，约了西安的几个朋友一起，开着三辆SUV沿连霍高速一路向西奔驰，目的地是两千多公里外的楼兰古城。他们是结伙去罗布泊游玩，唯独我是别有用心，利用这个机会专程去深度探究那片神秘的大漠以及两千多年前张骞走过的那条古道。

一路上车开得并不快，因为不着急赶路，所以每天的行程差不多在一千公里左右就停车住店，就这样不紧不慢地走了将近三天，才来到巴音郭楞自治州若羌县，再往前走一步，就是举世闻名的罗布泊。

对照古今地图，这条路线已经有了很大的不同。两千多年前，张骞等人所走的道路是由甘肃出玉门、阳关往南，傍昆仑山北麓再转向西；或者是出玉门、阳关直接奔西，经焉耆至轮台。而今的高速公路却可以横穿天山，不费周章直达罗布泊。

罗布泊，一个让人浮想联翩的地方，公元前176年，匈奴单于冒顿给汉文帝刘恒的一封信中，为了夸耀自己的强盛，在中华历史中第一次提到了这里还有几个不为人知的小国："以天之福，吏卒良，马力强，以夷灭月氏，尽斩杀降下。定楼兰、乌孙、呼揭及其旁二十六国，皆以为匈奴。"

站在今天的罗布泊边缘，眼望着前方一片绝望的苍凉，实在无法想象两千多年前，这里曾经是神仙般的天堂。《汉书·西域传》记载了西域三十六国在欧亚大陆的广阔腹地所绘出的一道绵延不绝的绿色长廊，夏季来到这里与置身江南无异。昔日塔里木盆地丰富的水资源滋润着万顷绿地。当年张骞肩负伟大历史使命西出阳关，当他踏上这片想象中荒凉萧瑟的大地时，却被它的美丽惊呆了。映入张骞眼中的是遍地的绿色和金黄的麦浪，从此，张骞率众人开出了著名的丝绸之路。另据史书记载，在 4 世纪时，罗布泊的水面超过 20 万平方公里。到了 20 世纪还有 1000 多平方公里水域。

在 1876 年俄国探险家普尔热瓦尔斯基进入罗布泊之前，这里已经沉睡了几个世纪，直到 1901 年，千年古城才被瑞典人斯文·赫定惊醒，而这个时候进罗布泊还需要乘坐小舟。他坐着船饶有兴趣地在水面上转了几圈，他站在船头四下远眺，感叹这里的美景。1992 年由新疆人民出版社出版的《亚洲腹地探险八年》中，斯文·赫定由衷地写出了他所看到的罗布泊景色："罗布泊使我惊讶，罗布泊像座仙湖，水面像镜子一样，在和煦的阳光下，我乘舟而行，如神仙一般。在船的不远处几只野鸭在湖面上玩耍，鱼鸥及其他小鸟欢愉地歌唱着……"

诞生于第三纪末，距今已经有两百万年历史的罗布泊，曾经是一个美丽的湖泊，湖泊两岸，生长着郁郁的胡杨林。罗布泊的西岸，是一度非常繁华的楼兰帝国，那里是孔雀仙子每天梳头照镜子的地方，所以罗布泊的水才能够如此清澈甘甜，罗布泊两岸才能如此水草丰美，田地肥沃，滋养了楼兰帝国一代又一代的苍生。时空流转，岁月无痕，历经千年风雨洗礼的罗布泊终于卸下了传说中华丽的衣裳，躺在塔克拉玛干大沙漠的东部，留给后人的是一片赤裸的荒芜以及千万声神秘和断人心肠的哀怨叹息。

极目远眺罗布泊，荒漠遍布，寸草不生，自然环境极其恶劣，其被冠以死亡之地并不夸张。蓝天白云的下面，便是灰黄色的沙丘，呈不规则状起起伏伏，一直通向地平线的尽头，沙丘的背阴处却拖着一个个令人惊悚的长长影子，在眼际中蔓延，直达荒漠深处。渺无边际的荒漠由于缺少了生命，谁都不敢揣测沙丘的后面藏着怎样的恶魔，就像探险电影里所描述的一样，魔怪们隐身于沙漠之下，随时随地都可能跳出来。

罗布泊西岸的楼兰古国，据专家分析远远早于公元前176年就已经建国，后来因部分月氏人继续向东迁徙到达河西走廊，与中原汉民有了更密切的接触。公元前176年，月氏人被冒顿从河西走廊一路追杀，从匈奴刀下侥幸逃脱返回戈壁，重新修建自己的家园，一直到公元630年突然消亡，楼兰古国前后经历了八百多年历史，留下了一个又一个无法解密的悬念，从此罗布泊便成了死亡的代名词。因为神秘，罗布泊吸引了无数探险人士前往，结果却往往是魂断荒漠。1980年6月17日，中国科学院新疆分院院长彭加木在罗布泊考察的时候神秘失踪，牵动了全国人民的心。然而很多人不知道的是，就在彭加木失踪的前一年，即1979年6月17日，有一位名叫张小雄的士兵同样也在罗布泊地区神秘地失踪。

最让人唏嘘的，莫过于一生都在路上漂泊的探险家余纯顺，七尺男儿，只身涉险，自1988年7月1日开始，徒步走遍全国二十三个省市自治区，完成了人类首次孤身徒步穿过川藏、青藏、新藏、滇藏、中尼公路全程的壮举。1996年6月他只身闯入罗布泊，要打破"6月中旬不能走罗布泊"的说法，却在回途中因迷路导致严重缺水而不幸遇难。直到今天，凡是进入罗布泊路过余纯顺墓地的人，都会在他的碑前放上一瓶水，以示悼念。这么多年来，彭加木和余纯顺的遇难，造成了极大的影响，这些徘徊在罗布泊上空不肯散去的魂灵为罗布泊笼罩了一层死亡的阴影。

虽然近在咫尺，我最终没有和朋友们一起进入罗布泊，而是选择一个人待在当地招待所的客房里，透过玻璃遥望窗外这个丝绸古道上的重镇、东西文明交会的十字路口。曾经在班固笔下"广袤三百里，其水亭居，冬夏不增减"的浩繁景象，早已被两千多年的风沙侵蚀殆尽，留下的是荒无人迹的茫茫大漠，只能在脑际间想象一下张骞所目睹的罗布泊，绝非是今天这种满目疮痍的荒凉与死亡的绝望，而是碧水连天，小鸟的天堂，浑若江南水乡，像 2004 年出土的"小河公主"，在死亡戈壁历经了三千五百多年，还是那样楚楚动人。

从公元前 176 年汉文帝收到冒顿单于的信算起，到整整五十年后的公元前 126 年，中原王朝已换了三朝帝王，张骞终于带回了有关楼兰的确切信息，"楼兰、姑师邑有城郭，临盐泽"，从而证明了楼兰的存在。盐泽，便是当时的罗布泊。

之后的中央政府意识到这里的重要性，在楼兰设置了西域长史府，把罗布泊地区正式纳入了管辖范围。为了保障万里丝路的安全畅通，先后动用了数十万民夫在此地修筑了长城，经罗布泊直通最西端的轮台（今新疆巴音郭楞自治州轮台县），而我们一直以来所认为的长城西端是嘉峪关，实际上那仅仅是明代的长城。今天屹立在孔雀河中段、库鲁克塔格山前的脱西克烽火台，会明明白白地告诉我们长城到底有多长！

而楼兰王国也借助中央政府的威名大举扩张自己的势力范围，楼兰王尉屠耆打着朝廷的名义，从轮台迁都于若羌，并逐步占领了且末、米兰、小宛、精绝（尼雅王国），改国名为鄯善——注意，这个鄯善并非今天吐鲁番市的鄯善县。至此，因为丝绸古道的兴旺，楼兰古国也进入了鼎盛时代。

今天的罗布泊，虽然曾经的灿烂已经远去，但是矗立于雅丹地貌之中的荒漠遗迹仍在诉说千年之前的传说，金戈铁马的时代在记忆里早已被岁月撕成了碎片，扔进了一眼望不到边际的茫茫沙海，可那些不死的精灵连同一段段不死的传奇，深深镌刻在永恒的苍穹，那些活着千年不死，死了千年不倒，倒下千年不朽的胡杨，见证了几千年的历史辉煌，带着那些故事一起走进了"一带一路"的新时代。

关于今天的塔克拉玛干大沙漠，我的一位朋友曾经在十年前和我讨论过一个极其疯狂的方案：截流位于印巴争议地区克什米尔的印度河，修一条约 70 公里长的引水渠道，把印度河的水以每年 175 亿立方米引入叶尔羌河上游，之后汇入塔里木河，借助罗布泊留下来的峡谷沟壑再次贯通沙漠腹地，由此可以灌溉 17 500 平方公里的沙漠地带，使得喀什地区的干旱得到缓解。

这是他十年前的设想！

且不提这个方案实施的可行性到底有多大，这里只说一下，到底是谁这么疯狂。这个疯子大名叫吴云鹏，在人防办做一个普通职员，然而，就是这么个其貌不扬的公务员，手里却有十几个专业的毕业文凭，涉猎门类五花八门，从地质到化学，从物理到历史，从考古到法律，没有一科不潜心研究，他的这一狂想，与当年牟其中扬言要炸开喜马拉雅山的想法有得一拼。

从理论上说，吴云鹏提出的这个方案具有一定的可取性，比如贯穿整个巴基斯坦的印度河，是全世界最长的河流之一，发源于喜马拉雅山西麓中国境内的狮泉河，自东南向西北流经克什米尔，然后转向西南贯穿巴基斯坦全境，在卡拉奇附近注入阿拉伯海。印度河总流域面积为 103.4 万平方公里，干流长约 2900 公里，平均年径流 2070 亿立方米，经吴云鹏估算，在克什米尔可截流点，那里的年流量达 700 亿立方米，如果只将其中 175 亿立方米的水引入叶尔羌河，把世界著名的塔克拉玛干大沙漠变为可供人类居住的绿洲，只是个时间问题。

但是，从现实角度来说，这仅仅是个疯狂的构想罢了！

没有外部交流，任何封闭系统都只有死路一条。当我们今天客观冷静地去看待已经过去很久的这段历史，无论当时楼兰古国后来有多么强盛，首先依靠的是与外部的合作，最终带来了共赢，并因此而强盛。

然而，我对这些不是太感兴趣，在这个时候我更关心的是，张骞当年出使西域的时候，他所携带的礼品中除了记载中的美酒、丝绸和粮食，到底有没有茶叶？

这个问题让我纠结！

张骞奉旨出使西域，无意中缔结了这条被后人命名为"丝绸之路"的商道，使处于这条古道必经之地的罗布泊乃至楼兰古国成为连接两大文明最重要的枢纽，东方的黍子经由这里到了欧洲，西亚的小麦通过这里传向中原，还有产自西域或者欧洲的葡萄、核桃、苜蓿、石榴、胡萝卜以及羊毛地毯等物品传入中原帝国，丰富了汉族的文化和经济生活；而中原汉地的铸铁、开渠、凿井等技术以及丝织品、金属工具等也传到了西域，促进了中原和西域的经济发展。东方的文明，通过汉人和月氏人的共同传播，从罗布泊走向了世界！

翻开历史对照当下，天山南麓，因北阻天山，南障昆仑，气候特别干燥，仅少数水草地宜于种植，缺少牧场，汉初形成三十六国，多以农业为生，兼营牧畜。从其地理分布来看，由甘肃出玉门、阳关南行，傍昆仑山北麓向西，经且末（今且末县）、于阗（今于田县），至莎车（今莎车县），为南道诸国。出玉门、阳关后北行，由姑师（今吐鲁番）沿天山南麓向西，经焉耆（今焉耆县）、轮台（今轮台县）、龟兹（今库车县），至疏勒，为北道诸国。南北道之间，横亘着一望无际的塔里木沙漠。这些国家包括氐、羌、突厥、匈奴、塞人等各种民族，人口总计三十余万。在张骞通西域以前，天山南路诸国已被匈奴征服，并设"僮仆都尉"，常驻焉耆，往来诸国征收粮食、羊马。南路诸国实际已成匈奴侵略势力的一个重要补给站，三十多万各族人民遭受着匈奴贵族的压迫和剥削。

葱岭以西，当时有大宛、乌孙、大月氏、康居、大夏诸国。由于距匈奴较远，尚未直接沦为匈奴的属国。但在张骞出使之前，东方的汉朝和西方的罗马对它们都还没有什么影响。故匈奴成了唯一有影响的强大力量，它们也或多或少受制于匈奴。

从整个形势来看，联合大月氏，沟通西域，在葱岭东西打破匈奴的控制，建立起汉朝的威信和影响，确实是孤立和削弱匈奴，最后彻底战胜匈奴的一个具有战略意义的重大步骤。

当然，这一切并非汉武帝最初想要达到的目的，他初期的意愿只是一个简单的政治构想，后来所达到的经济结果完全是个意外。

坦率地说，两千多年前张骞走过的那条古道，尚不是今天鸟瞰下来那条飘逸着丝带的丝绸之路，也不是驼铃声声牧歌对唱的浪漫之路，而是一条跋涉之路。在这条只有方向却没有目标的道路上，山峦起伏的崎岖山路，荒无人迹的茫茫大地，前方未卜的凶险和恶劣的气候条件，再加上野兽随处可见，盗贼出没无常，更有强敌埋伏在四周，每往前走一步都惊心动魄，每行一天都险象环生，所有人都提心吊胆，神经高度紧张地盯住四周，任何一丝风吹草动，都会让所有人汗毛倒立，惊悚不已。

这就是他们时时刻刻必须面对的，以至于个别士兵实在忍受不住这么大的心理压力，只能选择半路逃脱，因为谁都不知道，前面的每一步，会遭遇怎样不可预估的危险和灾难！

尽管张骞心里很明白，危险无处不在，但他却想不到，这危险来得那么快，甚至来不及反应，危险就已经从天而降。

按照既定的行进路线，张骞一行是从长安一路往西经咸阳渡过渭水后，沿礼泉、永寿过陈仓到秦州，再继续往西北方向走到陇西。

陇西，后张骞时代的丝路重镇，是出入西域最重要的通道之一，自古为兵家必争之地。陇西在秦汉时代尚是匈奴、羌氐以及小月氏的活动范围；之后是吐蕃、吐谷浑和党项之间轮番争抢之地；南宋时期，女真和蒙古在此地争夺控制权；清朝同治年间的"回乱"也发生于此；还有20世纪30年代青海甘肃地区实际控制人马步芳，几千年来的战火纷争从未有过消停。

茶战 3：东方树叶的起源

张骞是绝顶聪明的那类人，这一点毫无疑问，从他在朝廷面向全国招募出使西域海选中能够脱颖而出，就已经证明了他的出类拔萃，所以在一路行进中，他和堂邑父在设计每一天的路程时，始终都把所有因素考虑进去。在他们一行进入陇西之前，就对此地做了一番细致的探究，包括历史背景和当下的复杂局势。和堂邑父研究后，他决定不能贸然前行，暂时扎下营地，先后派出几人对陇西的整个情况做了侦察，直到确认没有危险后，才命令全体出发，尽量避开有人居住的地方，绕道临洮，翻越穆柯寨，沿著名的洮河向南攀铁尺梁，跨过腊子口天险，尽量选择走崎岖山路以便快速离开这个是非之地。

　　很多时候，最初的想法往往和现实相差太远。尽管张骞一路上小心加小心，可没想到刚刚下了穆柯寨，就在洮河沿岸迎面遇到了出来巡逻的一队匈奴骑兵，非常不幸地被带进了匈奴的大营，连人带货全都被扣留。

　　可能张骞自己都想不到，刚刚走出长安还不到一个月，就在陇西这么个小地方折戟，更让人懊丧的是，这是一帮闲着没事出来溜达的匈奴士兵，没想到迎面遇到了风尘仆仆、从东土汉朝而来的张骞一行。

　　驻扎在陇西的匈奴右部诸王为此犯了难，面对这些从东土汉朝来的俘虏，不知该怎么处理才好，想了两天两夜，最后决定派一队士兵把这些俘虏全部押送到匈奴王庭（今内蒙古呼和浩特附近），由军臣单于自己去处理。

拯救了匈奴的神草

张骞做梦都没有想到，自己被匈奴一关就是十年。

匈奴和汉朝，是两个水火不相容的民族，就像我们经常提到的"修昔底德陷阱"。所谓"修昔底德陷阱"，是指一个新崛起的大国必然要挑战现存的大国，迫使其承认自己的大国位置，而现存大国也必然会回应这种挑衅行为，这样战争变得不可避免。此说法源自古希腊著名历史学家修昔底德，他认为，当一个崛起的大国与既有的统治霸主竞争时，双方面临的危险多数以战争告终。

匈奴的行为恰恰就是迎合了"修昔底德陷阱"的全部要件。当冒顿单于以自己的实力征服了东胡，打败了月氏，收复了在秦朝被汉族占领的土地后，最后必然要向汉朝开战，以此来证明自己的老大地位。一场"白登之围"让刘邦吃了个大亏，只得通过和亲的方式来缓和关系。

然而，尽管中原王朝对匈奴已经服软，拱手送上美女和珠宝以换取和平，但是匈奴对汉朝的袭扰并没有因此而停止，对汉朝来说，匈奴就像卧在身边的一头恶狼，瞪着两只吃人的眼，随时都有可能跳起来对中原帝国狠狠地咬一口。无论吕后还是文景二帝，都想一劳永逸地解决问题，可毕竟实力不济，也只能对匈奴的进犯做象征性抗击。

黄仁宇在《中国大历史》中曾经描述过匈奴的残忍，"汉军战胜时则对部落之牛羊一网打尽，视作战利品。反之游牧民族（匈奴）要能伸手抓住南方汉人，其残酷少恩，也少幸免之地"。

这说明匈奴对汉人的残忍程度，尤其到了军臣单于这一代，他继位后直接就撕毁了与汉朝的和亲政策，多次举兵对中原帝国进行大规模进犯，可以说对汉朝充满了仇恨。可是问题来了，既然军臣单于痛恨汉朝，在俘虏了张骞等人后，通过他们所携带的物品，已经知道了他此行的目的是要去西域，无论张骞等人如何狡辩也都是"铁证如山"，既然如此，那么军臣单于为什么不杀了他呢？况且，军臣在审问他们时质问道："月氏在吾北，汉何以得往使？吾欲使越，汉肯听我乎？"这话说得已经非常直白，你们汉朝能容忍匈奴人跨过中原去南方的越国吗？言辞当中已经显露杀机！

但是这并不稀奇，令人百思不得其解的是，匈奴居然没有杀他，不仅没有杀他，甚至还给了他一个匈奴女人，在被囚禁的十年中俩人一起生活，并且生了俩孩子！

究竟是什么原因，能够让匈奴这位杀伐决断、对大汉王朝恨之入骨的军臣单于对张骞网开一面？

两千多年以来，中外史学家都没能给出一个准确的答案，几乎千篇一律地把这个过程一笔带过。虽然史料上没有具体记载，但是如果细心研读一下公元前138年到公元前136年之间，包括《史记》《汉书》在内的史料，几乎都没有提及这段时间内匈奴的行踪，而且在此期间匈奴表现得极其老实，甚至主动在边境上向中原王朝示好，对于一个张扬且跋扈的游牧民族来说，在这么长的时间里竟然能如此消停，肯定是内部出现了什么问题。

究竟匈奴出了什么问题呢？这个问题困扰了我很长时间，我几乎搜罗了所有史料希望能找到线索，直到在内蒙古大学林干教授所著的《匈奴通史》中，才发现其中一段说张骞一行被押解到王庭的时候，"适逢匈奴染疠，上下民众皆不安"。

请注意，这里说的是"匈奴染疠"，不是具体某个人，"疠"是瘟疫的别称。成书于约公元前5世纪的《尚书》中，就是用"疠"字来代表瘟疫。也就是说，在张骞一行被押解到王庭的时候，匈奴正在流行传染病。至于是什么样的传染病，书中没有做具体说明，这也就给了我们充分的想象空间！

草原游牧民族经常染上的传染性疾病是鼠疫，这往往和他们的生活方式及生存环境有直接关系——事实上一直到今天，当我们置身大草原的时候，就会发现非常多的老鼠出现在人们身边，老鼠洞更是随处可见，无论是内蒙古的呼伦贝尔、科尔沁，还是新疆的巴音布鲁克、那拉提，只要是草原，就是老鼠的天堂。

几乎所有人都知道，老鼠不是什么好东西，会偷人类的粮食，但是，比起偷粮食，老鼠传播的疾病更加严重。

鼠疫，又称黑死病，是一种古老的烈性传染病。在人类历史中，从古到今有黑死病、西班牙流感、天花和艾滋四大瘟疫，但是鼠疫的危害程度排列在瘟疫之首，可见其严重性。

清乾隆年间，云南人师道南所写的《死鼠行》中，这样描绘鼠疫的恐怖：

东死鼠，西死鼠，

人见死鼠如目虎。

鼠死不几日，

人死如拆堵。

昼死人，莫问数，

日色惨淡愁云护。

三人行，未十步，

忽死二人横截路；

夜死人，不敢哭，

疫鬼吐气灯摇绿。

须灾风起灯忽无，

人鬼尸棺暗同屋。

乌啼不断，犬泣时闻，

人含鬼色，鬼夺人神。

白日逢人多见鬼，

黄昏遇鬼反疑人。

人死满地人烟倒，

人骨渐披风吹老。

田禾无人收，

官租向谁考。

据此，我们有理由相信，当时匈奴王庭地区正在流行黑死病。

现今已经查明，黑死病最早起源于非洲。据今天位于埃及开罗市内尼罗河边的"拉加卜博士纸草博物馆"的纸莎草文献记载，大约在公元前 1500 年至公元前 1350 年期间，古埃及尼罗河谷就出现了被称作"出血热"的传染性瘟疫，也就是后来被定名的黑死病。此后的两千多年间，地中海东岸不断暴发大面积出血热，比如先后于公元前 700 年至公元前 450 年和公元前 250 年，在美索不达米亚曾密集暴发出血热。

曾经写过《伯罗奔尼撒战争史》的古希腊史学家修昔底德，客观详尽地描述了公元前 430 年至公元前 427 年，暴发在雅典的一场大瘟疫。据修氏的记述，这场瘟疫的症状与黑死病非常相近：公元前 430

年，这一天早上在雅典的港口发现三个人几乎同时得了一种怪病：患者先是发高烧，喉咙严重发炎，然后就是抑制不住地腹泻，最后整个人全部垮掉，心脏停止了跳动。同一个地方，又有十一个人死于这种疾病。这十一个人的情况更加严重，他们身上出现了可怕的脓包，最后开始慢慢地腐烂。这些病人全身腐烂时他们的心还在跳动，可以说他们是亲眼看着自己慢慢地腐烂。

当这些病人出现的时候，雅典还在怀疑这可能是斯巴达人所投的毒。可是随着死去的人越来越多，雅典人这才醒悟到一场瘟疫正在降临。于是人们便努力寻找解决的药方，可是这根本没有一点效果。随着瘟疫的蔓延，雅典全城陷入了死亡的哀号中。起初，全城还到处传出亲人的哭号声，后来连哭号的声音也听不到了，因为他们也跟随着亲人一起死去。这场雅典瘟疫使全雅典三分之一的人丧生。就连创造雅典"黄金时代"的贫民执政官伯里克利也染病身亡。

"所经之处几乎无人能够幸免……这种疾病的实况是难以用语言文字来描述的，它对人类侵害之严重，几乎不是人所能忍受的，我自己只描述这种病症的现象，记载它的症候；这些知识使人们能够认识它，如果它再发生的话。"这是人类历史上最早关于黑死病的记载，据后来分析，那场瘟疫的起源大约在埃塞俄比亚一带，后来经埃及到小亚细亚再传入雅典。

至于公元 6 世纪暴发于拜占庭帝国的"查士丁尼瘟疫"和 14 世纪几乎让欧洲人濒临死绝的黑死病，将在《茶战 4——东方树叶的传播》中再做进一步的描述。

中国历史上也是瘟疫频发，虽然记录甚少，但不绝史书。殷墟的甲骨文中就已经有了"虫""蛊""疟疾""疾年"等表示瘟疫的文字。现知最早的疫病发生于殷商，甲骨文有"贞：疒不"，意思是说：当时疫病流行，人们去占卜，希望疫病不要再流行。《诗经·小雅·节南山》明确记载，公元前781年至公元前771年，周幽王时期曾出现"天方荐疾，丧乱弘多"。

据统计，从公元前674年至1949年，在这2623年间，共记载有772次程度不等的瘟疫，平均不到4年就有一次。大疫流行时，往往"死者不可胜计"，"丁尽户绝"，"户灭村绝"，是真正的人间惨象！

但是，这些记载仅限于中原，对于尚没有文字的游牧民族来说，究竟发生过多少次瘟疫，谁也说不清楚。如此，军臣单于饶过张骞一死的最大可能原因，就是他拿出了原本要去西域送给月氏头领的礼品之一——茶叶！

茶叶并非当作饮品出现，而更多的可能性是被当作药物，煮水服用后对疾病有一定的治疗作用。以令人闻风丧胆的雅典大瘟疫为例，在瘟疫肆虐的时候，一位马其顿御医来到疫区后发现，唯独铁匠没有一人被传染，由此断定高温能够有效控制疫情。在他的号召下，所有活着的人开始在雅典城内放火。熊熊烈火和滚滚浓烟一起，终于拯救了雅典。

而茶叶也同样具备防疫的效果。《史记·匈奴列传》中记载了匈奴人的饮食习惯，多以生食或腌制食物为主，对火的应用甚少，而如果以茶叶作为药物，则必须将水煮开方可饮用。

可能张骞就是使用了这个方式解决了匈奴所面临的瘟疫，因此保住了自己的性命，否则的话，即便军臣的胸襟再宽阔，说什么也不可能饶恕一个将前往敌国密谋的汉朝使者！

所以说，张骞出使西域的礼品中一定有茶叶。

张骞在拯救了匈奴的同时，也挽救了自己的性命。军臣单于为了表达对张骞的感谢，专门送给他一个匈奴女人组成家庭。为了打消他重回汉朝的念头，将其送到远离人群的地方，派重兵看守。

但对于中原王朝而言，朝廷并不知道张骞一行的踪迹，在通信很不发达的时代，人一旦离开视线，便若断了线的风筝，消失在了茫茫西域。更何况此时的张骞等人已被军臣单于押解到了渺无人烟的茫茫草原，究竟是死是活都不知道，稍过时日，关于张骞汉朝也就无人再提及了。

刘彻原本是把希望寄托在了张骞身上，通过他的能力说服大月氏派出支援军，与汉朝一起形成夹击之势，对匈奴发动全面进攻。可没想到，张骞等人走了将近一年，却如石沉大海，失去了任何信息，只能再考虑其他对策。经过再三考虑，他决定派出公孙弘代表自己前往匈奴，一方面希望能够与军臣单于继续保持和亲关系，另一方面深入探究一下匈奴的内部情况，再顺便打听一下张骞等人的行踪和下落。

公元前137年夏，也就是张骞等人奉旨出使西域一年后，公孙弘一行来到了匈奴的王庭。

公孙弘，西汉名相，典型的大器晚成型人物。《西京杂记》记载，公孙弘出生于公元前200年，即刘邦惨败给冒顿单于的"白登之围"那一年，齐地菑川（今山东寿光南纪台乡）人，年轻时曾在家乡薛县做狱吏，后因触犯法律而被免职。失业后的公孙弘为了谋生，只得去做一名猪倌，给人家放猪，直到四十岁时才猛然醒悟，开始读书学习。可以这样说，在六十五岁之前，公孙弘一直都是默默无闻的无名之辈。如若不是刘彻面向全国招募"贤良方正""直言极谏"之士，以从中选拔出使西域的官员，年逾花甲的公孙弘不会赴任长安，只能屈就故里。正是因为这次全国性"海选"，公孙弘作为菑川国的优秀贤良人才，和张骞等人一同被推荐为中央的备选人才，来到了长安。

公孙弘来到长安后，先是在太常官所待命。刘彻对这批新晋人才的水平并不了解，于是就向众贤良发下了试卷制书策问天人之道。公孙弘在"对策"中强调皇帝须身正，为百姓树立信义。并首次提出了

"凭才干任官职，不听无用的意见，不制造无用的器物，不夺民时妨碍民力，有德者进无德者退，有功者上无功者下，犯罪者受到相应惩罚，贤良者得到相应奖赏"这八条治理百姓的根本方法。又以"和"解释上古治世，言"仁""义""礼""智"为治国之道不可废弛。最后以应"顺应天道"才是天文、地理、人事的法则作为对策结尾。他的这个"对策"与后来董仲舒所推出并得到刘彻认同的"以儒治国"新政有着非常相近的政治主张。董仲舒在他著名的《举贤良对策》中系统地提出了"天人感应""大一统"学说和"诸不在六艺之科、孔子之术者，皆绝其道，勿使并进""推明孔氏罢黜百家"的主张，都与公孙弘的对策很相近。或者说，正是因为董仲舒借鉴了公孙弘的一些主张，从而使儒学成为中国社会的正统思想，影响两千多年。

但是，公孙弘的这份答卷最初并没有得到认可，当太常官遍阅一百余位贤良的对策之后，认为公孙弘的对策平平，无甚新意，便在向武帝上奏众贤良对策成绩时将公孙弘列为下等。疏文呈上后，刘彻看过之后却将公孙弘之文提升为第一，并诏公孙弘入见。武帝见公孙弘虽年迈却一表人才，便拜公孙弘为博士，令其在金马门待诏。

公孙弘从此进入了刘彻的视线。

由于张骞一行的失联，中原王朝通过各种渠道打探他们的消息，最终从在马邑一带与匈奴人做贸易的商人那里得到消息，张骞等人在将近一年前就已被军臣单于俘获，目前下落不明。虽然尚无法确切得知这个消息的真伪，但大部分人都认为凶多吉少，按照军臣的残暴性格，这些人能活着的可能性已经微乎其微。在这种情况下，刘彻决定派出公孙弘以使臣的身份前往匈奴探听虚实。

公元前 137 年，公孙弘奉诏来到了匈奴。军臣单于也对汉朝使臣的到访非常重视，除了派出左贤王和原汉朝宦官中行说亲自前往边境迎接公孙弘一行外，对他们的日程也亲自做出安排，包括住宿和餐饮都亲自过问，甚至对公孙弘的日常生活习惯都做了认真细致的了解，专门派出了几名汉人厨师，按照公孙弘的饮食习惯准备膳食。

通过军臣单于所做出的一系列安排，公孙弘已经明确感觉到，匈奴对中原的策略有所变化，他试图通过与使臣的接触来进行试探，同时也根据平时的观察预感到了匈奴的萧条。

然而他忽略了一个最不该忽略的人：中行说！

关于中行说这个人，这里需要做一下全面介绍。此人曾经被历代史学家称为继韩王信之后又一个汉奸。这个说法有一定的道理，因为他的确具备了汉奸的全部特征：第一，他最符合汉奸的字面含义，因为出生于汉地，是纯种的汉族人；第二，他出卖国家和民族利益；第三，他更确切地解释了汉奸的所作所为，由于他对汉朝的了解，从老上单于到军臣单于时期他几乎参与了所有对汉朝的战争，对战争的后果负有不可推卸的责任，最严重的是，他创造性地"发明"了最古老的细菌战，间接导致了包括最勇猛的将军霍去病在内的汉朝将士的死亡，所以说他是一个恶贯满盈的、犹对汉人残暴不仁的、史上最古老的汉奸。

中行说是汉文帝刘恒时代的人，出生于燕地，自幼家道贫寒，为改变命运而进入宫中做了太监。因为汉文帝秉承了刘邦制定的与匈奴和亲的政策，把公主嫁给了刚刚接班的新单于老上。虽然说不是皇帝的亲女儿，可毕竟也是刘家子孙皇室公主，身份摆在那里，即便是"下嫁"匈奴，陪嫁的侍女、太监还有金银财宝一样都不能少。

"汉人"这个用词衍生于汉朝，而"汉奸"的称谓也是从汉朝算起，比如前面所讲过的韩王信，汉代史学家班固、班超之父班彪在《文选》中曾说"汉之奸虞，非韩信中行说无他"。从而给这两个败类打上了历史烙印，由此"奠定"他和韩王信二人为中国历史上汉奸鼻祖的地位。

汉文帝将公主嫁给匈奴老上单于时，指名中行说作为陪送一同前往匈奴。因中行说在宫里过惯了舒服日子，惧怕匈奴苦寒不肯去，但被朝廷强行派遣。怨恨之下他对刘恒说了一句狠话："我如果到了匈奴肯定会威胁汉国。"刘恒只当他在说气话，也就没有在意。却没想到中行说竟然说到做到，到了匈奴后立刻归降，并受到匈奴单于的喜欢与宠信，成为老上及军臣单于身边的重要谋士，被史书称为那个时期匈奴的"战略大师"，可以将其称为汉朝最危险的敌人。

中行说投靠匈奴后，之所以能很快得到老上单于的重用，是因为他着手办了两件事。第一件事就是废掉汉人的习俗，恢复匈奴的生活方式。他对老上单于说，你们喜欢汉朝的衣服和食物是不对的，匈奴要想强大，必须要恢复以前的生活习俗。（"匈奴人众不能当汉人之一郡，然所以强者，以衣食异，无仰于汉也。今单于变俗好汉物，汉物不过什二，则匈奴尽归于汉矣。"）至于如何去做，"得汉缯絮，以驰草棘中，衣袴皆裂敝，以示不如旃裘之完善也。得汉食物皆去之，以示不如湩酪之便美也"。

第二件事就是中行说让匈奴改变对汉朝的称呼。以往汉朝往匈奴送达国书时，开头通常都是"皇帝敬问匈奴大单于无恙"，以表示对匈奴单于的尊重，匈奴回函时也基本上是同样的称谓格式。但中行说来到匈奴之后，硬是给改了，无论致函还是回函，开头全部改成了"天地所生日月所置匈奴大单于敬问汉皇帝无恙"，并且还把国书加长（都是刻在竹子上），如汉朝写一尺一寸，匈奴回书必定是一尺二寸，无论从何种方式上，都一定要压过汉朝。以此表明，自从中行说这个败类来到匈奴后，汉朝与匈奴之间的关系发生了天翻地覆的变化。

除此之外，中行说还教匈奴人学习文化礼仪，对匈奴做了一次彻底的人口普查，清点了牲畜的存栏数，从小孩子开始普及知识，从而培养匈奴人的民族感情和自豪感。此举甚至影响了匈奴数百年历史，以至于后来匈奴西迁欧洲，以摧枯拉朽之势横扫欧洲，最终打败了强大的罗马帝国，而他们战无不胜的原因在于所打出的口号是："一切唯我！"

这也是后人把中行说称为"战略大师"的主要来源和依据。

现在想来，只可惜中行说没有仓颉之才，如果他在当时再给匈奴创造了文字，那么这个游牧民族将更加了得！

由于中行说从中作祟，使原本已经缓和下来的汉匈两地，关系再度日趋紧张，匈奴对汉朝已经不再示好，从老上时代开始，匈奴又开始对汉地进行大规模的军事骚扰，每次出征都会有中行说的身影出现在匈奴军中。

汉文帝刘恒做梦也没有想到，这家伙竟然能那么坏，在两国的战争中，眼看匈奴抵挡不住汉军的勇猛，就在双方即将分出胜负的刹那间，中行说"创造性"地给匈奴单于出了一个人类史上最卑劣的损招，就是使用"细菌战"——把一些经过匈奴巫师诅咒的病死的牲畜和战死士兵的尸体，埋到了汉军行军路线水源的上游，汉军饮水后，许多人出现了中毒症状，在痛苦中死去。此法他屡试不爽，西汉名将霍去病据说就是因为饮用了这种水源里的水，中毒而死。

由此可见中行说有多么可恶！

然而，中行说毕竟早在汉文帝时期就离开了中原，而汉朝已经过了文帝和景帝两个时代，到张骞西行的时候，中原王朝再度换了皇帝。无论政治环境还是生活条件都发生了翻天覆地的变化，所以他对张骞所带的那种能治瘟疫的"仙草"并不了解，也在正常范畴之内。

当得知公孙弘要来匈奴的消息后，中行说和军臣毫无疑问地做足了功课，对公孙弘出使匈奴的原因做了多种假设和推断，一致认为汉朝的小皇帝肯定还是为了寻求和平而来，他们可以利用这次机会，面对面地向公孙弘打听中原究竟有没有这种"仙草"。

公孙弘来到匈奴的几天时间中，在仔细观察周边每一个细节的时

　　　　　　　　　　　　　　　茶战 3：东方树叶的起源

候，却不知道就在他的身边，也有一双阴森恐怖的眼睛在观察他。

这个人就是中行说。

中行说通过公孙弘流露出的每一个表情，来分析和研判他的内心世界。同时也把公孙弘的来龙去脉，包括他日常生活中的每一个细节打听了个底儿掉，并且根据信息来对照他的一言一行一举一动。可以说到了这个时候中行说已经对公孙弘了如指掌，而公孙弘却只知道中行说曾经是个太监，其他情况则一概不知。

据说，两人在这期间曾经有过一段对话，但是这段对话却未见于任何史书，权且算是野史吧。

公孙弘：你何苦为异族做事，出卖本族虚实，看你的计策比匈奴都狠，如果你痛恨文帝，现在文帝已经作古。古语说，人死灯灭，盖棺论定，何况你中行一族还都在汉族生存，匈奴一来，覆巢之下，你中行一族也难逃一死。

中行说：我早就不痛恨文帝了，我也是汉人，我已经不容于同族，死后魂魄不能归乡，必成孤魂野鬼，我只是妒忌那些国内的人，我看不得他们过得比我好，我就要他们一日三惊。

多么变态的歪理邪说！

匈奴对待中原王朝不再友好，更直接地表现在军臣对公孙弘的态度上。

由于中行说基本掌握了汉朝使臣的心理，所以当公孙弘与军臣坐下来，双方面对面进行谈判的时候，军臣突然表现得异常傲慢。公孙弘则表现得不慌不忙，照例重申刘彻将延续先皇定下的和亲政策，希望能继续与匈奴和平共处。

军臣明明知道刘彻年仅十几岁，他的孩子肯定也不会太大，却在中行说的煽动下对公孙弘说，如果刘彻一定要延续和亲政策，那么就必须把他的女儿送来匈奴和亲。公孙弘说，公主现在年龄尚小，待过上几年到了完婚年龄，再送来不迟。同时，公孙弘又提出，刘彻提议恢复因军臣背信弃义而撤销了的关市，并且每年继续赠送给匈奴大批金帛丝絮等贵重物品，而且数量可以加倍。

汉朝开出了这么优厚的条件，军臣动了心，但一旁的中行说却表现出满脸的不屑，直视着公孙弘，丝毫没有把自己当作一个汉人，完全站在匈奴的立场上，每一句话都带有强烈的仇恨，怒斥公孙弘："嗟土室之人，顾无多辞，令喋喋而占占，冠固何当？"意思是说，你们汉人有什么了不起呢？再后来就更加直接了，"汉使无多言，顾汉所输匈奴缯絮米蘖，令其量中，必善美而已矣，何以为言乎？且所给备善则已；不备，苦恶，则候秋孰，以骑驰蹂而稼穑耳"。毫不遮掩地告诉公孙弘，别在这费什么工夫了，赶紧回去准备礼品吧，不但质量要好，而且分量要足，如若不然的话，匈奴就要自己动手过去抢了！

中行说的这番话让没有准备的公孙弘有些始料不及，脸上划过了一丝不安，表现出了外交经验的不足。接下来的对话中，他尽可能地一一应对匈奴提出的所有刁难，凭借其渊博的知识和素养，将军臣和中行说的所有问题都予以化解。

但是，正是他刚才在不经意间流露出的不安表情，却被阴险的中行说给发现了，他立刻明白了公孙弘和汉朝的短板，畏于战争，于是就开始对公孙弘百般刁难。

军臣单于和中行说心里很清楚，公孙弘这是在打太极呢，可也拿他没有办法，尤其是军臣，已经过了血气方刚的年龄，暴戾的脾气也改了不少，况且公孙弘所开出的条件很有诱惑力。近年来由于匈奴的不断进犯，双方边境上的榷市被迫关闭，中原王朝直接就停了钱财物资的供应，匈奴感到了压力，多次越过长城进入中原区抢掠，都遭到了守军的阻击。所以，他不能轻易地放过这次机会，虽然中行说千方百计地

　　　　　　　　　　　　　　　　茶战3：东方树叶的起源

从中作梗，可作为单于，军臣也不得不面对现实。更重要的是，他可以利用这个机会从中原王朝那里得到能治疗瘟疫的神秘"仙草"。

当军臣向公孙弘提起中原地区那种神奇的"仙草"时，公孙弘却为之一愣，一时没有想起来这种"仙草"究竟是什么，之后便快速反应过来，军臣肯定知道张骞的下落，于是就趁机拐到了张骞的话题上。但是军臣和中行说却装作不知道的样子，一问三不知，找个话题就把这事给搪塞过去了。公孙弘心里很清楚，他俩这是在演双簧，也就没有办法再追问下去，只能悻悻地返回汉地。

对于汉朝来说，公孙弘这趟匈奴之行似乎没有多大的意义，既没有解决实质问题，也没有探听出张骞等人的下落，而且没有把刘彻的意思表述明确，甚至让匈奴认为汉朝软弱可欺，所以在回国后当即就被刘彻解职。

公孙弘这一别就是七年，待他再度回到长安时，已经是汉武帝元光五年（公元前 130 年）了。在公孙弘赋闲在家的几年中，刘彻推行的一系列新政因威胁到了贵族的利益而宣告失败，在不得已的情况下，刘彻只得再次下诏要求郡国举荐贤良文学之士。在元光五年八月的举贤诏下发之后，菑川国再一次推荐公孙弘赴京，公孙弘推辞说："我曾经西入函谷关应天子之命，因为无才能而被罢官回家。希望大家推选别人吧！"

由于公孙弘学习《公羊》在郡国已名声盖天，又曾恭谦谨慎地孝顺后母，在后母去世后更为之守孝三年，故而博得了所有人的认同，菑川国国人一意推举公孙弘，公孙弘推辞不过只好再次入京，时年已经七十岁了。

匪夷所思的马邑之谋

面对咄咄逼人的匈奴，中原王朝从皇帝到大臣心里都很明白，这场战争肯定会爆发，只不过是时间问题。

但是无论怎么说，公孙弘给军臣单于画下的一个大饼，在开始阶段还是发挥了不小的作用。自从军臣继位后，在中行说的蛊惑下，对汉朝背信弃义，撕毁了与汉朝的和亲政策，不断向中原地区进行大规模武装进犯，致使双方冲突不断加剧。在这种情况下，汉朝不得已取消了边境互市，使匈奴民众的生活受到严重影响，尤其是那些已经习惯享受汉朝奢侈品的匈奴贵族显得很不适应，对军臣之举颇有怨言。如今能恢复互市，至少对军臣而言是件好事，解决了边境互市，就能即刻缓解匈奴内部的不满情绪，他为此颇感满意。所以在互市重新开放后，军臣表现得颇为积极，时不时地安排专人带上几匹好马来到长城要塞，夸张地表示这是单于特地为汉武皇帝准备的马，要求带进关内亲手交给刘彻，以示善意。由此引出了另一个很重要的历史人物：聂壹。

聂壹，司马迁称他为"聂翁壹"，雁门马邑（今山西省朔州市朔城区）人，《史记》的《匈奴列传》《韩长孺列传》和《汉书·窦田灌韩列传》都提到过此人及当时的时代背景，聂壹是公元前133年汉朝与

　　　　　　　　　　　　　茶战3：东方树叶的起源

匈奴之间那场知名度很高的"马邑之谋"的主要发动者之一。

虽然历史上给聂壹的定位是"马邑之谋"的主要发动者，但事实上他只是一个在边境上与匈奴做生意的商人，是在无意识中，而且完全被动地陷入了这场双方的博弈中，以至于他从此以后为了躲避匈奴的追杀，在担惊受怕中隐姓埋名孤独终老。

虽然在史料中未有聂壹生卒年月及后来下场如何的记载，但是在《三国志》中亲率八百将士力拼东吴十万大军，杀得孙权闻风丧胆的曹魏大将张辽，明确记载就是聂壹的后代。据《三国志》介绍，张辽"本聂壹之后，以避怨变姓"，而从张辽的出身及其毕生表现似乎亦看不出任何商人家族的背景，由此推测，本来是"雁门马邑豪"的聂氏家族，到了汉末或者在聂壹晚年就已经不再是豪门望族了。而《张辽传》中所提到的"避怨"，很有可能是聂壹自知得罪匈奴一族，在汉室又失去功劳甚至还闯下了滔天大祸（破坏汉匈和平），于是聂氏家族难以在马邑一带长住久安，从而家道中落。而聂氏家族的后人，可能不知在哪一代，甚至很有可能就在聂壹本人时期，便已经因逃避追杀而改姓为"张"了。

然而，早期的聂壹可以说利用自己的商人身份为汉朝做出了突出贡献。还在汉匈两地关闭互市期间，他就瞅准了时机从事边境贸易活动，因而受到了匈奴的欢迎，尤其是满足了匈奴贵族对中原出产的丝绸、美酒等紧俏商品的需求。聂壹打探的消息比较广泛且准确，因而被朝廷重臣纳入了视线。他所探听出的第一个重要情报，是从匈奴人的嘴里得知了张骞还活着，并很快把这一消息传递到了长安。大概就是从这个时候开始，聂壹这个名字引起了朝廷几位重臣的密切关注，其中包括铁硬的主战将领王恢。

边境贸易往来具有很高的风险，尤其是与匈奴这样的野蛮民族进行贸易，随时都要面临货物被抢甚至人被杀害的危险。但是高风险必然有高利润，边境贸易让聂壹抓住了快速发家致富的机会，小到日常用品，大到战马兵刃，都能获得高额回报，没用多久聂壹就发展成为朔州一带的大户，而且在他的带动下，周围很多人都加入了边贸，使马邑这个边陲要塞迅速成为火爆的榷市。

无论怎么说，匈奴毕竟是以抢掠为生的悍匪，而土匪的习气并非一日能彻底改正，更何况还被中行说这样一些投靠匈奴的汉人败类从中蛊惑，使悍匪们更加有恃无恐。虽然双方经过公孙弘的斡旋后重开了边境互市，但在互市的过程中，仍不时有小股匈奴武装过境，对汉商进行袭击和抢掠，引起了边境军民的激愤，随时做好与匈奴奋战的准备。

随着匈奴的不断袭扰，在马邑边境做贸易的人们很快就发现，每次匈奴越境过来抢掠行凶的时候，从来不动聂壹的商品，悍匪们只要见到挂有"聂"字的商旗，即便迎头遇到也视而不见，只绕道过去抢那些普通客商的货物。

根据已故著名历史学家陈序经教授的著作《匈奴史稿》对军臣重开榷市的目的分析，匈奴之所以严令禁止抢掠聂壹的货物有两个原因：一是希望从他手里得到匈奴迫切需要的商品，而其他人则没有办法完成；二是希望聂壹能够多为匈奴提供有关汉朝的主要情报。另外还有一个可能，就是匈奴抢掠汉商的物品，本身就是聂壹与匈奴相互勾结所为。

今天，通过翻阅大量的史料，我们有足够的理由相信，匈奴已经从聂壹手里获得了他们急需的商品，而这种商品很有可能就是茶叶。假设我们能够证明匈奴所需要的紧缺物资就是茶叶的话，不仅可以证实张骞没有遭到军臣杀害的原因，同时也能知道聂壹的真实身份，由此就能够破解历史上关于这个人的多处疑点，也就比较容易明白他后来"以避怨改姓"的原因了。

在绝大多数人都不知道，也没听说过，甚至还没有"茶"这个统

茶战3：东方树叶的起源

一名称的时候，聂壹能够搞到茶叶，并且还能通过边境贸易卖给匈奴，他必须具备两个条件：第一，匈奴人需要；第二，他在朝廷内有绝对的关系。这两个条件都必须具备，缺一不可。而这两个条件的前提，就是聂壹先从匈奴人的嘴里探听到了张骞的消息，然后把消息通报朝廷的同时，获得了茶叶资源的提供。

亚当·斯密在《国富论》中说："每当某一商品因有效需求增长而市场价格因之大大超出自然价格的时候，运用其资本来供应这种市场的人经常小心翼翼地对于这种变化保守秘密。"

毫无疑问，聂壹就是通过这样的手段获得了匈奴人的信任。

汉匈两国这种祥和的气氛让中行说心里非常不舒服，就像前面他和公孙弘的对话那样，他的变态心理容不得汉朝的富庶与繁荣，也不会眼看着匈奴与汉人做生意，所以无论如何他也要想办法挑起事端激怒军臣单于，使战争能够按照他的设计线路继续打下去。

就在公孙弘回到长安并被汉武帝解职返乡两年后，公元前135年，在中行说的挑唆下，军臣派出使臣前往长安，以嚣张的口吻要求汉武帝遵守双方的和亲约定，把公主送到匈奴与军臣完婚。而这一年刘彻刚满二十一岁，他最大的女儿年龄未满十岁。其实周围的大臣都很清楚，军臣的这种做法，和他爷爷冒顿当年要娶吕后的做法如出一辙，目的就是要激怒汉朝，从而挑起战火。

面对匈奴的挑衅，具有八分之一匈奴血统的刘彻确实被激怒了。刘彻虽然很愤怒，但还没有失去理智，他当即召集文武大臣商讨如何应对匈奴这次的逼亲行为。这里需要插入一个背景原因，景帝刘启驾崩以后，刘彻虽已接班登上皇位，但朝政的实际大权始终都掌握在他奶奶窦太后和姑姑刘嫖的手中。刘彻继位后欲推行自己的新政，但因一系列的动作影响到了权贵们的利益，这些人纷纷向窦太后告状，使新政无法推出，刘彻也无奈地当了五年的"名誉皇帝"，直到公元前135年5月12日窦太后驾崩。窦太后的遗诏是，其名下全部财产归女儿刘嫖，并将朝政皇权还给刘彻。意思已经说得非常明白，刘嫖虽然是刘彻的姑姑兼丈母娘，可从此以后不要再干预朝政，拿了钱赶紧走人。

匈奴使臣来到汉朝的时候，窦太后已经去世，刘彻算是真正掌握了实权，然而，这时的满朝文武都是窦太后和刘嫖的人，刘彻尚未有培植自己亲信的机会。所以中行说挑唆军臣在这个时候派使臣来到长安，可以说是经过了精心的设计，就是要趁刘彻恰好处在权力真空的节骨眼上，利用"和亲"结盟，激怒刘彻让其上当。

而在中原王朝内部，此时也出现了极大的分歧，以韩安国为首的老将支持和亲，理由是当年刘邦率领具有实战经验的将军都没有打败匈奴，何况现在这些很长时间没有经历过战争的年轻一代，虽然在一些局部冲突中有过胜绩，但是汉军在与匈奴的大规模战事中从来都没有获胜的战例，如果双方开战，汉朝恐怕不是匈奴的对手，更何况匈奴此时肯定是有备而来，一旦交手，汉朝必败。

而以王恢为首的主战派却不这样认为，提出要对匈奴说不，因为匈奴从来都不讲信誉，这么多年来，大汉帝国受尽了他们的窝囊气，恰好利用这次机会与匈奴做一次了断。

主战派所提出的观点固然有一定道理，但大多数人更倾向于和亲派。年轻气盛的刘彻不得不权衡自己的处境，很清楚汉朝此时的实力还不能与匈奴抗衡，面对这个不争的现实，他只得无可奈何地做出决定，与匈奴和亲。

公元前134年，汉武帝刘彻将同族公主嫁到匈奴，并派人专程把年幼的公主连同大批嫁妆一起送到了匈奴。军臣见汉朝服软，顺从地把小公主送了过来，心里暗自高兴，可中行说却向他提出质疑，说这个公主有可能是假的，于是军臣便采用几近变态的手段，对公主实施欺凌和折磨，并故意把消息传递出去，以此再度激怒刘彻，达到挑起战争的目的。

然而他却没想到，刘彻已经动了杀机！

最早向朝廷传递关于公主遭虐消息的还是聂壹。

聂壹在得到这个消息后，第一时间就直接报告给了主战派的王恢。能够与王恢直接打交道，这个细节已经告诉我们聂壹的真实身份，能够拿到连公孙弘等重臣都不知道的茶叶渠道，可见他在朝中有多深的根基。

王恢听了聂壹描述公主的凄惨遭遇后，却没有说话，在之前关于是否与匈奴继续和亲的辩论中，他输给以韩安国为首的一帮老臣，内心颇不服气，但皇帝既然已经做出决定，他也就不能再继续争执，只有委屈地服从。如今聂壹传来的情报已经充分证明自己当时的意见非常正确，虽然聂壹带来公主的消息让他非常气愤，但他心里还是兴奋不已，因为他想利用这次机会，争取说服皇帝与匈奴一战，以图青史留名。

基于这样的考虑，王恢当即做了一个决定，自己暂且不主动把公主的消息向刘彻报告，而是借机把聂壹推荐给皇上，由他去直接告诉刘彻事情的真相，让刘彻做出决定。

王恢做这样的安排，聂壹心里最高兴，无论从哪个角度说，他不过是一个普通的商人，能面对面地与皇上对话，或许是他人生最高的荣耀，那可是光宗耀祖的大事，说不准皇帝一高兴，封官赏爵也不是不可能。

聂壹在王恢的引见下，来到皇宫叩见刘彻。聂壹当着皇帝和诸位大臣的面，把自己所听来有关公主在匈奴遭到军臣残暴折磨的消息又复述了一遍，同时也就自己与匈奴人做生意以来，对匈奴情况的了解，包括对匈奴的习俗、各级关系、人事纠纷、军队建制、战斗能力、作战方式等做了一个全面的描述，特别提到了三年前匈奴内部发生了一次瘟疫，死了很多人，引起了刘彻及文武大臣的兴趣。

聂壹说，这场瘟疫持续了一年多的时间，直到一年前才彻底消除。由于这场瘟疫的发生，严重影响到了匈奴部分地区的人口增长，如果不是中原产的一种被称为"仙草"的药物在关键时刻发挥了重要作用，瘟疫很有可能还会继续蔓延。据匈奴的商人说，这种"仙草"是汉朝一个向西行进的官员，在陇西一带被右贤王抓获后送到王庭，从他随身携带的物品中发现的。

聂壹的话让包括刘彻在内的朝堂上的人面面相觑，几乎所有人都知道，这个被匈奴抓住的人极有可能就是已经很长时间没有消息的张骞。如此说来，向西联合大月氏共同抗击匈奴的设想已经彻底破灭，与匈奴一战只能依靠汉朝自己。

王恢再度表现得异常激烈，不仅痛斥匈奴的野蛮无礼，同时再度搬出自己一年前要与匈奴开战的强硬态度。由于王恢的坚持得到了大部分主战的文臣武将的支持，此次商议与一年前和亲派占上风的态势形成鲜明对照。

但是，对于汉匈之间究竟是战还是和，刘彻却没有表态。面对聂壹声泪俱下的讲述，到王恢横眉立目的陈词，以及和亲派的沉默，主战派的悲愤，他就像一个耐心的听众，自始至终没有流露出自己的观点，致使每个人发表完自己的意见后，都一齐看着他，等他的决定。

刘彻那张年轻的脸上静如止水，没有任何表情，平静地看了看下面群臣焦急的眼神，只是不慌不忙地说了一句"我知道了"。站起身来就要往外走，但是他往前走了几步后，却又站住了，转回头对王恢和聂壹说："你们俩留下，其他人可以走了。"

刘彻把王恢和聂壹留下后究竟说了些什么，没有人知道，但是几个月以后，从刘彻的布局，到聂壹在边界上的表现，就可以明白刘彻所做出的战略部署，历史上将其称为"马邑之谋"。

其实早在公元前135年，也就是军臣委派使臣来中原王朝后不久，汉武帝刘彻就开始着手调整军队，任命御史大夫韩安国为护军将军，统辖诸将，任命卫尉李广为骁骑将军，太仆公孙贺为轻车将军，太中大夫李息为材官将军，大行王恢为将屯将军。同时各路将军分别率队进行针对性训练，又调集两军对战时俘虏的匈奴士兵，分配到各队对汉军进行专门的马术指导，一切都在为大战做准备。

公元前133年6月，所有战前工作全部准备完毕，刘彻亲自下诏，命各路人马做好充分准备，随时准备进入战斗。根据刘彻的旨意，韩安国将三十万汉军分为五路：由韩安国、李广和公孙贺各率一队人马埋伏在马邑旁边的句注山中，负责伏击匈奴大军的主力。王恢和李息各率人马秘密潜伏于代郡，在伏击战打响以后负责截击并摧毁匈奴的辎重，然后快速投入正面战场，展开对匈奴败兵的追击和歼灭。但是所有这一切，都要从聂壹开始，所以聂壹必须在指定的时间内按照既定计划进行。

而实际上聂壹从三个月前就已经开始准备自己的计划，他的计划很简单，就是选择一个合适的时间，主动"叛逃"到匈奴。知道他这个计划的人包括刘彻在内，总共不超过六个，韩安国、王恢、李广，另外还有需要配合这次行动的两个人。一个是马邑的县令李一夫，他的任务很简单，只需要在计划开始的时候临时先"死"几天就行，还有一个则是在雁门关附近巡逻的亭尉，叫综良，一旦发现李一夫"死"了以后，聂壹会带着大批匈奴兵马靠近长城，他的工作就是发现了匈奴军队以后在烽火台上发放信号。

这是一个非常周密的计划，看上去每一个细节都做得非常严谨，完美得几乎找不到任何疏漏和瑕疵。然而，百密总有一疏，因为最不应该出现问题的一个环节出了纰漏，从而导致整个计划失败！

当所有工作都准备停当后，聂壹就正式登场了。

各方面证据证明，聂壹手里肯定掌握着匈奴最为紧缺的物资，而且这种物资也只有他自己掌握，否则的话，他不过是一个普普通通的边境商人，绝无可能在匈奴地界随便走动，更不可能成为军臣的座上宾客！究竟是什么商品能让军臣如此重视呢？

只能是茶！

正是这种连中原地区大部分人都还不知道的商品，成了聂壹出入匈奴如入无人之境的敲门砖。但是，聂壹到底只是一个商人，他向匈奴贩卖茶叶的成功经验，后来成为桑弘羊、主父偃和司马相如等人的教科书。

公元前 133 年，应该是在 10 月左右。经过一段时间的精心准备，聂壹走进了军臣的王宫。军臣对于聂壹的突然到访并没有感到多么诧异，由此可见两个人的关系非同一般。起初军臣只是以为聂壹又给他带来了匈奴所没有的新奇商品，可聂壹却空手而来，面色沉重欲言又止，左顾右盼地看了看周围，流露出的神秘目光令军臣感到奇怪。一向多疑的军臣似乎感觉到聂壹此行肯定有事，于是只留下贴身护卫，让其他人都暂且退下。

聂壹这时才对军臣说，由于汉朝打击走私，马邑县令李一夫平时就对他搜刮盘剥，这次更是利用朝廷的命令，采取突然袭击，把他要运到匈奴的大批物资全部扣押，他只身一人才逃过一劫，请求军臣收留他。既然汉朝对他无情无义痛下黑手，他心甘情愿为单于效力。自己手下现在还有一百多人，如果能在单于的帮助下，里应外合抢回被扣押的物品，即便肝脑涂地也在所不惜，云云。

好友遇难，此忙得帮。不得不承认的是，聂壹的演技实在高超，一番声泪俱下的哭诉，连军臣都被他感动，军臣当即做出决定，让聂壹择机潜回马邑，杀掉县令和守军，自己将亲率十万大军埋伏在城外，等待聂壹打开城门后里应外合立刻杀进中原。

军臣显然已经中了圈套，和聂壹约定了进攻的时间，顺利地按照汉朝设定的圈套钻了进来。聂壹的第一步已经成功，接下来必须立刻着手计划的第二步。他回到马邑后，在李一夫的帮忙下，从牢里押出几名死囚提前执行了死刑，然后将所有人的头颅都悬挂在城门上，其中一颗特别注明是县令李一夫。

聂壹的投名状做得还算正常，可问题出在了韩安国身上。为了能够紧紧拴住匈奴让他们上当，为了利用军臣的贪婪习性，韩安国命令手下把全马邑甚至是代郡的牛羊牲畜都拉出来在匈奴大军的必经之道放牧，以此作为诱饵，以达到诱敌深入的目的。但是，在部下执行过程中，却疏忽了一个致命的细节，往往太过雕琢的东西更容易暴露出劣迹。

毫无疑问，军臣已经看到了沿途大量的牛羊，然而，这样的把戏能骗得了别人却骗不了匈奴，尤其是在汉地长大，同时又有游牧民族的生活经验的中行说，不仅能始终保持冷静，而且对中原的生活习俗非常了解，所以他知道在中原地区放牧需要有人这个道理，而这么多牲畜被任意地放在路边却没有人看管，这显然不符合逻辑。

他嗅到了可疑的味道，于是让军臣赶快下令大军停止前进。军臣似乎也有所感觉，听了中行说的疑虑，立刻让军队在距离马邑还有一百多里的武州塞（今山西大同西）扎营，先派出一队先锋到前方一探究竟。

从某种程度上说，军臣虽然秉承了他爷爷冒顿的血统，但在用兵之道上，比冒顿差了不是一点两点，甚至远不如他爹老上。由于汉匈两地长时间处于紧张的对峙状态，军臣几乎亲眼见证了汉朝经过"文景之治"后国力大增的整个过程，匈奴虽然幅员辽阔，却是地广人稀，即便匈奴再能征战，可人口稀少始终是困扰单于的一个首要问题，且游牧民族没有办法像中原帝国那样能在几十年的时间里做到人口和国力同步增加，这使得他越来越焦虑，铆足了劲也要和汉朝一战，显示自己能力的同时，也消耗一下汉朝的国力。

一切迹象表明，虽然汉朝倾国之力精心策划了这场伏击战，但仍无法摆脱其失败的命运。牛羊的假象，只是引起了军臣的怀疑，可亭尉综良的出场，则直接宣布汉朝以失败而告终。守在要塞里的亭尉综良的任务是一旦发现敌情后及时向埋伏在山里的主力大军发放信号。让所有人始料不及的是，他早不出门晚不出门，偏偏赶在了这个节骨眼上带着两个兵卒走出要塞找吃的。

综良可能连做梦都没有想到，就在他的双脚刚刚走下城梯的那一瞬间，突然从面前掠过了几匹马，还没等他反应过来，就被人一把捞过去，随后伴着马蹄声疾驰而去。这一切发生在瞬息之间，站在他身后的两个兵卒目瞪口呆地见证了这一幕，甚至都没听到被掳后的综良吼出一声绝望的号叫。

大约一个时辰后，早已吓得失魂落魄的综良被带进了军臣的大营。按照军臣以往的秉性，临阵活捉的俘虏一定要拖出去杀头祭旗，以此来鼓舞兵士们的士气。可是还没等他做出要杀人的手势，胆小怕死的综良就跪在他的脚下，哆里哆嗦地把聂壹诈降、三十万汉军埋伏在马邑城内的情况一五一十地做了交代。军臣不听则已，一听这个消息，立刻惊得目瞪口呆，过了好长一会儿才缓过一口气，立刻下令速速撤兵！

匈奴大军以近乎奔逃的速度快速离开边境，一直到进入匈奴地界后，军臣那颗高高悬着的心才放下来，可说话时仍然带着惊魂未定的语气，对着苍天大声地喊道：这就是天意！上天不灭匈奴啊！

战争就此结束！

由于之前有严格的约定，汉军一定要等军臣进入马邑后再发起进攻，而今几乎所有将士都眼睁睁地看到匈奴突然撤军，却因为没有接到出击的命令而只能待在原地，遗憾地错过了这场将匈奴一网打尽的战役，所有人都在用懊恼的目光注视着匈奴的背影一点一点地游弋出视线，在黄昏的大漠中扬起一团黄沙。

最懊恼的莫过于刘彻，精心策划准备了这么长的时间，就这么结束了？从聂壹走进军臣的王宫的那一刻开始，他就一直在焦虑中度过，随时打探前方的情况。包括他在内的所有人在战前都一致乐观地认为，这应该是一场胜败没有任何悬念的战役，即便匈奴士兵个个都有三头六臂，可一旦陷入三十万大军的包围之中，也不过是瓮中之鳖，如有反抗非死即伤，所以无论从哪个方面来说，剿灭匈奴或者生擒军臣，都在合理范围之内。可谁能知道，煮熟的鸭子竟然飞了，而且更重要的是，让军臣知道了中原的意图，失去了一次千载难逢的机会不说，以后再想把匈奴这条凶残且狡猾的恶狼骗出来的可能性就此破灭，有利的局面顷刻间转向了被动。

这样的结局让刘彻无论如何也想不明白！

既然是这个结果，那么必须要有人来买这个单。刘彻把一腔怨气全部都撒在了王恢身上，主意是你出的，计划是你制订的，人是你安排的，那么最后的责任也该你来负。至于理由嘛，说来非常牵强，居然是因为王恢眼见匈奴撤兵，却没有主动攻击匈奴的辎重，构成畏战的罪名。尽管王恢为自己苦苦解释，却无济于事，刘彻下令，把王恢关进大狱。

王恢入狱后，包括刘彻的生母王娡以及韩安国等重臣在内，纷纷为王恢求情，但刘彻杀心已决，均不领情。王恢自知性命难保，在狱中自杀，为这次失败付出了悲壮的代价。至于这次计划的另一个主谋聂壹，却没有其终，直到三百多年后的后三国时期，才在张辽的介绍中被一笔带过。

失败的"马邑之谋"造成的后果,就是彻底粉碎了自汉景帝刘启以来的汉匈"友好关系",从而使两地重新回到了敌对状态。此役的失败,给汉朝更多的是反思。从百姓到大臣心里都很清楚,匈奴是卧在汉朝身边的狼,极其凶险,随时随地都有可能突然跃出来狠狠地咬上一口,虽然不能致命,但是连皮带肉地一顿乱扯,也能让汉朝痛不欲生。

军臣也恰恰就是这么干的。侥幸逃脱了汉朝的伏击后,立刻召开贵族御前会议,主题只有一个,要狠狠地报复汉朝。

虽然刘彻已经做好了充分的思想准备,却想不到匈奴的报复居然来得如此迅猛,在渔阳(今天津市蓟州区)、上谷(今河北省怀来县)等地,凶恶的匈奴肆意闯入边界,焚烧百姓房屋,践踏农民土地,在短短的两年里,就野蛮杀戮军民数千人。

虽然军臣下令在边境上不断对汉地进行烧杀掳掠,却仍然和以前一样,得手后迅速逃离,显然他并没有做好与中原进行全面战争的准备。究其原因其实很简单,匈奴虽然因聂壹的出局而中断了茶叶供应,可盐、铁等重要战略物资以及王公贵族们所需要的丝绸、精粮和酒以及能工巧匠的工艺品等高档商品,全部要依赖中原。而这些商品的通商关口除了马邑和上谷外,还有代郡(今河北省蔚县)、雁门(今山西省代县)、云中(今内蒙古托克托县)等地的榷市,大批物资通过这些地方流向匈奴境内。如果能在这些地方对匈奴人进行大规模袭击,能够达到既彻底切断匈奴的物资供应,又直接向军臣发出警告的作用。

公元前129年,汉朝在毫无征兆的前提下,分别从代郡、上谷等地突然向匈奴发起进攻。自汉朝开国以来,汉匈之间经历过无数次军事冲突,中原军队自始至终都是在长城内侧调兵遣将,而且全部是防御作战。但是这一次不同,汉军兵分四路同时向匈奴发起进攻,骠骑将军公孙敖率一万兵马走代郡,骁骑将军李广领军一万出雁门,轻车将军公孙贺带兵一万过云中，新晋车骑将军卫青统率一万兵马从上谷，四路大军首次跨出长城，深达匈奴境内，主动向匈奴发起挑战。这意味着汉朝正式对外宣布，从这个时候开始，中原王朝与匈奴帝国的博弈从战略防御转变为战略进攻！

汉朝雄起！

卫家的发迹和苦难的张骞

不得不承认，匈奴的战斗力确实强悍，汉朝出击的四队人马，除车骑将军卫青大获全胜，擒敌七百，干脆利落地首尝胜果外，轻车将军公孙贺未有斩获，而公孙敖和李广两路，均以惨败告终，而且一个比一个惨：公孙敖的一万人战死七千，仅他带着一小部分人极其狼狈地逃回来；李广更加不幸，不仅军队被彻底击败，连他本人也身负重伤被匈奴俘虏，如果不是在半道上装死，趁着对方看管不力抢夺了敌人的坐骑侥幸逃出，他的后半生还不知道怎么过下去。

这四位出征的将领回到长安后，待遇也完全不一样：卫青战功显赫，封关内侯；公孙贺没遇到敌人无功而返，不奖不罚；而公孙敖和李广因出战惨败而让刘彻龙颜震怒，论罪理应处死，但念两位累有战功，故死罪赦免，贬为庶民。

从这个时候开始，汉朝进入了卫青时代。

历史上的卫青，应该说是咸鱼翻身的一个典范式人物。如果没有他三姐卫子夫，或卫子夫仅仅是一个普通人家的女人的话，纵使卫青再有超凡的能力，也不可能一步登天。所以，生活在任何时代的人要想成功，仅靠自己的努力非常困难，必须要依附身边的有效资源。无论卫青也好，或者是霍去病也罢，以及后来权倾朝野的著名权臣霍光，他们的成功经验告诉我们，必须有自己的有效资源，才能有机会握住成功。这应了北宋诗人苏麟的著名诗句"近水楼台先得月，向阳花木易为春"，这一点非常重要。

卫青乃至后来包括霍去病、霍光以及卫氏体系中卫步和卫广所构成的矩阵式有效资源的核心源头，毫无疑问就是卫子夫。而他们一家从贫寒到显贵的整个过程影响甚远，甚至连日本镰仓时代（1185—1333）由信浓前司行长所著的《平家物语》也描述得极其详尽。

卫青抑或卫子夫，他们的家世非但没有"显赫"二字，甚至可以说是赤贫。《史记·卫将军骠骑列传》和《汉书·卫青霍去病传》，都对卫家做了详细的介绍，卫青的母亲卫媪——一个姓卫的老太太（或者是嫁给了卫姓人的老太太），家境贫寒，以给人洗衣兼做用人为生，年轻时嫁了一个名不见经传的卫姓人，生了三女一子，三女分别是卫君孺、卫少儿和卫子夫，一子是卫长君。后来可能是前面姓卫的老公死了，卫媪又跟了平阳侯府的小吏郑季，先后生了卫青、卫步和卫广三个儿子。

估计郑季不是个好人，至少是个有眼无珠之徒，否则的话卫青发迹以后，无论如何也得去看他一眼，只要从指缝里漏出那么一丁点给他，他这辈子也就算跟着儿子沾光了。但是，卫青却连个渣都没有给他，说明郑季这个人做得太差劲了。

卫媪后来估计和郑季实在过不下去了，只得分开，一个人带着子女在外面单过。因生活过于艰苦，卫媪只好把年幼的卫青送回到亲生父亲郑季家里。但郑季却让卫青去给自己放羊，而郑家的儿子也没把卫青看成兄弟，当成奴仆畜生一样虐待。吃的喝的都没卫青什么事，晚上就睡在羊圈里，冬天冷，只能抱着一头羊御寒。卫青稍大一点后，因实在受不了郑家的欺凌，只好又回到母亲身边，宁可去平阳侯府给平阳公主做骑奴，也绝不回生父家里，一直到死也没再见郑季一面。今天的我们已无法得知，当郑季看到自己儿子威风八面的时候，是不是连肠子都悔青了。

长女卫君孺比较简单，后来嫁给了前面所提到的轻车将军公孙贺，生子公孙敬声。而第二个女儿卫少儿就复杂了，年少时在汉朝开国元勋曹参的平阳侯府（今山西临汾市西南）做侍女，结识了职低位卑的小衙役霍仲孺。在过去了两千多年后的今天，已经说不清楚当时两人究竟是谁先勾搭的谁，不过根据卫少儿后来又私通了刘彻皇后的大管家陈掌这一线索来看，估计是她先看中了风流倜傥的霍仲孺，一番风花雪月后生下了名垂千古的抗击匈奴大将军霍去病。

从时间上推算，卫少儿认识霍仲孺的时间应该是在曹参的孙子曹奇或曾孙曹时的时代。用今天的话来说霍仲孺，其人算得上渣男中的极品，也就是常言所说的"三不男人"——不主动、不拒绝、不负责。就在卫少儿有身孕以后，他居然玩起了失踪。卫少儿从怀孕到生产，霍仲孺就没有再出现过，包括把霍去病养大，都是卫少儿含辛茹苦一个人。直到霍去病名扬天下后，卫少儿才告诉霍去病，他的生父是霍仲孺。霍去病闻听后颇为感慨，专程前往平阳认父，跪在霍仲孺面前感谢他赐予自己一条生命，并把霍家的另一个儿子霍光带到了长安，最后霍光成为汉朝最著名的权臣。

卫媪的第三个女儿便是卫子夫。

卫家之所以能平步青云跨进显赫，概因卫子夫一人。说来平阳侯府是卫家的一块宝地，除了卫少儿在这里偶遇霍仲孺并产下了与同时代的罗马战神普布利乌斯·西庇阿和著名的迦太基统帅汉尼拔齐名的东方战将霍去病外，卫子夫发迹也是从这里开始。

也许这一切都在冥冥之中做好了安排。霸上，今名灞上，又叫作

　　　　　　　　　　　　　茶战 3：东方树叶的起源

原上，在西安市东。如果仅提这个地名可能很多人都不知道，但只要提到《白鹿原》，相信很多朋友都读过陈忠实先生的这部代表作品，也就知道了这个地方。公元前139年三月初三，古称上巳日被禊节，需要在水边洗濯去垢，消除不祥，以保平安。未满十八岁的新科皇帝刘彻在众臣的簇拥下，按惯例来到霸上祭祀祖先，保佑社稷繁荣。这原本是一个传统的节日，如果按照以往，刘彻祭拜完祖先后便起驾回到他的未央宫，但是他在往回走的路上却拐了个弯，正是因为他拐的这个弯，影响了中国历史的同时，也改变了卫家的命运。

他之所以要拐这个弯，是因为要去探视他的同母姐姐——已嫁给了曹参的曾孙、世袭平阳侯曹时的平阳公主。自从平阳公主远嫁平阳后，姐弟两个聚少离多，而这个时候正值平阳公主回到长安平阳侯在京府邸。此时的刘彻已经和姑姑刘嫖的女儿陈阿娇结婚数年，可陈皇后始终未有怀孕迹象，所以平阳公主就打算效仿姑姑刘嫖，择良家女子欲以进献天子。

平阳公主见到弟弟后，就把自己物色来的十几个经过精心打扮的良家女子叫到刘彻面前，供他挑选。可刘彻却并不满意，平阳公主只能让她们退下，在自己家里摆上酒菜，款待兄弟，同时又把自己的歌班喊出来唱歌助兴。而名不见经传的卫子夫恰在歌班中，只这一亮相，便被刘彻看中。

这大概就叫作"有心栽花花不开，无意插柳柳成荫"吧。卫子夫做梦也没想到自己居然能被天子选中，这幸福来得太突然了。据东汉文学家、天文学家张衡在《西京赋》中说，卫子夫之所以能得到武帝的宠爱，是因为她长了一头乌黑亮丽的秀发，有"卫后兴于鬂发，飞燕宠于体轻"之说。

据唐朝历史学家颜师古在《汉书注》中说，刘彻选中了卫子夫后，心情大悦，没等回到宫中，在天子换衣服的车里就迫不及待地宠幸了她。为此刘彻非常满意，当场赏了姐姐千两黄金。而平阳公主也很会办事，奏请陛下将卫子夫送入宫中，刘彻欣然答应。《史记·外戚世家》说，临别上车之时，平阳公主轻抚着卫子夫的背说："走吧，在宫里好好吃饭，好好自勉努力，将来若是富贵了，不要忘记我的引荐之功。"

她这话日后果真应验。平阳公主一生的婚姻并不美满，第一个丈夫曹时因病去世后，改嫁给汉朝开国元勋夏侯婴的曾孙夏侯颇，却没想到他与父亲的婢女通奸，事发后畏罪自杀。据西汉经学家褚少孙在《史记补述》中记载，守寡的平阳公主在卫皇后的介绍下，经刘彻允可，第三次婚姻嫁给了卫青。当卫子夫对刘彻说起此事时，刘彻听罢哈哈大笑说："当初我娶了他的姐姐，如今他又娶我的姐姐，这倒是很有意思。"当场就许可了这桩婚事。

扯远了，还得再把话题扯回来。

刚进宫的时候，卫子夫也不是那么一帆风顺，可以说是一波三折，真切地体会到了进入冷宫独守空房的寂寞。尽管在平阳公主家里自己只是一个唱歌的奴隶，可毕竟还有人能说说话聊聊天，而进了宫反倒茕茕孑立形影相吊，成了一个被遗忘的人，貌似在宫里锦衣豪宴，实际如同身陷囹圄没滋没味。刘彻似乎把她给忘了，时隔一年多非但没有再临幸她，甚至连面都没有再见过。

第二年，也就是公元前138年，刘彻在送走了西行的张骞一行后，忽然心血来潮，要把一批年龄大了的宫女遣散出宫，卫子夫这才有机会再次见到刘彻，当即哭求皇帝也把她送出去。刘彻仿佛才想起来一样，自己也觉得有些过分，于是第二次临幸了她。

疑似晋代葛洪所著志怪小说《汉武故事》中，把这一段过程描述得比较真实，所以后人认为这有可能就是当时的真实记录："子夫新入，独在籍末，岁余不得见。上释宫人不中用者出之，子夫因涕泣请出。上曰：'吾昨梦子夫庭中生梓树数株，岂非天意乎？'是日幸之。"

俗话说，有福之人不用忙，忙碌来去忙断肠。与刘彻结婚数年的陈皇后，做梦都想生个孩子，除了为刘氏延续香火外，更重要的是母因子贵，只要能生下儿子，皇帝的大位就坐定了，自己就是未来的皇太后，能权倾四海为所欲为，可是偏偏自己肚子不争气，忙活了这么多年连个孩子的影儿都没有。就在这个时候，命运之神降临到了卫子夫的头上，在独守了一年多后，仅有的一次同房就怀孕了。

可能初尝为人父的喜悦之情吧，刘彻的重心从这个时候发生了倾斜，卫子夫开始受到关爱，独守空房的命运转向了陈阿娇。

明代作家冯梦龙曾经说过：毒蛇口中牙，黄蜂尾上针，两般犹未毒，最毒妇人心。女人的恶毒，便是由妒忌而生。陈阿娇得知卫子夫怀孕的消息后，内心的恶源即刻就被激活，咬牙切齿地要把卫子夫置于死地。

陈阿娇之所以有如此底气，是因为她有一个强横的母亲，就是当年和王娡一起里应外合力劝景帝刘启废了初立的太子刘荣，又逼死了其母栗姬的馆陶长公主刘嫖。实事求是地说，当初如果没有刘嫖的努力，刘彻根本无法晋太子当皇帝。如今尽管刘彻已经如愿坐上了皇位，可朝中实权依然掌握在窦太后的手中，而最受窦太后信任的人，便是刘嫖。正是因为有了母亲的身份地位，陈阿娇才得以在刘彻面前刁蛮耍横，而初登皇位的刘彻却并不敢把她怎样。

对于刘嫖而言，她认为是自己的女儿受到了委屈，这一点可以理解，但是她居然想对卫子夫的弟弟下手，欲编织罪名将其杀死。企图用这种卑劣手段达到报复卫子夫的目的，这就太恶毒了。

而卫子夫的弟弟卫青，此时还只是建章宫里一名小小的站岗卫兵。因为他来自最底层的贫民家庭，成分则是奴隶，所以史料中没有他出生年月的记载，只能根据他的人生列表推算，他的年龄应该和刘彻差不多，也就是说，在公元前138年，卫青应该是十九岁左右或者更小一些，这也就进一步证明了卫子夫的年龄比刘彻大。

《史记·卫将军骠骑将军列传》中说，有一次卫青跟随别人来到甘泉宫（在今陕西省咸阳市），一位囚徒看到他的相貌后说："这是贵人的面相啊，官至封侯。"卫青却笑道："我身为人奴之子，只求免遭笞骂，已是万幸，哪里谈得上立功封侯呢？"

当刘嫖命人前往建章宫抓住了卫青图谋押回将其杀害的时候，当班的骑郎（类似于今天的班长，估计也是卫青的上级）公孙敖得到消息，立刻带人前往营救，同时派人火速报告给卫子夫。在双方的努力下，卫青逃过了一劫。

当天晚上，卫子夫就把卫青的事对刘彻说了，刘彻勃然大怒，但碍于刘嫖的权势尚不能将她如何，采用了另外一种方式对待曾经"了不得"的丈母娘刘嫖和皇后陈阿娇：除了冷落陈阿娇外，封卫子夫为夫人，提拔卫青为建章监，加侍中。刘彻似乎觉得这样做还不能达到震慑刘嫖母女的目的，又对卫青进行单独赏赐，赏金达千两之巨，另封其同母异父的哥哥卫长君为侍中，同时又命绝对亲信、太仆公孙贺娶了卫家大姐卫君孺，之后陈掌奉旨又娶了卫少儿，就连危难时刻救下卫青的公孙敖也因此获封。

至此，卫青以及卫氏家族进入了飞黄腾达的快车道！

十年后。

在长达十年的建章监职位上，卫青一直都跟随在刘彻左右，和他一起听闻朝政，一同处理国家大事。尽管卫青出身卑微，但我们丝毫不能怀疑他是个聪明人，单从后来又被刘彻提拔为太中大夫来看，足以见得他的才干深得武帝信任，为后来七征匈奴，甚至任大司马大将军为内朝参决政事、秉掌枢机打下良好基础。

公元前130年，即汉武帝元光五年，在著名的"马邑之谋"失败后，匈奴在中原边境对汉族军民进行大规模报复性烧杀掠抢，狼烟四起，危机频频，各边境大员纷纷求援，要求朝廷赶快制定抵御匈奴进犯的决策。

刘彻经过和卫青的一番商讨后，决定再次关闭边境互市，全面切断流向匈奴的所有物资，同时制订了一整套作战方案，由卫青、公孙贺、公孙敖和李广四将各率一万人马，分别在上谷、云中、雁门和代郡集结，选择合适时机主动向匈奴发起进攻。

此役中的卫青表现得极为冷静，指挥手下一万将士从上谷出长城，一路上攻城拔寨高歌猛进，孤军奋战一直杀到匈奴祭天圣地龙城（今内蒙古锡林郭勒盟多伦县），斩杀无数并俘虏了七百多人，终因没能找到匈奴的主力军且离边境已远，只能班师回朝。

而另外三路，除公孙贺没找到匈奴无功而返以外，公孙敖和李广都被匈奴打得狼狈不堪，最终以四战一胜一平两败的战绩结束了这场讨伐。

虽然算不上胜利，但此次出征意义非凡！

吃了亏的匈奴就像一条被猎人打伤了的恶狼，岂有善罢甘休之理。当军臣听说龙城遭到了汉军的血洗，气得暴跳如雷，下令不惜一切代价也要对中原进行报复。因为史料记载的时间不是很准确，大约公元前130年或前129年的冬天，凶猛强悍的匈奴军再次越过长城，向渔阳等地进行了疯狂的袭击。

边关告急！

在这个危急时刻，权衡左右的刘彻最终决定，派出稳健持重的老将韩安国披挂上阵，亲自去渔阳镇守。

虽然匈奴像一把悬在头顶上的达摩克利斯之剑，对汉朝的国土构成了极大的威胁，但是其内部不安定的因素也在日渐凸显。老迈的军臣自知在人世的时间已经不多，谁将是军臣之后的继承人成为匈奴内部的焦点。军臣当然倾向于他的儿子於丹，可他弟弟左谷蠡王伊稚斜却虎视眈眈地盯着单于大位，并且已经得到了上层贵族们的支持，其势力之大就连军臣也得让他三分。在这个紧要关头，中行说向军臣进了一言，如现在不除掉伊稚斜的话，将来他肯定要反。而於丹的势力太过单薄，只得到几个老臣的支持，不可能成为左谷蠡王的对手，到那时候匈奴必成乱局，中原肯定会乘虚而入，匈奴可就麻烦了。

军臣很清楚中行说所说的颇有道理，但他最担心的还是南边的中原王朝，卫青偷袭龙城已经给他敲响了警钟，而且卫青等人的战力他已经领教过，明确知道汉军已经不是一支只知防御不善进攻的军队，随时都可能纵马跨过长城。如果现在就动手杀了伊稚斜，肯定会导致内部大乱，尤其是太子和左谷蠡王之间已经形成对峙，各领一帮拥趸在互相瞪眼，所以绝对不能在这个时候出现闪失，因为放眼四周，唯一让他难以安睡的，只有南方的中原王朝。

中行说见军臣陷入了矛盾之中，长叹了一口气。他已经明白，匈奴完矣！史料中没有关于中行说最后的记载，据野史中介绍，年迈的中行说自知时日不久，向军臣上奏要杀掉伊稚斜被否决后，一个人出了王庭走进茫茫大漠，三天以后被人发现，死在了大漠深处，尸体已遭到野兽的啃噬。这可能就是他的命，一个出卖了自己灵魂，对故国原乡充满了仇恨的人，注定了他的最终下场就是一个死无葬身之地的孤魂野鬼。

正当匈奴内部为争夺单于大位剑拔弩张的时候，被押解到无人知道的荒原上放牧近十年的张骞，却趁着这个混乱的时机，抛下匈奴老婆和两个孩子，和堂邑父一起从监管的眼皮底下偷偷地逃了出来。

他的使命尚未完成。

汉元光六年，被匈奴流放囚禁了长达十年的张骞，终于得以逃脱，

　　　　　　　　　　　　　　茶战3：东方树叶的起源

沿着当初既定的路线，和堂邑父两人从今天的内蒙古一直向西，继续朝月氏国的方向前进。而他当初从长安出发时所带的一百多人，被匈奴俘虏后或死或逃或已经成为匈奴的家奴，十年后只剩下他们主仆二人。

十年，日复一日，年复一年。从舞象弱冠到逼近不惑，其中滋味也只有他自己知道，但张骞仍旧不辱君命，持汉节不失，放羊之余不断搜集大量有关匈奴的资料，在远离繁华的偏远荒漠，与匈奴妻子共同生活，不仅学会了语言，熟悉了地形，更增强了信心。在匈奴的十年留居，使张骞和堂邑父详细了解了通往西域的道路，并且学会了流利的匈奴人语言。他们身上穿的是胡服，使用的是匈奴语言，很难被匈奴人查获，因而较顺利地穿过了匈奴人的控制区。

今天想来，"不忘初心"绝不是一句简单的口号，而须怀有对国家对人民负责的态度。后世之所以称张骞是"第一个睁开眼睛看世界的中国人"，并非随随便便颁发的一个口头奖状，而是对他忍辱负重所做出重大贡献的充分肯定。沙俄汉学的奠基人于1808年来到中国时，见到张骞开创的那条西部古道，惊叹地说：张骞于西域丝绸之路开通"在中国史的重要性，绝不亚于美洲之发现在欧洲史上的重要性"。

但是，这个过程却颇为感慨，也很悲壮。

毕竟经过了十年的软禁生活，西域地区的政治格局已经发生了巨大变化，而这一切，张骞却并不知道。十年前，与月氏敌对的乌孙国在匈奴的唆使和支持下，对月氏发起了进攻，迫使月氏继续向西迁徙，进入了咸海附近的妫水地区，征服了塞种人的大夏国，并在这片土地上建立了新的国家。

张骞心里很清楚，这种逃亡非常危险和艰难，用仓皇出逃来形容他们的逃亡过程丝毫不过分，因为他们在逃离匈奴看守的时候没有带任何行囊，甚至没有食物和水。所要面对的，不仅仅是渺无人迹的戈壁，还有无法忍受的饥寒交迫。而一路上，间或有野兽出没，那些凶残的狼，像幽灵一样伴随于他们的左右，在漆黑的夜间冒出绿幽幽的鬼火，从四周聚拢过来，不时发出一两声瘆人的嚎叫，刺破宁静的夜空，穿过整个大漠，让人充分感受到"鬼哭狼嚎"的凄厉恐怖。在这种情况下，任何人都不会相信他们能走得出大漠。

但是，他们创造了奇迹，不仅走出了大漠，而且已经走到了今天的新疆。没有人知道，在恶劣的环境和艰险的道路上，他们究竟蒙受了多少磨难，度过了多少险境，化解了多少危机，付出了多大代价！当这一人类伟大的历程得以完成，却得不到解释的时候，我们只能将其归纳为信念，只有信念才能使他没有动摇为汉朝通使月氏的意志和决心。到了今天，又有几人即便借助现代化交通工具能够完成这一壮举呢？

且慢，这才仅仅走了一小半路程！

张骞和堂邑父从匈奴往西南方向一直走到车师（今吐鲁番西北），得知了月氏早在十年前就已经迁徙到了更西的远方。经过一番思考后决定，不再向西北伊犁河流域进发，而是折返西南，走焉耆然后溯伊犁河往正西方向，经库车过疏勒，翻越葱岭（今帕米尔高原）直达大宛国。

从戈壁跨越葱岭是一条极其艰难的道路，称其为死亡之路毫不夸张。炎炎烈日下的戈壁荒野，飞沙走石，热浪滚滚，酷暑难耐，到了葱岭又要面对破冰融雪，寒风刺骨。一路上人迹罕至，沿途所招募的随从人员，有不少人或因饥渴倒毙途中，或葬身黄沙、冰窟。缺水少食是他们面临的更大困难，沿途更是风餐露宿，艰苦到无法形容的地步，仅依靠堂邑父射猎禽兽补充食物，在那个环境中，估计他们也只能将猎获的禽兽茹毛饮血生吞活剥地充饥填肚。

无论怎么说，他们一行历尽千辛万苦终于到达了大宛国。虽然《史记》和《汉书》都已经对大宛国有了翔实的描述，但《晋书·列传第六十七》的记载更详细一些："大宛国去洛阳万三千三百五十里，南

茶战 3：东方树叶的起源

至大月氏，北接康居，大小七十余城。土宜稻麦，有蒲陶酒，多善马，马汗血。其人皆深目多须。其俗娶妇先以金同心指钚为娉，又以三婢试之。不男者绝婚。奸淫有子，皆卑其母。与人马乘不调坠死者，马主出敛具。善市贾，争分铢之利，得中国金银，辄为器物，不用为币也。"

历史上的大宛国，在今天的乌兹别克斯坦、塔吉克斯坦和吉尔吉斯斯坦三国交界处的费尔干纳盆地一带，是天山和吉萨尔－阿赖山的山间盆地。这里山川秀美，气候宜人，既无洪水猛兽，也无恶病流行。直到今天，这里有一百多个民族同在一条山冈上放羊，同在一条小河里喝水。

几年前我第一次沿着丝绸古道来到中亚的时候，就曾经听导游说，如果要领略中亚的山川美景，就要到阿拉木图城外的梅迪奥去欣赏雪山；若要品味中亚的文化古韵，就要到塔什干附近的撒马尔罕去寻找尘封的岁月；若想解读中亚的安全态势，就必须要到费尔干纳盆地走一趟。

张骞在大宛受到了贵宾式的欢迎，原因是大宛国王早就闻听东方汉朝是一个富庶的国家，热切希望两国之间能够有贸易往来，但苦于匈奴的中梗阻碍，未能实现。汉使的意外到来，使他非常高兴。热情款待后，派了向导和译员，将张骞等人送到康居（今哈萨克斯坦东南），经康居来到阿姆河流域的大夏，几经辗转才最终抵达月氏。

坦率地说，虽然张骞历经了十多年的人生磨难和艰苦行程，但这是一次并不成功的外交出访。当他终于到达了月氏国，却没想到自己的提议遭到对方的拒绝。经过了十年长途迁徙，刚刚打跑了原来居住在此地的塞种人，月氏国已经稳定下来。由于新的国土十分肥沃，物产丰富，并且距匈奴和乌孙很远，外敌袭扰的危险已大大减少，月氏改变了态度，逐渐由游牧生活改向农业定居，无意再与匈奴为敌。

在大月氏被匈奴和乌孙联手打败，并西迁至阿姆河流域以前，这个地方原来一直是塞种人的居住地。《汉书·张骞传》载："月氏已为匈奴所破，西击塞王。塞王南走远徙，月氏居其地。"而这里所说的塞王，指的就是汉朝文字所说的塞种人的国王，而这个塞种人，极有可能就是古波斯碑铭及希腊古文献中所载的斯基泰人。关于斯基泰人，似乎在历史上也存有争议。公元前5世纪的古希腊历史学家希罗多德在他的名著《历史》一书中曾经多次提到一个名叫斯基泰的族群，研究者认为这个斯基泰人便是后来古波斯人所提到的马萨海特人。希罗多德说，"斯基泰人据说是一个勇武善战的强大民族，他们住在东边日出的地方"，"住在与阿拉克塞斯（指中亚的锡尔河）和伊赛多涅斯（阿姆河）之间人相对多的地方"。勇猛善战的斯基泰人因何能被疲劳的月氏人打败，这一直是历史上的一个谜，但是根据古希腊和中国历史史料综合加以分析，公元前140年前后，塞种人的大夏国从锡尔河南下，灭掉了古希腊的巴克特里亚王国（今阿富汗一带），可能因为战线过长导致原领地内部空虚，月氏人乘虚而入，一举将其赶出了原居住地，在此建立了自己的国家。

张骞等人在月氏逗留了一年多，苦口婆心地劝说，但始终未能说服月氏人与汉朝联盟夹击匈奴，最终只好于元朔元年（公元前128年）回国。张骞此行看似无功而返，却没想到，他的西域之行就此开辟了中国历史上最辉煌的一条通商古道——丝绸之路！

不过，他注定命运多舛，虽然完成了使命，可磨难还没有结束。在往回走的路上，张骞为避开匈奴控制区，改变了行军路线，计划通过羌人地区，以免再被匈奴人捉住。于是在重越葱岭后，他们不走来时的沿塔里木盆地北部的"北道"，而改行沿塔里木盆地南部，循昆仑山北麓的"南道"。从莎车，经于阗（今和田）、鄯善（今若羌），进入羌人地区。人算不如天算，张骞做梦也没有想到，羌人也已沦为匈奴的附庸，于是张骞等人再次被匈奴骑兵所俘，又被扣留了一年多。

常言说，天有不测风云，对于张骞来说，这次堪称来了一场及时雨。元朔三年（前 126 年）初，军臣单于死了，其弟左谷蠡王伊稚斜自立为单于，发兵攻打军臣单于的太子於丹。於丹失败后投奔了汉朝。张骞抓住了这一千载难逢的好时机，趁着匈奴内乱，带着自己的匈奴妻子和孩子，和堂邑父一起逃回长安。从汉武帝建元二年（公元前 138 年）出发，至公元前 126 年归汉，前后总共花费了十三年的时间。

这是他的第一次西域之行，但真正形成西部通商古道，是在七年后。公元前 119 年张骞第二次出访西域，这次出访的礼品有了明确的记载，"携牛羊万头，汉地树茶、金帛货物价值数千巨万"，因而受到西域诸国的热情接待。而返回时，则带回了著名的汗血宝马，以及西域的核桃、葡萄、石榴、蚕豆、苜蓿、大蒜等十几种植物，这些植物逐渐在中原栽培，除上述之外，还有龟兹的乐曲和胡琴等乐器，极大地丰富了汉族人民的文化生活。从此以后的数十年间，汉朝与乌孙结亲，身毒（今印度）、安息（波斯、今伊朗）、奄蔡（今里海、咸海以北）、条支（又称大食，今伊拉克一带）等中、西亚国家都先后派出使臣来到长安，开辟了历史上最光明璀璨的通商贸易之路。

当张骞还在西域游说月氏联合抗击匈奴的时候，中原王朝的武将们也没闲着，他们正在策划一场更大的战争——进攻河南地。

河南地，也就是今天的河套平原，是位于贺兰山、阴山和鄂尔多斯高原之间的一片平原地区，黄河贯穿其中。这里地势平缓，土地肥沃，水草丰茂，耕种放牧皆可，有"塞外江南"之称，也是汉匈双方倾尽其力志在必得的战略要冲。从这里出入北地、上郡都非常方便，距离长安不足千里，匈奴骑兵一两天内便可直达关中地区，使长安城随时都处在匈奴的威胁之中，同时，匈奴驻留于此，也是中原王朝与西域诸国通商的重大隐患。

就要打开地图就很容易发现，匈奴驻扎在这里，就像在中原王朝的背后插上了一把锋利的尖刀，让刘彻寝食难安。如果汉朝想要对匈奴发起大举进攻，首先要夺取的就是这个地方，否则的话，无论是谁都休想提及"获胜"二字。

就在刘彻计划收复河南地的时候，没想到军臣先发制人，向中原发起了战事。公元前128年秋，军臣亲令匈奴集结八万人马，分东西中三路同时突破长城，大举进犯中原。西路军两万骑兵血洗辽西郡，杀死辽西太守及军民近千人，大肆抢掠当地民众财产。中路军偷袭渔阳，很快击溃渔阳千余将士，然后围攻汉朝名将韩安国，企图将其剿杀。韩安国所率一千人马与匈奴展开了浴血奋战，战场上杀声震天，血流遍地。战场的嘈杂震耳欲聋，战马的嘶吼与凄厉的惨叫声、从耳边射过的箭镞发出的嗖嗖声和摄人魂魄的战鼓声响成一片，仿佛空气都被撕裂，刀剑相碰后刺耳的金属碰撞声，因杀死对方爆发出的兴奋号叫，被砍断脖颈的绝望哀鸣，腥风血雨混杂在一起。经过半天的鏖战，韩安国手下的汉军将士几乎全部战死，眼看城池即将被匈奴攻破，在这万分危险的紧急关头，一队突然之间杀出的汉军援兵犹如天降，疾速冲进厮杀的战场加入了战斗行列，配合韩安国杀出一条血路，终于击溃匈奴，这才力保渔阳不失。

而匈奴的西路军进攻更加凶悍，军臣御驾亲征，亲自率领三万匈奴主力攻打雁门，对雁门守军进行了轮番进攻，疯狂冲击雁门要塞，守军终于寡不敌众，一千多名汉军将士及参与守城战斗的两千多名民众全部战死，血染疆土。

雁门失守！

一时间所有北方关隘全部处在危急之中，匈奴大军以摧枯拉朽之势顷刻间击破除渔阳以外的东西两座中原要塞，军臣似乎有攻破长城，然后挥军南下直捣长安的意思。

军臣看上去颇为得意，这回中原王朝该知道匈奴的厉害了吧？可他万万没想到，刘彻不仅没有服软，反而在这个关键时刻再次派卫青出击，率三万汉军精锐，日夜兼程火速增援雁门，同时派出材官将军李息领军一万出代郡，驰援渔阳。

得到这个消息，军臣不由得一愣，急令匈奴赶快撤退。但是，军臣的想法过于天真了，闯进别人家里，把人杀了，财物抢了，拍拍屁股就想走？天底下哪有那么简单的事！何况已经到了这个时候，不是你想跑就能跑得了的！

犯强汉者，虽远必诛

卫青赶到雁门关的时候，战事已经结束。远远望去，匈奴兵士们正沉浸在胜利的喜悦中狂欢，硝烟还没有散去，地上到处都是已经战死的汉军将士和当地居民的尸体，尚未凝固的血液散发出冲天的腥气，随风飘向远方，即便在距离很远的地方也能嗅到一股死亡气息。

此时的卫青虽然已贵为国卿，但毕竟是底层出身，见不得底层人民被外夷随意掳杀的场面。于是当即下令，身先士卒向匈奴杀过去。

主帅冲锋在先，将士们谁肯落后？汉军势如破竹冲向了匈奴。经过一个上午的鏖战，三万匈奴早已成疲劳之师，哪里是卫青率领的这群中原生力军的对手。卫青的士兵一个个如虎狼般勇猛，挥舞着手里的兵器不要命地在人群中胡抡乱砍，直杀得匈奴发出鬼哭狼嚎般的惨叫。

站在远处的军臣目睹了这场汉军对匈奴的杀戮战，惊奇地发现，一向勇猛善战的匈奴骑兵竟然不是汉军的对手，为了保住自己的实力，他急速下令匈奴赶快撤退。狡猾的军臣原本打算用诱兵之计，把卫青引到城外的开阔地带再对汉军进行剿杀，那才是匈奴的长项，而骑兵一旦与步兵纠缠到一起，便失去了马快刀利的优势。

只用了一个多时辰，匈奴除了被汉军砍死的以外，都仓皇逃出了城门。卫青已经看透了军臣的把戏，并不下令追赶，而是清扫战场，退守城内，对匈奴进行严守死防，绝不让他们再次入关。

是役，汉军斩杀匈奴士兵近千人，俘虏数百人，汉军除在防卫战中损失惨重外，卫青所率的将士仅伤亡二百多人，是一场绝对的胜利。

本来是想给中原王朝来个下马威，没想到自己反倒被痛扁一顿，对于赚不到便宜就算吃亏的军臣来说，吃了这么大的亏，不可能就此罢了。这个道理不仅军臣自己知道，南方的中原王朝也很清楚。

果然不出所料，公元前127年正月初七，军臣再一次集结人马，命左贤王统率四万人马集中兵力攻打中原帝国东北方向的上谷、渔阳二关，并要求必须拿下，一雪前耻。尽管史料中没有具体说明，这个时候的左贤王究竟是谁，但是根据《后汉书》所载，左贤王通常被指定为单于的第一继承人，那么估计应该是军臣的太子於丹。

匈奴的最高权力机构除了单于外，贵族排序分别是四角与六角，四角是左右贤王、左右谷蠡王，代表着匈奴的最高决策层；而六角则是左右日逐王（左右大将军）、左右温禺鞮王（左右大都尉）、左右渐将王姓虚连题；再往下就是千长、百长、什长、裨小王、相、都尉、当户、且渠等。《后汉书》中同时还特别注明了匈奴的姓氏："异姓呼衍氏、须卜氏、丘林氏、兰氏四姓，为国中名族。"只有这四大姓氏才有可能是匈奴的贵族。而军臣派出了左贤王，这已经代表了匈奴除单于以外的最高势力，由此分析得出，此时的军臣已经病入膏肓，无可救药了。

此时，镇守渔阳的韩安国仅有七百余人，面对匈奴的疯狂进攻从容迎战。毕竟匈奴人多势众，七百余人哪里是上万匈奴的对手，韩安国再一次尝到败绩，身负重伤，只得且战且退，渔阳终于失陷。

此时的刘彻正在布一盘很大的棋，并没有因战败而处罚"不死战将"韩安国，而是将其调往右北平（今内蒙古宁城县）屯兵防御，以防匈奴突破东北防线后大举南下。同时派卫青和李息各带五万精锐骑兵过榆溪旧塞，火速向北离开云中，然后往西北地区急进，沿外长城直奔高阙（今内蒙古航棉后旗西北），然后再南向折回，强渡北河，继而沿黄河挺进贺兰山麓，最后折返陇西，完成了对河南地及其周边地区的战略包围。

这是一次秘而不宣的行军，我们在今天的地图上把这几个点连起来，会发现这是一条呈马蹄形状的路线。之所以要这样行军，动机非常明显，就是要切断驻扎在高阙北面的右贤王主力的后路，并且死死地缠住他，使他无法动身，不能对白羊和楼烦实施救援。而卫青和李息从两翼夹击形成一对铁钳，将他的脖颈狠狠掐住，而腾出优势兵力集中打击白羊和楼烦的小股匈奴守军，再回过头来把右贤王的主力彻底打残。

但是老迈年高且又重病缠身的军臣对刘彻的战略预谋丝毫没有察觉，依然按照固有的思路，把进攻的重心放在了汉朝的东北方。以军臣的思路，那个地方远离汉朝的政治中心，鞭长莫及且交通极为不便，一旦从这里打开缺口，进入汉朝平原地区如入无人之境，匈奴便可以为所欲为。待中原的援兵到时，匈奴早已平安退出。

还是那句话，理想很丰满，现实很骨感。还躺在王庭床上做梦的军臣从来没想到，刘彻早已把他算计到骨头里去了，他的后院现在已经被卫青堆满了木柴。

当卫青和李息不动声色地完成了对河南地的迂回包围后，驻留于此地的匈奴军队尚未集结成形。汉军趁这个机会，突然向白羊、楼烦发起了进攻。只第一次进攻就把匈奴给打蒙圈了，好多匈奴兵士甚至没等反应过来，就成了汉军第一波攻击的刀下之鬼。

第二波攻击已经没有了任何悬念，匈奴的士气早已在汉军发起第一波攻击的时候被扫荡殆尽，到了这个时候已经溃不成军，根本就组织不起战斗队形，只剩下挨劈逃跑或投降的份了。汉军的这一次伏击打得干净漂亮酣畅淋漓，无论是相互之间配合的默契程度，还是冲锋陷阵的勇猛决绝，都堪称汉匈战争中的最精准的一次，就像是严格按照围棋的竞赛规则，从起兵行军、迂回包围，到动手杀敌、战役结束，从下手之时就已经决定了汉军的胜利。

这是自刘邦立国以来，汉朝与匈奴之间大规模阵地战中获得的第一次胜利，此战是汉朝对匈奴战争中的一个里程碑，不仅瓦解了匈奴对长安所构成的威胁，更重要的是打掉了匈奴的锐气，增强了汉朝取胜的信心！

战役很快就进入了收尾阶段，汉军俘虏匈奴五千余人，收获大小牲畜百万余头，匈奴军民死伤已无法统计，白羊王和楼烦王趁乱向北仓皇逃窜，汉军宣布收复河南地。

河南地一战击溃匈奴获得大胜的消息传到长安，满朝皆动，从刘彻到大臣无不为之欢欣鼓舞，民众扬眉吐气，纷纷奔走相告，一扫压在心头近百年来逢匈奴必败、依靠和亲卑躬屈膝保平安的阴霾，个个热血澎湃，人人激情高涨，所有人都深信，大汉天威扬天下。由此年轻人争先恐后告别亲人奔赴边关，立志要痛杀匈奴立我国威，民间尚武精神从这个时候开始进入巅峰。

而还在王庭遥望东北方匈奴大军继续向南挺进的军臣，做梦都没想到，中原居然会明在东北方向抵御，暗里却千里奔袭到了河套，而且下手竟然如此凶狠，甫一出手就直接斩杀了他的右臂。

军臣震惊了，他不敢相信汉军能有如此强悍的战斗力，当战败成为事实摆在他面前的时候，他被气得暴跳如雷，接下来便是他的习惯性动作，毫无疑问就是要对汉朝进行疯狂的报复，他下令所有匈奴军队倾巢出动，继续向代郡、雁门和定襄进行更加猛烈的进攻，对汉人一律施行残暴的烧杀抢掠，同时狂啸地要右贤王不惜一切代价夺回河南地。

面对军臣的疯狂反扑，刘彻下令太行山以东所有郡县大规模征集人力、物力调往前线，同时放弃上谷的造阳（今河北怀来县附近），收缩防御，以确保河南地这一战略要地。

尽管右贤王率匈奴主力向河南地发起一次又一次猛烈的攻击，但都被守军一一击退，于是右贤王又采用了诱骗的方式，想尽所有的办法激怒汉军主动出击，但汉军不为所动。于是双方陷入僵持阶段。

由于军臣一意孤行，要与汉朝死磕到底，从而导致匈奴人口骤减，国力也随之出现大幅度滑坡，引发了内部的矛盾，已经消失在历史中的中行说之前的预言变为现实，匈奴内部分裂成为定局，以左谷蠡王伊稚斜为首的部分贵族开始质疑军臣的能力，对他进攻中原的决策出现消极情绪。为此，军臣悲愤交加，病情加重，于公元前126年冬病死，临死前指定太子於丹为单于。

一代战争狂人军臣单于在忧患之中死了，但是他的死不但没有缓解匈奴的内部矛盾，反而使矛盾进一步升级。就在於丹登上单于大位不久，他的叔叔伊稚斜突然自立为单于，带兵向於丹发起了攻击。

匈奴内部的自相残杀，给了汉朝一个绝好的机会。在顶住了匈奴的疯狂进攻以后，河南地慢慢趋于稳定，刘彻又开始琢磨另一个地方：阴山。

阴山，在河南地的北边，是一条由西向东的庞大山脉，横亘在平原与山地之间。这里山谷绵延，水草茂盛，是匈奴赖以生息繁衍之地，匈奴单于的王庭就在阴山之南，原本被匈奴占领的河南地是匈奴的天然屏障，而今曾经的屏障已被汉朝占领，阴山从此暴露在汉军攻击的范围之内。

几百年后的北朝时期，曾经有一首著名的民间歌谣，一直传诵到今天：

> 敕勒川，阴山下，
> 天似穹庐，笼盖四野。

　　　　　　　　　　　　　　　茶战3：东方树叶的起源

天苍苍，野茫茫，

风吹草低见牛羊。

寥寥几语，道出了阴山下的丰茂景色。

正当刘彻谋划夺取阴山的时候，忽闻匈奴内部刀枪相见，伊稚斜率兵对新单于於丹发动了进攻。无论人际关系还是个人实力，於丹都不是伊稚斜的对手，伊稚斜毕竟从小跟着老上单于南征北战，打汉朝，征月氏，可以说是匈奴的一大功臣。他的成就在匈奴当中有目共睹，不但拥有非常强悍的兵力，而且得到了大部分贵族的支持。早在军臣没死之前，他就已经开始觊觎单于的宝座，而军臣既死，已无人能与他抗衡，他必定要与於丹一争天下。

这是一场没有丝毫悬念的王位争夺战，虽然於丹有军臣的钦定，但是大多数贵族认为他不具备当单于的能力，就连当初公开支持他的老臣，也在其他人的蛊惑下态度发生了动摇，显然伊稚斜的支持者已经占据了上风。但於丹并不服气伊稚斜的挑战，决定先下手为强，率先向伊稚斜发难，试图以商讨国事的名义把伊稚斜招进王庭，然后再动手将其杀死。但是，他没想到，老奸巨猾的伊稚斜早就做好了准备，在於丹准备向他动手之前，他先主动来了。

来的可不是伊稚斜一个人，身后还跟着他的三千精锐骑兵，在王庭的门外摆出了作战队形。於丹见状仓皇迎战，双方交手不及一个回合，於丹即被伊稚斜打败。在单于位子上没坐几天的於丹，就这样被他的叔叔给打跑了，只带了几个随身护卫策马向南溃逃，连头也不回地冲出边界向汉朝投降。

刘彻不计前嫌热情地收留了於丹，并封他为涉安侯，但是仅仅过了几个月他就死在了长安。关于於丹的死，历史上有很多争议，很多人认为是刘彻在酒中下毒将他毒死的。也有人认为，他在和伊稚斜争夺王位的时候就已经负了伤，因没有及时处理伤口导致感染而死。但是无论怎么样，於丹已经死了，因为缺少当时的记载，所有历史留下的谜团都只能去猜测。

从此，伊稚斜坐上了大位。

伊稚斜从做了单于那一刻开始就下定决心，不但要夺回失去的河南地，而且要给南方帝国一点颜色看看，其实他的所谓"颜色"，不过与军臣同出一辙，就是大规模出兵进攻边界，对汉朝形成威胁。公元前125年夏，伊稚斜发兵三万攻破代郡和雁门，造成两地军民伤亡及被掳共计两千多人。

第二年，匈奴三万铁骑再次南犯中原，分别进攻代郡、定襄、上郡三地，汉朝数千军民惨遭杀戮。匈奴的疯狂残暴，并未激怒刘彻，而是让他冷静下来，对当下的局势进行分析。他心里很明白，匈奴之所以如此一而再地进犯，很明显的意图就是要汉朝把主力从西部河南地调出，加强东面和中间的防御，从而造成西部空虚，以便匈奴乘虚而入，重新夺回河南地。

纵观匈奴的进犯，以右贤王的表现最为疯狂，如果不打掉他的嚣张气焰，匈奴只会越来越狂妄。经过再三权衡，刘彻决定把反击的目标对准右贤王，再次委派卫青为统帅，率领十万汉军星夜出发，对右贤王发起突然袭击。

为了不引起匈奴人的警觉，卫青命李息和张次公出右北平，进攻左贤王的领地，对匈奴进行战略牵制，他本人则率主力直扑右贤王的大营。在这次出击的过程中，卫青的军队里多了一张尚带稚气的陌生面孔，这张面孔很普通，甚至还带有几分未成年的羞涩，让人不会觉得他身上具有活阎罗的气质，在十万之众的大军当中，像他这样的面孔很多，不会引起任何人的注意。然而，就是这张极为普通的脸，从这个时候开始，在未来的几年里，竟然成了匈奴的一场噩梦！

他就是霍去病。

他的身份比较特殊，卫青是他的舅舅，而汉武帝刘彻则是他的三姨夫，他的母亲就是卫少儿。十六年前，他的母亲在平阳侯府做侍女的时候，偶然认识了府中一个名不见经传的小衙役霍仲孺，十个月后诞生了这条小生命。他从小就没有见过自己的父亲，自始至终跟着母亲生长。卫青西征打败匈奴右贤王，收复了河南地，受到了所有人的瞩目，使民间尚武的热情不断高涨，年仅十六岁的霍去病也萌生了要跟着舅舅上战场的念头，此次攻打右贤王是他从军的首秀。

近一年多来，伊稚斜带领匈奴不断对汉地进行疯狂的杀戮抢掠，右贤王是其中表现最抢眼的一个。由于连连得手，他抢掠的财产特别多，因此他就自以为是天下第一了，更不把汉朝放在眼里，曾经口出狂言："南人奈我如何？"王庭距离汉地有七百里之遥，只要汉军一动，右贤王就会做好准备，何况气候不佳，不是用兵的季节，汉军不可能在这个时候深入匈奴境内发动攻击。

他太想当然了。殊不知，灭顶之灾正在一步一步地逼近。半夜时分，正当他还在做美梦的时候，突然听到外面传来了震天的杀声，周围的帐篷火光四起，汉军已经突破了他所谓的第一防线，杀到了他的身边。

气势如虹的汉军在卫青的指挥下，轻松地突破了形同虚设的匈奴防线，潮水般地冲进了匈奴大营，溃败的匈奴在慌乱中四散奔逃，因为个个都想赶快逃命，所以都拥挤在一起，自相踩踏，那些上了年纪的人被后面的人推倒，即刻就被活活踩死。

右贤王当即就被这突如其来的一幕吓傻了，目瞪口呆地望着外面的惨状，所做出的第一个反应就是赶快逃跑！他带着宠爱的一个阏氏，在数百名精锐护兵的掩护下，趁乱冲出了汉军的包围。

右贤王逃跑，匈奴群龙无首就乱了套，象征性地做了几下反抗后，就向汉军缴械投降。汉军的这一战算是彻底废了右贤王，匈奴兵士死伤不在统计范围之内，仅俘虏就一万五千余人，其中包括右贤王手下的裨王十名，缴获牛羊牲畜达数百万头之多，至于各类兵刃财物已堆积成山。

此战中霍去病虽然亦有上佳表现，在匈奴军中冲锋陷阵，但是并不突出，由于缺少实战经验，右贤王等人从他的阵地前逃走。

真正使追风少年霍去病扬名天下的，则是另一场战役。

阴山一战大获全胜，并没有让三十二岁的刘彻迷失自己，反而增加了他不少忧虑。一方面是由于匈奴的不断破坏，边关地区人口与财产损失非常严重。为了抗击匈奴，在连续几年的征战中，国内经济出现了严重下滑，尤其是军马的损失需求比例严重失调，优良战马损失高达十万匹，因为战争而从内地调往战场的兵器、铠甲、弓箭、粮草等战争必需品花费巨大，"文景之治"的红利已经基本消耗殆尽。另一方面是匈奴。虽然汉军在卫青的统率下，一举把右贤王彻底打废，但是这样的胜利并不牢固。如果不能进一步对匈奴实施更加有效的打击，那么按照匈奴人的思维，伊稚斜必然会采取更加疯狂的方式实施报复，而且一旦在开阔地带打起来，汉朝必将处于被动，那么打下的江山还得再被匈奴夺回去，而如果汉朝想再继续扩大战果，必然会把汉朝的经济彻底拖垮。

这是必须面临的一个现实问题！

就像刘彻所分析的一样，阴山的失败，让伊稚斜确实疯了，毕竟他的单于大位是从侄子手里抢过来的，过去曾经怀疑他哥哥军臣的水平，如今贵族们也开始质疑他的能力了。军臣的水平再低，丢的只是河南地，而今在他手上却丢了最重要的阴山，汉军一旦发起进攻，没有任何屏障的王庭就像秃子头上的虱子，清清楚楚地摆在被打击的视

茶战3：东方树叶的起源

界中。

公元前 123 年，卫青再度出征，从定襄出发，跨过边界，这次的目标是匈奴的王庭！

刘彻对卫青就是这么交代的，而卫青也确实是这样做的，但是剑指王庭仅仅是这个计划中非常小的一个组成部分，而且只是霍去病一个人带了区区八百人就轻轻松松地将其搞定。因为针对匈奴的这场战役的真正目的，并不在这里，更大的计划在另一个方向。

有很多人以为卫青完全是依靠他姐姐卫子夫的裙带关系而一步登天的，事实上卫子夫确实起到了改变卫青及卫氏家族命运的作用，但刘彻之所以如此信任卫青，最重要的还是卫青对刘彻每一步战略的理解和执行都非常到位。

卫青发兵向匈奴境内进发，伊稚斜听到汉军进攻的消息后，立刻带了匈奴五万主力前来迎战。两军相遇，必是一场恶战。卫青一如既往地冲在最前面，三万士兵紧随其后冲向了匈奴。这一战双方杀得昏天黑地，刀光剑影，战马狂嘶，顷刻之间，吼叫与哀号在天际之间游荡，如划破乌云的雷电，浓重的血腥弥散在绿色草原，原本死寂的荒野变为喧闹的废墟。屠刀闪着寒冷的光在风中绽开，倒下的残躯狰狞可怖，垂死的战马发出浓重的气息让人窒息，随着刀剑相碰的叮当声响，阵前的对决异常惨烈，卫青和伊稚斜脸上流露出严峻的表情，说明这场大战双方都志在必得，而战场上已是血流成河。

在来来回回的厮杀中，汉军已经占了上风，在卫青的指挥下，当场斩杀匈奴三千多人，而汉军亦损失近千。眼看自己一方吃了亏的伊稚斜，挥兵直指卫青的中军，命令主力全部把目标对准卫青，只要把他拿下，匈奴便不战而胜。

但卫青显得非常果敢和冷静，在战斗打到白热化时，因前半场消耗体能过大，汉军的战斗力已出现明显的下降，且在上方的兵力上汉军并不占优势。于是卫青果断命令收兵，汉军再度退守定襄，发挥城堡要塞的作用。卫青的用意很明显，以静制动，用己方体能状态得到恢复之兵对抗匈奴疲劳之师，以防守为主，重点在于休整，选择时机进行反攻。

但是就在这个时候，前方传来消息，牵制左贤王的汉军前军大将赵信和右军大将苏建已被匈奴分割，遭到前后夹击，形势非常危险。而原本就是从匈奴投降过来的赵信再次临阵投降，孤掌难鸣的苏建无疑如雪上加霜，与此同时，在定襄城外对卫青连日围攻不见效果的伊稚斜掉转马头，欲对苏建实施绞杀。

这是伊稚斜做出的一连串错误决策中最为致命的一个，如果说，他能耐住性子，对卫青继续进行骚扰围攻牵制，那么以左贤王的强大兵力必定会将苏建的人马剪成碎片，从而将其消灭。卫青也只能眼睁睁地看着苏建之旅全军覆没而束手无策，但是伊稚斜竟然主动撤出了战场，转身去增援左贤王，这给了得到休整的卫青一个千载难逢的大好时机。

卫青知道自己的机会来了，如果这个时候还不出击打退左贤王的军队，将错失这一天赐良机。因为他很清楚，能否战胜左贤王，砍掉匈奴的左臂是决定这场战役胜利的关键，而当下的形势是苏建已危在旦夕，如果不在这个时候对右军实施营救，那么汉军的损失将非常严重，即使最后获胜，也只是一个自我安慰。

卫青当即下令，准备出击！

他的进攻方式是，用大部分人马打着自己的帅旗，死死咬住伊稚斜的主力，而自己只带八百精骑增援苏建，另拨八百骠骑交给霍去病，长途奔袭已经空虚的匈奴大本营——王庭。

三队人马各司其职，与匈奴展开了激烈厮杀。左贤王尚未察觉他的灾难，还在乐观地认为，全歼汉朝右军已成定局，胜利只是个时间问题。而汉将苏建却充满悲观，经连日鏖战汉军消耗很大，且军内损失严重，兵士死伤已高达三千，如果得不到及时救援，必定全军覆没。

但是，无论乐观的也好，悲观的也罢，都没想到这个时候会有一队汉军从天而降，卫青身先士卒，第一个杀进了匈奴大军，紧随其后的则是八百骑精锐，抡起刀剑劈天砍地，毫无防备的匈奴人顿时血崩如雨，人头遍地。而被围困在里面的苏建，一见匈奴大乱，自知援军已到，立刻整理队伍，带队从里面向外冲杀。

刚才还在做着胜利大梦的左贤王，压根就不曾想到，被伊稚斜压制在定襄城的卫青，竟然能长翅膀飞过来，而且他不知道卫青所带的援军到底有多少人，底气全失，节节败退，全线溃逃。从此，匈奴的左臂又被汉朝给生生地掰断。

卫青同苏建并没有休息，快速清点战场后，立即折向伊稚斜，要前后夹击彻底消灭匈奴主力。而正在定襄城外被汉军死死缠住的伊稚斜，闻听左贤王兵败溃逃，又见卫青折返参战，知道赢得这场决战的可能性已经没有了，只能扔下上万具匈奴兵士的尸体和九千多个被汉军抓去的俘虏，落寞地撤出战场。

但是这并没有结束。

两天后，在回撤路上的伊稚斜突然听到一个足以令他绝望到悲恸号哭的噩耗，匈奴的王庭被汉军给端了！留守在王庭的两千三百人中，除了相国当户等几个贵族被掳走外，其余的人，无论妇孺老幼无一例外都被汉军绑在了王庭的前广场上杀掉！其中包括伊稚斜的外祖父行籍若侯产及其他王亲，他的姑父罗姑比则被抓走，整个王庭被洗劫一空后一把火烧毁！

伊稚斜惊愕地看着前来报信的人，过了很久，才歇斯底里地大声吼叫："这是谁干的？"

霍去病！

霍去病？显然这是一个陌生的名字，但伊稚斜已经永远地记住了。不过这个时候他记下的仅仅是一个名字，而未来深刻在他灵魂深处的，却是这个名字的实体。

仗打败了，兵士严重损失，大小牲畜几乎全部被抢，甚至就连老巢王庭也被一把火烧了个干净。两千多年后的今天，当我重新复述伊稚斜这悲惨的一刻时，能清晰感受到伊稚斜当年的绝望。在他之前，头曼、冒顿、老上、军臣，这些早已远去的单于，有谁的命运比他更惨？

"明犯强汉者，虽远必诛！"

这句让中华儿女热血澎湃了两千多年的尚武名言，虽然出自汉元帝刘奭时代名将陈汤之口，但用在霍去病身上恰好合适！

失败了的伊稚斜只能怀着满腔悲怆外走漠北，他这样做的原因有两个：一是王庭已经回不去了，他要学习他的爷爷冒顿，去漠北疗伤，养精蓄锐以备再战；二是希望卫青能对他继续尾随打击，这样他就有机会组织有效兵力，一举将汉军彻底消灭，一雪烧毁王庭之辱。

他太小看刘彻和卫青的智慧了，刘彻的战略重心并不在这里，而是在河西地。张骞从西域回来以后，把西域的整个环境、地形地貌和当地风俗以及战略位置向刘彻做了一个完整的汇报。他向刘彻建议，一定要经营西域，和西域诸国搞好关系，因为那里不仅"广地万里"，更有天马、奇物，最重要的是，可以与西域诸国联手，一起斩断匈奴的右臂。如果要打通这条通道，那么收复河西地将是关键。

张骞所说的河西地，地处今天甘肃省张掖、酒泉和武威地区，因位于黄河以西，史称河西地，其地斜处祁连山与北部山系之间，东南起自乌鞘岭，西北止于疏勒河下游，宽仅数里至一二百里，长两千余里，自然形成一条狭长的天然走廊，故又称河西走廊，是中原地区通往西域的咽喉要道。虽然这里属于西北的干旱区，但石羊河、弱水、疏勒河流域则分布着较大的冲积平原，土壤肥沃，水草丰美，宜农宜牧。祁连山终年积雪，春夏消融，引以灌溉，产生了这一历史上以殷富著称的农业区。

河西地之前是月氏的生存故地，匈奴分别于公元前205年和公元前174年两次对月氏进行攻击，迫使月氏向西迁徙至伊犁河流域，此地便成为右贤王的世袭封地。到了汉武帝时代，因右贤王被卫青打残，河西地被匈奴的浑邪王和休屠王分治，浑邪王占河西的西部，即今天的甘肃省酒泉一带，休屠王据河西的东部，也就是今武威地区。匈奴所控制的河西地，往西可控制西域诸国，往南能管制西羌诸部，且距离汉境非常近。从长远的战略上考虑，如果不将此地收复，不仅是河南地的大患，更是出入西域的羁绊。

刘彻之所以要让卫青在漠南地区打击伊稚斜，其战略意图就是为了西部。漠南一战，基本上已经把匈奴打残，伊稚斜远退漠北，汉朝渔阳、代郡、雁门、云中等要塞的防守压力骤减，达到了刘彻的预期目的，接下来要做的，就是腾出精力考虑河西地的问题。

公元前121年3月，刘彻封年仅十九岁的霍去病为骠骑将军，命他率军一万人，目标直指河西。对于刘彻的这一任命，很多人都有所担心，虽然霍去病是刘彻的姨侄，可毕竟过于年轻，能否担此重任有颇多人怀疑。

霍去病从长安起兵，沿渭水河谷一直向西挺进。经今天的兰州一带渡过黄河，之后出陇西郡，过乌鞘岭，涉狐奴河（今石羊大河），转战六天，先把天水、陇西一带外围的匈奴消灭，再率大军翻焉支山（今甘肃山丹县境内），转向西北长途奔袭千里，直扑河西地匈奴的主力。

虽然外围已被霍去病清理干净，但是仍有小股匈奴人漏网报告了浑邪王和休屠王。 正当霍去病全力向浑邪王发起进攻的时候，恰好与接到报告后前来迎战的浑邪王和休屠王率领的匈奴大军遭遇。 两军相遇，势均力敌，一场恶战就此拉开帷幕。

在这一战中，霍去病淋漓尽致地展现出一个战神的军事才华，沉着冷静的战术思想和冷峻勇武的战斗精神，与他的实际年龄形成极大的差距。 霍去病的横空出世，让天下为之侧目，令敌人感到惊恐，更让匈奴切身体会到了什么叫闻风丧胆！

在霍去病之前，汉匈之间发生的战役中，除了卫青采用偷袭战术取得了胜利以外，在所有的阵地战中汉军几乎没有胜绩。 然而这一次，霍去病却要与浑邪王面对面地进行一场厮杀。

战场上的惨烈过程就不再做详细介绍了，只说结果吧。 此战结束，匈奴败得异常狼狈，死伤八千九百多人，汉军斩匈奴折兰王和卢侯王，擒获浑邪王子、相国和都尉等匈奴贵族近百人，同时缴获了休屠王之宝祭天金人。 而匈奴浑邪王和休屠王的军队七成被汉军歼灭，遭到了前所未有的毁灭性打击，汉军大获全胜，霍去病班师回朝。 但是，战事没有就此结束。

四个月后，霍去病卷土重来。

　　　　　　　　　　　　　　　茶战3：东方树叶的起源

第三章

笑谈渴饮
匈奴血

汉代，是中国茶文化的萌芽期，饮茶的主体为贵族和士人，他们将饮茶看作一种精神享受，同时也是与普通百姓区别的一个标志。在之后的很长一段时间中，茶叶就像今天的奢侈品一样，始终都是高端阶层的一个生活追求，甚至作为当时游牧民族统治阶级的极重要的战略物资，其价值与货币相同。

—— 茶人　尹崇亮

封狼居胥

公元前 121 年夏。

按照以往的规律，夏天不是开战的季节，但是这一次汉朝打破了夏季无战事的惯例，分别派出霍去病和公孙敖各率兵两万，要彻底把匈奴消灭。同时，为了牵制伊稚斜对西部战场的增援，再派飞将军李广和博望侯张骞（没错，就是出使西域的那个张骞）兵分两路从右北平出发，对伊稚斜的太子、左贤王乌维进行包抄攻击。

这个布局明眼人一看就非常清楚，无论是卫青还是霍去病，在前面对匈奴的所有战事中，虽然取得了胜利，但是并没有让伊稚斜伤筋动骨，尽管已经被卫青打回了漠北，可他的主力还在，不能让他有喘息的机会。所以汉武帝刘彻是铁了心要让匈奴分筋动骨，使其今后对中原王朝再也不能构成任何威胁。

可他派出张骞又是为什么？

史料中对此虽然没有明确说明，但是据综合分析，刘彻出兵河西地，结盟西域诸国都是他出的主意，对带兵打仗以及战略战术他都说得头头是道，很像那么回事，所以刘彻想看看张骞到底是个什么水平。

先说西路大军吧。按计划部署，霍去病领右路军从北地（今甘肃省宁县西北）进军，公孙敖率左路军由陇西临洮（今甘肃省岷县西北）

茶战 3：东方树叶的起源

出发，两路大军确定在祁连山会师，然后形成一把铁钳，狠狠地掐住匈奴的脖颈，随后将其消灭。

霍去病率军从北地出发后，行军到灵武（今宁夏银川市西北）渡过黄河，之后翻越贺兰山，来到今天的张掖。由于长途跋涉连续行军，队伍出现了懈怠情绪，为了鼓舞士气，霍去病在城下举行别开生面的阅兵式，随后再挺进两千里终于到达约定的祁连山一带，但是他在这里左等右等，始终都没见到公孙敖左路大军的影子。直到事后才知道，公孙敖居然在茫茫大漠中迷了路。

眼看时间已经过去了几天，心急火燎的霍去病自知战机不可贻误，如果再这样无谓地等下去，一旦被匈奴获取了情报而有所准备，这场战役无疑等于宣告失败。所以，他不能再继续等下去，而眼前只有一条路，破釜沉舟，独自向匈奴进攻，与匈奴决一死战。

匈奴浑邪部和休屠部，原本并非匈奴的正根，源自义渠，是战国时期秦国北部的"西戎八国"之一。后来秦国将义渠国灭掉，一部分人融入了秦国，另一部分则向北迁徙，最终由半农耕半游牧民族退化为游牧民族，在冒顿时代被匈奴征服，最终成为匈奴的旁支，所以浑邪王和休屠王的战力远不如匈奴彪悍凶猛。

事实证明，他的这一决策非常正确。当他发起进攻时，匈奴对他的行踪毫无察觉，汉军仅仅用了不到半天的时间就获得了赫赫战果，大破匈奴老巢，阵斩匈奴大军三万多人，生擒匈奴单桓王、脩濮王、酋涂王、稽且王等，各种王公贵族加在一起总共一百多人，还有都尉相国率众投降的两千五百多人，外加战马牲畜多达百万。

西路军大获全胜，而东路战场可就惨喽。

李广率四千前军出右北平前往会师地点接应张骞，却没想到，走出大约四五百里路后，不幸与左贤王乌维的四万主力遭遇。双方当即摆开了阵势，但是匈奴依仗人多，逐渐形成了包围圈，把李广的军队全部围在中央，意图把他们全部消灭。

历史上对李广有很多评价，无一例外感叹他虽然具有很高的军事天赋，却因为不是个幸运的将军，致使命运备受蹉跎。明朝李东阳写下一首诗，感叹李广一生多舛的时运：

匈奴七十战，

战战不得当。

一当遂失道，

愤激摧肝肠。

君恩念数奇，

将令抑不扬。

白头耻下狱，

饮泣横干将。

李广遭到了匈奴的包围，危在旦夕，虽然他的小儿子李敢主动请缨，带领几个敢死的汉军冲进匈奴的包围圈，对匈奴兵士一顿左劈右砍，口中高呼："胡虏易与耳！"以此鼓舞汉军士气，但毕竟匈奴有数万之众，仅靠他个人之猛收效甚微。而且谁都明白，照此下去，如果没有援军，李广所率的四千多人必被匈奴全部歼灭。

形势已经到了万分危急的时刻，李广只有听天由命，盼望援军赶快出现。但是张骞呢？说好的会师呢？

不靠谱的张骞竟然和西部战场上的公孙敖一样，迷路了！同样都是迷路，但是这二者之间却有着天壤之别。虽然公孙敖走迷了路，但是霍去病手里有一万多人，而且与匈奴打的是破袭战；可李广仅有四千人，与匈奴主力打的是遭遇战，汉军主力都在张骞那边。

这路迷的，太不靠谱！

张骞到底只是个文人，估计他把战争想得太简单了，或者仅仅是站在文人的层面上来理解战争，疏忽了战争过程中随时都有可能发生并且能够决定胜败的细节。司马迁在写《廉颇蔺相如列传》的时候，创造了"纸上谈兵"这个成语，不知道是不是在借用战国时期的赵括来影射已贵为博望侯的张骞呢？就太史公和李广的关系以及他后来力排众议当堂为李广的孙子李陵求情，并遭到宫刑处罚这一情节来看，这种可能性非常大。

匈奴连续几次向汉军发起凶悍的进攻，李广临阵不乱，稳健地指挥手下与数倍于己的敌人展开了肉搏，双方士兵在阵前一排一排地倒下，后面的立刻又补充到前面，继续向对方砍杀，直杀得残肢遍地，血流成河，极为惨烈。

战役一直持续到日暮，因汉军的勇猛抵抗，再加上李广使用大黄连弩射杀了对方几员大将，致匈奴胆怯畏战，不敢继续进攻。此时，双方的伤亡都非常惨重，汉军用阵亡的匈奴尸体当掩体，向匈奴军中施射弩箭，但见空中箭如雨下，带着嗖嗖的风声射到敌人阵地，匈奴不得不退后五十步。而李广则利用这个机会，制订了夜间突围的计划。但是被匈奴察觉，进一步把包围圈缩紧。

人疲马乏的汉军虽然顶住了匈奴的强悍进攻，但是李广心里很明白，即使汉军表现得再英勇顽强也坚持不了多久，看着身边越来越少的士兵，他只能做出最坏的打算。到了第二天，匈奴调整了战术，用正面进攻吸引了汉军的注意力，主力则从防守薄弱的侧翼再次发起猛烈的攻击。当满脸是血的李广突然发现敌人已经冲进阵地时，为时已晚。就在这千钧一发之际，张骞率领的汉军主力终于赶到。而李广的战斗力已经消耗到了极限，四千多人的队伍只剩下不到两百人，再稍有耽搁就会全军覆没。

无论怎么说，张骞毕竟还是来了，而且是在李广危难之际把他从死亡的边缘给拉了回来。但是，由于他的失误导致这场战役打得如此惨烈。刘彻在两军回朝后，也做出了公正的处理：因李广在与匈奴所发生的遭遇战中作战英勇，以少打多且使敌人遭到五千多人的伤亡，狠挫了匈奴的士气，但自己损失严重，因而功过相抵不予追究，大获全胜的霍去病受到奖赏，而贻误战机的公孙敖和张骞，被取消官阶贬为平民。

匈奴在军臣手里失去了河南地，又在伊稚斜手里丢掉了河西地，不得不退回到祁连山、焉支山以北，匈奴人哀怨地歌道："亡我祁连山，使我六畜不藩息；失我焉支山，使我妇女无颜色。"如此悲唱，使得伊稚斜怒火中烧，尤其是河西地丢在他的手里，更是如鲠在喉，他便打着招浑邪王和休屠王前往王庭共商大事的名义，借机要杀掉浑邪王和休屠王。

两王闻听这个消息，知道自己一旦去了漠北，脖颈上的脑袋就不一定是自己的了。于是，两人经过一番密谋后，决定先杀了前来通报的匈奴官员，然后再各自率众向汉朝投降。

可投降也并不是一帆风顺，为了这次受降，刘彻专门派出了霍去病前往迎接，准备了两万辆的车队，以最隆重的规格欢迎二王。欢迎仪式搞得如此庞大，其实包含着两层含义，首先是显示出中原王朝的诚意，表达对二王降汉的重视程度；其次是担心二王诈降，万一趁乱发起攻击，会给汉朝造成很大的损失，所以派出的这两万辆的车队，是由霍去病麾下的两万名士兵组成，听候命令，准备随时发起进攻。仅此一点，就充分说明刘彻的政治智慧。

刘彻的担心并不是没有道理，就在受降的过程中，就有不少匈奴部众纷纷逃走，他们从心理上不接受向汉朝投降，浑邪王劝阻无效，只好动武。仅抵制投降当场被杀的匈奴人就有八千多，甚至连休屠王也加入了反投降队伍，最终被浑邪王杀死，并把他的首级献给了霍去病。

最终，共有四万多匈奴人归顺了汉朝，而刘彻也兑现了自己的承诺，封浑邪王为漯阴侯，手下的四个小王也被封为列侯，封地在今天的河南安阳一带，而所有投降的匈奴人均被安置在陇西、北地、上郡、朔方、云中等五郡，史称五属国，最后都融入了汉人的行列中。

连续丢失了河南、河西两地，加上浑邪王向汉朝投降，这么惨痛的损失，对于伊稚斜来说无疑如五雷轰顶，令他痛不欲生。那可是匈奴的祖地，秦朝时被蒙恬夺走，是他爷爷冒顿费尽心思南征北战才从汉人手里抢回来的，如今却在他手里丢了，伊稚斜对汉朝、对刘彻、对卫青霍去病的仇恨该有多深？

站在汉朝的角度上来说，匈奴虽然经过一连串的打击后已退守到了漠北，可双方的心里都很清楚，汉朝并没有真正触及匈奴主力。而远遁漠北的伊稚斜不过是在休养生息积蓄力量，他必定不会善罢甘休，肯定还会再度进犯中原，只不过还不知道他袭击的具体时间，所以刘彻在经常遭到袭击的渔阳和雁门两地设下伏兵，等候匈奴的到来。

刘彻分析得非常准确，伊稚斜果然来了。经过一段时间的精心准备，伊稚斜亲自带领五万匈奴大军，于公元前120年春夏交替之季，气势汹汹地大举进犯汉地，但是这次他却没有去打渔阳和雁门，而是进攻了防守力量薄弱的右北平和定襄并得手，残暴地杀害了数千汉朝军民，劫掠了大量财物后，扬长而去！

消息传到长安，刘彻当即震怒，匈奴的嚣张气焰已经到了极点，到了彻底解决匈奴的时候了。

虽然汉朝相继收复了河南、河西两地，伊稚斜率匈奴后撤至漠北，但这些表面现象并不能代表汉朝已经战胜了匈奴，李广、张骞的失败可以证明，匈奴的实力依然不容小觑，战斗力还是非常强悍，对汉朝构成的威胁并没有结束。依靠霍去病这样的猛将通过长途奔袭对匈奴实施精确打击，固然是一个行之有效的战术方针，但并不能从根本上解决问题，毕竟路途遥远且劳民伤财。如何使汉朝彻底消除匈奴的威胁，必须有一个一劳永逸的万全之策。在这个前提下，刘彻急需调整战略思想，与别国联手，共同对匈奴进行打击。

他想起了张骞。

与李广一起攻打匈奴的战役失败后，张骞被汉武帝削职为民，在家赋闲了两年。说是两年，其实还必须经常到未央宫坐班，因为刘彻随时会有一些关于西域的问题咨询他。刘彻就像聊天一样，多次询问西域诸国的一些问题，张骞向刘彻详细介绍了从乌孙到大夏的见闻，尤其讲到了大宛国有一种宝马，引起了刘彻的极大兴趣。张骞说的这种马，名叫"汗血马"，汗似鲜血，飞奔如风，为天下罕见。

从这个话题开始，君臣二人逐渐谈到了主题。因月氏已经明确表示对联合抗击匈奴不感兴趣，张骞就把希望放在了表面上与匈奴关系密切的乌孙身上，同时也再一次提出自己的建议，因乌孙人最早居住在河西走廊一带，如果让他们东返，重新回到敦煌一带，双方就可以联手对抗匈奴，以切断匈奴的右臂。

刘彻决定派张骞再次出使西域，同时命卫青、霍去病等武将制订一套有效的作战方案，全力准备向匈奴开战，争取将其彻底歼灭。

由于熟悉汉军情况的原汉将赵信在漠南战役中投降匈奴，无形当中给汉军攻击匈奴带来了很大的难度，毕竟他对汉军的作战思路和战术部署都非常清楚，所以武将们在制订作战方案时颇费了一番周折。最后决定，远征漠北，要趁匈奴紧绷的神经放松下来的时候进行出击，集中优势兵力，把匈奴彻底打垮。

公元前119年春，在送走再次出使西域的张骞后，刘彻命卫青、霍去病各率五万大军，带着一战消灭匈奴的艰巨使命，分左右两路向北挺进，分别从定襄和代郡出发，目标直指漠北！

卫青率军从定襄出发向北行军千里后，与伊稚斜的主力遭遇。已经获得汉军出征情报的伊稚斜，听从了赵信的意见，专门在这里迎候汉军，信心满满地要把汉军消灭。身经百战的卫青见状并不慌乱，为防止匈奴的骑兵突然攻击，指挥士兵以武刚车（兵车的一种）环绕为营，令大将李广、赵食其率部向东对匈奴实施夹击，自己则亲率五千骑兵冲入敌阵，与匈奴展开了一场殊死搏斗。而志在必得的伊稚斜也当即派出一万精兵迎战，两军交手，厮杀震天。

这场惊天动地的战斗一直打到黄昏，没有分出胜负。伊稚斜认为，汉军长途跋涉势必人劳马乏，而自己则是以逸待劳，兵士们个个精神抖擞，况且在匈奴本土作战，已经占据了天时地利，一旦把战事拖延下去，必定会以己之多战胜汉军之少，待到汉军疲劳至极，再出动全部人马将其全部消灭。

但是他却忘记了一个问题：天气！

正当两军鏖战正酣，天气骤变，狂风卷起沙砾黄土铺天盖地而来，对阵双方只能听到各自的呼喊声却相互看不见对方。卫青下令继续向匈奴发起进攻，同时再派出两队人马分别从左右两侧对敌人展开进攻。

因为天气变化得过于突然，伊稚斜没有做好心理准备，再加上汉军从左右中三路杀过来，冲散了匈奴的战斗队形。伊稚斜再抬头时，发现自己已经被汉军包围，吓得他赶快带着三百精骑拼了命地从西北方向突围，丢下还在与汉军激战的匈奴兵士，马不停蹄地向西奔逃。

由于风沙过大，能见度极低，汉军没有发现伊稚斜已经逃脱，继续与匈奴展开猛烈厮杀。而匈奴身处逆风风向，进攻步伐非常缓慢，再加上闻听伊稚斜已经逃跑，逐渐地乱了阵脚。直到这时，卫青才从俘虏的嘴里得到伊稚斜已经仓皇逃走的消息，亲自出马与大将遂成一起率军追赶，务必要生擒活捉伊稚斜。卫青根据伊稚斜逃跑的路线，向西北方向追赶，却没想到狡猾的伊稚斜却是自西北向西逃窜，而汉军追错了方向，一路追出了两百多里也没见到伊稚斜的影子，只好收兵返回。

第二天天亮后，汉军已斩杀匈奴近两万，由于没有找到伊稚斜，卫青决定继续向北挺进，攻克了燕然山（今蒙古国中部杭爱山）南麓伊稚斜专门为叛将赵信所设的赵信城，缴获了匈奴大批辎重粮草，除将一部分运回汉朝外，其余不便携带的物品全部烧掉。

然而，此战李广和赵食其也犯了前面张骞所犯下的错误，由于突如其来的大风，他二人在大漠中迷失了方向，待找到卫青的时候，战役已经结束。卫青斥责二人贻误了战机，失去了包抄的意义，导致包括伊稚斜在内的大批匈奴人逃跑，从而错过了彻底消灭匈奴的大好时机。

李广闻言，羞愧难当，当场拔剑自刎。一代名将就此陨灭，虽然死得颇为悲壮，却仍然没有脱离运气的作弄！

而伊稚斜从西北向西冲出汉军的重围后，发现身后有汉军的追赶，便借着对大漠地形的熟悉，与追击的汉军玩起了躲猫猫，东躲西藏地过了十几天，与匈奴部众失去了联系，匈奴各部误以为其已经战死，一片混乱。在这种情况下，为稳定匈奴的情绪，右谷蠡王自立为单于，统领部众。十几天后，伊稚斜回归，右谷蠡王取消单于称号，让位给伊稚斜。

就在伊稚斜回归重新收拾残部的时候，再度传来一个更加不幸的消息，左贤王已经全军覆没，仅其本人在几个护卫的拼死包围下，侥幸逃生！伊稚斜气得当场吐了一口鲜血！

那是霍去病。

霍去病从代郡出发后，为了实现快速出击的目的，全部人马轻装上阵，甚至连粮草都不带，一天时间赶到兴城（今内蒙古多伦附近）吃饭，之后继续向北挺进两千里，与匈奴左贤王相遇，一场恶战就此打响。

这里用了"恶战",实在是对左贤王的恭维,其实战斗并没有进行多久,饥肠辘辘的汉军只有一个目的,赶快打赢这场战斗,吃上一顿饱饭。匈奴对霍去病早就有所耳闻,用"闻风丧胆"来形容毫不过分,所以战事并没有持续多久,左贤王见识了霍去病的勇猛凶悍,不敢恋战,在随身的护卫拼死保护下,仓皇逃窜。

霍去病哪里能放过他,下令赵破奴率军全力追赶。汉军一路穷追不舍,翻越离侯山,强渡弓阆河,翻山涉水一直追到狼居胥山(今肯特山,蒙古国首都乌兰巴托东),最终左贤王还是逃掉了。

漠北之战大获全胜,霍去病在狼居胥山举行大型祭天封礼,之后又在姑衍山(狼居胥北)举行祭地禅礼,兵锋直至瀚海(今俄罗斯贝加尔湖)后班师。此战以后,漠南的匈奴被荡涤殆尽,伊稚斜深居漠北,致"匈奴远遁,而漠南无王庭"。而封狼居胥,禅于姑衍,登临瀚海,是霍去病漠北之战胜利后的三大盛事,广为历史所称颂。

由于左贤王临阵逃脱,匈奴立刻陷入群龙无首的混乱状态,面对作战勇猛的汉军,也都无心恋战,在汉军的步步紧逼下,匈奴逃跑无门,贵族们只能携带部众向汉军投降。

因路途遥远,押解俘虏多有不便,而且易发生不测事件。霍去病下令,除匈奴王族外,凡俘获的裨王、相国、将军、都尉等贵族全部杀掉,免有后患。汉军此战中斩北车耆王、擒屯头王、活捉韩王,手刃将军、相国、当户、都尉八十三人,斩杀匈奴七万零四百余人,匈奴左贤王部除极少数逃脱外,其余百分之九十的力量被消灭。

漠北一战使匈奴遭遇了灭顶之灾。尽管伊稚斜重整匈奴,远遁漠北疗伤,试图休养生息以备再战,但是匈奴原本只有几十万人口,仅漠北一战就战死了十几万,还有大批漠南原住民纷纷向汉朝投降,所以,再兴匈奴只是一句空话。这种情况迫使伊稚斜听信赵信的话,采用缓兵之计,派出使者到长安,当面向汉武帝要求停战求和。

刘彻的回答很干脆，求和可以，但是匈奴必须投降，向汉朝称臣，否则汉朝不会轻易与你谈和，而是将继续追击。其实这话刘彻回答得并没有多少底气，因为他很清楚，战争已经到了打不起的地步，毕竟国库空虚，沉重的战争税赋都被强行转嫁到了老百姓身上，致使所有人都怨声载道。虽然桑弘羊先后推行了算缗、告缗、盐铁官营、均输、平准、币制改革、酒榷等经济政策，却仍然负担不了汉军远征匈奴所产生的庞大军费开支。不过作为战胜者，面对匈奴的求和，他也只能摆出高傲的姿态，嘴不由心地说一些"不服再打"之类的空话。

而霍去病也因此战到达人生的巅峰。

两年后，即公元前117年，霍去病英年早逝，虚年仅二十四岁。国家栋梁轰然倒塌，汉武帝悲痛欲绝，专门调来铁甲军，列阵沿长安一直排到茂陵东的霍去病墓。他还下令将霍去病的坟墓修成祁连山的模样，彰显他力克匈奴的奇功。

"直曲塞，广河南，破祁连，通西国，靡北胡。"这就是霍去病的一生。关于他的死，史料中除了西汉经学家褚少孙在修订《史记》时补记了霍光的一段话提到了霍去病的死以外，包括《汉书》在内均没见有任何记载。

关于霍去病的死因，历史上有很多争执，大部分学者都倾向于因两千多年前的医疗水平有限，数次领兵出征的劳累和长时间处于艰苦的环境，对霍去病的身体造成不可治愈的伤病。而另一个观点则认为，霍去病死于匈奴使用的"细菌战"。此计由汉人败类中行说发明，具体方法是兵败之后在水源附近投下动物及人的尸体，"追兵饮用，必染瘟疾，轻则腹泻，重则致命"。有足够的历史证据证明，左贤王在逃跑的过程中，不停地下令，让手下将沿途战死的匈奴尸体扔进水源中，汉军在弓闾河停顿吃饭时，饮用了河中之水，致"多人腹绞，狂泻不止"，霍去病极有可能也饮用了被污染的河水而埋下了病根。至于第三种说法就有些迷信了，说霍去病从出道到病逝，在短短的七八年征战中杀人如麻，仅漠北一战就下令诛杀七万余匈奴，因而阳寿折损。

但无论怎么说，一代战神就此谢幕。两千多年来，前往茂陵拜谒战神的人络绎不绝。在关中腹地、泾渭之交的咸阳原，埋葬着中华的图腾，一组巨大的花岗岩"马踏匈奴"雕塑，高度地概括了霍去病戎马征战的丰功伟绩。战马剽悍、雄壮，镇定自如，巍然挺立。与之对比的是，昔日穷凶极恶的匈奴此时仰首朝天，蜷缩在马腹之下，虽已狼狈不堪，但仍凶相毕露，面目狰狞，手持弓箭，企图垂死挣扎，象征着霍去病保家卫国的年轻一生。墓冢上下，墓地周围，乱石嶙峋，苍松翠柏，荫蔽墓身，一派山林幽深的景象。墓南北面东西两角，各有回栏曲径，通向墓顶。虽然已过两千余载，但只要身处茂陵，仍然能清晰地感觉到他的灵魂没死，精神还在！

公元前 119 年，与卫青、霍去病同时出发的还有张骞。

一直到今天，我们尚没有任何证据能够证明德国人李希霍芬为什么会如此肯定地将丝绸古道的时间确定为公元前 114 年，也就是张骞逝世的这一年，而在中国历史中所记载的这条古道正式通达的准确时间，应该从浑邪王投降的第三年，即公元前 119 年，也就是张骞第二次向西出使开始。

公元前 119 年，刘彻再次派张骞出使西域，第一站便是乌孙。

关于乌孙人的来源，自古以来有多种截然不同的说法，一种说法是乌孙是匈奴的一支，这是因为乌孙人的生活习俗和匈奴人有很多相似之处；而以 A.H. 伯恩什坦为代表的苏联考古学家则认为，乌孙极有可能是东伊朗塞人，也就是中国古籍中所说的塞种人中的一支游牧民族。阿奇舍夫和库沙耶夫写过一本《伊犁河流域的塞人和乌孙的古代文明》，提出乌孙可能为希罗多德《历史》中所记载的伊塞顿人，大约在商代末期来到今甘肃敦煌一带。不过，除此之外还有另一种说法，唐初历史学家颜师古在《汉书·西域传》中所做的一条注解中加了一笔有关乌孙人的来源，"乌孙于西域诸戎，其形最异，今之胡人，青眼赤须，状类弥猴者，本其种也"。这个意思是说，乌孙人是从欧洲迁徙而来。但是在更早时期，乌孙可能是被古人称为西戎中的"昆戎"或"昆夷"，而颜师古如是说的依据出处，来自孟子，据《孟子·梁惠王下》说："惟仁者为能以大事小，是故汤（商汤）事葛，文王（周文王）事昆夷。"如果说周文王所事的昆夷能够确定就是乌孙的话，那么乌孙的来源从时间上就能和伯恩什坦的考证相吻合，由于商朝末期在公元前1100年前后，与史料中记载的周文王姬昌的生活时间大致相同。

至于乌孙人早期的居住地，也是一个很有争议的话题。《汉书》说，乌孙人在迁徙到伊犁河流域之前，生活在河西地区。但迄今为止，在河西走廊出土的先秦时代的人类资料，全部显示出蒙古种系的特点，并没有发现如史料中所说的欧洲人特征。日本汉学家松田寿男曾经提出过一个观点，指出乌孙人的原居住地并不在河西走廊，而是在博格达山北麓（属北天山东段）。而另一位日本汉学家加藤繁也说，司马迁在《史记》中并没有明确地说乌孙人最早曾经住在河西走廊一带，而是《汉书》的作者误解了《史记·大宛列传》的意思，从而导致了这个不该出现的乌龙。

但是，上述仅仅都是后人们的猜测，因为这个族群和其他消失在历史长河中的民族一样，早早地离开了历史的视线，从而留下很多谜团。尽管哈萨克族和哈萨克斯坦音译就是"乌孙"，但是在经过了两千多年民族大融合之后，世界所有人种几乎都发生了变化，即便称为"乌孙"，也不代表今天的哈萨克人就是在历史长河中消失了的乌孙人，仅仅有其中的血脉而已。只需看一眼今天哈萨克人的外表形象，就会发现与颜师古所描述的乌孙人"青眼赤须，状类弥猴者"大相径庭。

并不太平的丝绸古道

张骞第二次西域之行似乎也不是那么顺利。

公元前 119 年春，张骞率三百人，携带大量的金银珠宝大小牲畜以及汉地能工巧匠制作的漆器、饰品、丝绸、铜器等物品，浩浩荡荡地向西域进发。

张骞之所以带出这么多贵重礼品，皆因为他在向刘彻介绍西域诸国的时候大包大揽地说，胡人都想要汉朝的物品，同时也眷恋自己的故土，只要给他们送上厚礼，再劝他们重新返回祁连山与敦煌之间的故地，他们一定会与汉朝联起手来打击匈奴。

和漠南之战失败一样，他又一次想当然了，或者说，他过于相信自己的外交能力和水平了。

由于汉朝的将军们奋勇征战，不仅收复了河南、河西两地，而且把匈奴赶回了漠北，西部完全成为汉朝的控制范围，所以再往西走就平安了许多。张骞此番再出西域，无论哪个方面都与上一次有了很大的不同，至少不用像上次那样提心吊胆地走山路了，可以堂而皇之地沿着大路往前走。史料中没有明确说明他们此行的具体路线，但据分析，可能走的是今天旅行者们经常提起的"乌孙古道"。

"乌孙古道"据说是当年乌孙人在匈奴的诱逼之下，向伊犁河流域迁徙过程中自行探索出的一条鲜为人知的道路。古道北侧接准噶尔盆地，南控塔里木绿洲，是贯通天山南北的咽喉。乌孙人历尽艰辛由河西走廊穿过这条古道来到了水草丰美的伊犁河流域，从此在这块肥沃的河谷草原上繁衍生息，人畜兴旺。所以历史上许多游牧民族都要争夺这块宝地。

两千多年后的今天，这条古道成了有经验的旅行者最向往的穿越路线，来自全国各地的旅行者都聚集到这里，把跨越这条古道作为人生的目标之一。乌孙古道无形中成了旅行者们憧憬的圣地。来到这里，只需一眼，便彻底沉沦，人与自然的完美结合，巧夺天工的自然景色，蓝色的天际、皑皑雪山和墨绿色的草地，构成一幅壮美的画卷，让任何人都失去抵御而不可自拔。这就是古道的真正魅力，眼里的这一道道美景，想必才是旅行者们真正追求的境界。不仅如此，这条能给你讲故事的千年古道，它的美不仅仅停留在壮丽的景色，更多的是一种沉静，进一步升华为沉静之后的安宁，安宁之后的深思，深思之后梳理而成的思想。

今天这条古道，成了纵跨天山南北一百三十公里的风光之路，囊括草原、密林、雪山、冰川、湖泊等各类景观，移步易景，令人叹为观止。阿克库勒湖，亦称"天堂湖"，更是成为乌孙古道一个惊艳的标志，如一颗明珠点缀其中。沿途尚存许多戍堡、烽燧和关隘遗迹，踏足其中，仿佛误入千年时空。在喀拉克达格山麓岩壁间两侧的崖壁上，东汉龟兹左将军"刘平国治关亭颂"汉文隶书刻石，历经岁月沧桑，已风化斑驳，但碑文依然清晰可见。博孜克尔格古营盘、碉堡等遗址，将历史再度铺陈于久远的时代，皆让人叹之。而从高处望下去，呈坡状的草原居然可以美到这个程度，星星点点的野花撒满整片草原，散落的木屋、白色的毡房以及远处皑皑的雪山，构成了一幅绝美的高山草原图画，简直就是一方世外净土，如同进入了梦幻般的人间仙境。

两千多年的时光流转，乌孙古国早已消散为历史云烟，天山之畔，山水依然，却因着那些传奇，更加灵动而丰满。但是，当历史再翻回两千多年前，我相信张骞不会在意这些美景，因为他心怀着使命，关系到大汉江山的使命。

在西域的三十六国当中，国与国之间相差很大，最小的国家人口仅有几千，在这里面乌孙算是一个大国，人口多，军力强，尤其是曾经打败过匈奴。张骞第一次出使西域争取月氏国失败后，这一次西域之行乌孙将是他最重要的争取对象。据《汉书·西域传》中介绍："乌孙国，大昆弥治赤谷城，去长安八千九百里，户十二万，口六十三万，胜兵十八万八千八百人。"

张骞来到乌孙的府城赤谷城（今吉尔吉斯斯坦伊塞克湖州伊什提克），见到了曾经打败过强大的月氏，并把月氏王首级割下来当酒壶的猎骄靡。当年的英雄到了这个时候已是白发苍苍的老人，而且国内的形势也不稳定，他看到张骞前来拜访时所带来的汉朝礼品，颇为心动，但是听到张骞的来意，却无法做出让张骞满意的回答。其中的主要原因是，他们对汉朝并不了解，而且路途遥远。另外一点，乌孙国内的局势当下也不稳定，贵族之间矛盾重重，积怨很深，国家已经到了分裂的边缘。而矛盾的焦点集中在他的二儿子和大孙子身上，两人都在为谁将是未来的国王而互相较劲，时常出现剑拔弩张的紧张局面，尤其要命的是，双方手里还都有兵。虽然乌孙的兵权大部分都掌握在猎骄靡的手中，但叔侄二人各掌握着一万骑兵，一旦发生冲突，也是一件不得了的大事。所以，在这样一个危急关头，猎骄靡对自己做出的每一个决定都格外小心，以免引起叔侄之间的猜疑而导致国内局势发生动荡。

乌孙国用这样的方式拒绝了张骞的请求，张骞也听出了其中的弦外之音，猎骄靡不愿意得罪匈奴。想来也是，无论怎么说，猎骄靡毕竟是由匈奴养大的，想当年月氏人攻其国土，杀其父母，如果当初不是匈奴冒顿单于出手相助并把他抚养成人，他早就死于非命了，所以养育之恩不能忘，这也是人之常情。

这种知恩图报的情谊张骞也能理解，但君命难违，更何况这个建议是他自己提出来的，所以他准备在乌孙多驻留一段时间，尽可能地去说服国王站到汉朝这边来，同时安排多名副手携带礼品去其余的三十多个国家，希望能更多地建立起联盟关系，争取得到更多支持。

西域那些小国的国王们，几乎和乌孙一样，都是些"不田作种树，随畜逐水草"的游牧或半农耕半游牧民族，哪里曾见得如此宝物，所以都对东土汉朝留下了极为深刻的印象。而大宛国因之前与张骞已经有过接触，对汉朝的来使表现得非常友好，在愉快地笑纳了汉朝的礼品后，又专门派出使者携带名贵的"汗血宝马"，随张骞一行前往中原。

张骞在乌孙住了一年多，然后携带各国回赠的各种礼品以及汗血马、大蒜、苜蓿、石榴、胡麻等西域诸国的物种返回中原。从经济角度上说，张骞两次出使的外交成果，与他所带的礼品和原本的期待相比相差甚远，似乎只是在一定程度上满足了汉武帝对"天马"的渴望。但是从长期的政治意义上来说，张骞此行对于未来的影响巨大，至少在以后的五十年中，汉朝是之前投资的最大获利者。在偏于封闭自保的传统社会，张骞的出使，在民族交流史上开辟了新纪元，被司马迁誉为这是一次前所未有的"凿空"行动。西域诸国从这个时候开始出现在中原人的视野中，东西方的商人们纷纷沿着张骞探出的道路往来贸易，成就了著名的"丝绸之路"。

张骞死于公元前114年，即他第二次出使西域归来后的第二年。为了表示对他的纪念，刘彻后来把每一个出使西域的官员都冠以"博望侯"的头衔。

被中原王朝打到了漠北苦寒之地的伊稚斜，在求和结亲都被中原

　茶战3：东方树叶的起源

王朝拒绝的情况下，身体也每况愈下，虽然赵信尚在身边，但是自从在漠北之战他给伊稚斜所出的计谋使匈奴遭到前所未有的惨败后，他的能力已经受到伊稚斜的质疑，所以基本上被搁置，已经没什么用处了。而伊稚斜也没有实现重塑匈奴的夙愿，因为身处苦寒之地的匈奴处于人口大幅锐减，牲畜数量极速下降的危险边缘，他只能在极度郁闷中恍惚度日。当他听说张骞再下西域的消息时，立刻明白了汉朝这是要从西域下手完全斩断其右臂，但也只能眼睁睁地看着张骞大摇大摆地游走在原属匈奴的地盘上，自己却无能为力，最终于公元前114年郁郁而死。据说在伊稚斜临死之前，曾经抬起右臂指向南方，然后才咽下了最后一口气，匈奴的伊稚斜时代宣告结束，他不到三十岁的太子乌维继单于之位。

相对于张牙舞爪的伊稚斜，年轻的乌维则比较沉稳低调和务实，他明白匈奴当下的处境，在地广人稀的漠北荒原不可能有任何作为，可一旦进入漠南，必定会遭到南方中原的打击。既然没有实力与汉朝面对面硬碰，只有避开锋芒，先从西域诸国下手。

张骞第二次出使西域回来后，西域各国又纷纷派出使臣前往东方，原本那块人迹罕至的不毛之地，立刻变得忙碌非凡。这让乌维很是眼红，立刻派出使臣联合西羌，相约于公元前113年共同袭击中原王朝河西驻地。又命楼兰、车师等国在途中拦截西域诸国前往汉朝的使者，洗劫财物并将人杀掉，以此手段破坏汉朝与西域之间的外交活动，造成人为恐慌。

向西制造恐怖袭击，以切断通商之道，使中原与西域诸国无法亲密接触；中间联合西羌，在河西走廊挑起事端，对汉地进行攻击；而在东面，不断派出小股人马进犯长城各要塞，得手就抢掠杀人，不得手拔腿就跑。

这就是乌维的策略。

居住在河湟地区的十万羌人在匈奴的策动下如约造反，向安故（今甘肃省临洮南）、枹罕（今属甘肃省林夏县）等汉地发起攻击，对当地军民进行屠杀抢掠，造成数千名汉人被杀。乌维也趁机带领匈奴人马攻入五原郡（今内蒙古包头市西北），以策应羌人的军事行动。

刘彻很明白乌维的动机，就是要把西域搞乱，于是委派大将李息和徐自为率军十万前往河西剿灭羌人的叛乱，同时又派公孙贺、赵破奴各领一万精骑，一旦发现匈奴立即就地将其消灭。

羌人的叛乱纯属受到了匈奴的蛊惑，而且是一群乌合之众，哪里是正规军的对手。李息和徐自为的大军赶到，只用了一个上午就平息了叛乱，凡参与叛乱的头人和犯下血债的叛乱主犯全部斩首，其余部众不予追究。

公孙贺和赵破奴可就苦了，长途追击到了五原郡，把方圆三百里翻了个底朝天，也没见到匈奴的人影，只能郁闷地收兵。也许这就是乌维的高明之处吧，当羌人造反后，他率匈奴装模作样地攻下五原郡，只是给羌人做了一场秀而已，因担心汉军长途奔袭，所以只在五原郡转了一圈，抢劫了当地人的财物后，转身就窜回了漠北。

虽然没逮着匈奴，可西域楼兰、车师那些罪行累累的抢劫犯却不能饶过。毕竟这两个小国是进出西域的门户，又都听命于匈奴，如果再让他们为所欲为滥杀无辜，势必会影响到汉朝的形象，而刚刚建立的这条对外通道也将被迫关闭。刘彻命赵破奴立刻出发，前往西域惩治凶犯。

赵破奴，匈奴汉人，因年少时受到匈奴的残酷摧残，复归汉朝后改名为赵破奴，以示对匈奴的仇恨。他原是霍去病手下的一员猛将，霍去病在两战河西、远征漠北的战役中，他都是先锋官，打仗勇猛，冲锋陷阵毫不含糊，可因为他的脾气暴躁，又屡屡违反军纪，虽然战功赫赫，却往往又是功过相抵，经常把霍去病气得哭笑不得。待霍去病殁后，赵破奴再犯军纪，刘彻一怒之下褫夺了他的封号。如今再度出山，

也算是给他一个戴罪立功的机会，以观后效。

赵破奴不愧是霍去病麾下猛将，在接到诏令后，其他将军还在准备，自己就迫不及待地带着七百骑兵出发，日夜兼程，直捣楼兰。

当赵破奴率军赶到楼兰时，天刚刚放亮，楼兰人竟然丝毫没有察觉到危险已经降临，按照惯例打开城门。就在这时，赵破奴所率的七百人马突然杀进城门，直奔楼兰王宫。此时楼兰王尚未起床，忽听门外一阵吵嚷的声音，也没有任何怀疑。大门突然被人从外面撞开，楼兰王还没反应过来怎么回事，刀已经架了脖子上，闯进王宫的是一群气势汹汹的汉人士兵，再看他的卫兵，个个都已缴械投降。楼兰王自己很清楚是因为什么，也不敢抵抗，乖乖地向汉军投降。

汉军士兵将衣衫不整的楼兰王押解出王宫交给赵破奴，赵破奴也不说话，将楼兰王横放在马背上，立刻率军冲出城门，马不停蹄地赶往车师国。

第二天午后，汉军到达车师。车师同样毫无防备，城门大开，汉军再度得以顺利冲入。正在待客的车师王见汉军杀进城，急呼卫兵赶快护驾，试图进行反抗，但为时已晚。

赵破奴把在马背上颠得将死的楼兰王掼到地上，高声斥问车师王，可认得此人乎？车师王见此人杀气腾腾，早已吓得面如土色，战战兢兢地点头。赵破奴即刻从腰间抽出刀，当着车师王的面，一刀将楼兰王杀死，再复一刀砍下头颅，厉声吼道："有不降者，这就是下场。"

七百汉军同时拔刀，直逼车师王，做好随时冲进王宫的准备。车师王见状，只得放弃抵抗，跪地求死。

这一仗打得干脆利落，赵破奴只用了一天半的时间，连下两国，杀楼兰王，诛车师王，且不损一兵一卒。之后又把两王的头送达西域诸国展示，毫不掩饰地对外宣称："不亲汉者，视此人头。"

此举引起了西域诸国的震惊，后悔听命于匈奴的摆布。于是，诸国均主动送质子到长安，乌孙、大宛这等西域大国，自知不是汉朝的对手，也如若寒蝉，都望风归附。

当乌维听说汉朝袭击楼兰、车师后，自知经营西域不善，所以在汉军撤离之后，立刻派兵攻打楼兰。可怜的楼兰在一个月内连遭两个大国的攻击，而这两个大国哪一个都惹不起，老王惨死在汉军刀下，尸骨未寒，而新王的屁股还没焐热，又遭到匈奴逼迫，在汉匈两国的夹缝中，活得战战兢兢，在走投无路的情况下，新楼兰王自杀身亡。

楼兰一个月内连换了三个王。

而乌孙却表现得非常明智，猎骄靡虽然感念匈奴单于救护自己的恩德，却又不愿长此蜷伏于匈奴肘腋之下。当他知道了汉朝国富兵强以后，特别是赵破奴不费吹灰之力，一日内连破西域两国诛杀两王，惊得他目瞪口呆之后，这才明白东方的汉朝不但有礼品，而且还有强兵，他对汉朝有了新的认识。经过一番思虑，他决定在不得罪匈奴的基础上，再次派出使臣前往长安，表示愿与汉朝联姻，得借汉朝以自重。

匈奴和中原王朝仍然在博弈，已经被打残了的匈奴，不敢与汉朝面对面地硬碰，只能在背后做一些如蛊惑羌人造反，挑拨西域反汉之类的小动作，虽然都被汉朝一一化解，但匈奴依然不会善罢甘休，继续在背后捣鬼。

为了触及乌维的神经，公元前110年年底，刘彻亲自率领十八万大军沿汉匈边界示威性出巡，以震慑乌维。

躲进漠北地荒路远的乌维被汉朝之举气得牙痛，但是自知势力已经远不如汉朝，强盛时代的军臣、伊稚斜都先后败在刘彻的手下，何况自己仅存的这点家底，更不可能是汉朝的对手。而漠北并非一个安全的地方，汉军既然能打到狼居胥和瀚海，也能扫荡匈奴全境。万一汉军假借巡防之名，再度对漠北进行长途奔袭，手里这点家底也就彻底玩完了。

在这种情况下，乌维不得不开始变换花样，采取另外一种方式，与汉朝玩起了套路：求和！

其实，刘彻也不过是在作秀，装模作样地吓唬匈奴而已，因为他的心里比谁都清楚，与匈奴征战了近三十年，自己的家底都已经折腾光了，哪里还有资本再与匈奴开战？如果说，这个时候乌维真的带领匈奴发起进攻的话，刘彻到底敢不敢打还真不好说，所以胜负输赢都是很难说的事。乌维确实被汉朝给打怕了，已经有了严重的心理阴影，看到汉朝再一次大兵压境，有心反抗，却真心不敢，只好派出主客（匈奴的外交人员）来到边境，向汉武帝传话，咱们求和吧！

这正中刘彻的下怀，既然匈奴主动请和，我得赶紧接着。当场就派出郭吉为晓谕匈奴使者，随匈奴主客一同前往漠北，与乌维进行谈判。

从太史公的记述来看，这个郭吉也是个愣头青一类的人物，见到乌维后张狂到了极点，脸上带着挑衅加调戏的语气，冷笑着说："如今，反叛我大汉的那几个人的脑袋都被悬挂在城门上了。我们大汉王朝的皇帝说了，如果单于敢和我们大汉王朝一决高低的话，就请你赶紧带上你的兵前往边塞，我们皇帝已经等得有些不耐烦了。如果你没胆量和大汉对抗，那就请单于赶快向我们的大汉皇帝称臣，这样还能过上几天好日子，何必像现在这样龟缩在天寒地冻的漠北受苦遭罪呢？"

这哪里是来谈判的？分明是来威胁和侮辱的，而且还丝毫不加掩饰。乌维一听勃然大怒，既然你说在这里天寒地冻是受苦遭罪，那我就让你在这里享受享受吧。说罢，就扣押了郭吉，把他发配到了遥远的北海，就是今天俄罗斯东西伯利亚的贝加尔湖。这还不解气，又把一肚子火气撒向了那个主客，让你去请和，你竟然给我带回来这么个东西，杀！

所谓乌维求和，不过只是一场闹剧，最终不了了之。这说明乌维从内心害怕汉朝的进攻，只是为了拖延时间，等汉军撤离边境再说。这一拖又是四年，公元前106年，匈奴最害怕的汉军灵魂级人物卫青，在长期的忧郁中死了。乌维闻听狂喜不已，自以为匈奴终于熬到了拨云见日的时候。殊不知，还没等他与汉朝一决高下的时候，他突然暴病而死，而且没人知道他究竟死于什么病。匈奴再度改弦易辙，他的儿子詹师庐，又名乌师庐接班上位，因其年龄尚小，史称"儿单于"。

由于匈奴没有文字，所以我们只知道詹师庐的年龄还小，至于具体小到什么程度，就不得而知了。不过根据其所作所为和乌维的大致年龄来推断，估计应该在十五岁左右。

詹师庐的年龄虽然不大，却是个十足的浑蛋。在他爹乌维的时代，匈奴至少对汉朝还有所顾忌，可是到他这一代，似乎没有什么不可做的事，在他的字典里只有一个词：杀！什么汉人匈奴西域诸国，一律全杀。

粗暴的方式往往都很简单，但是行之有效。詹师庐所采用的方式是，通过杀戮的手段，对中原实施全面封锁。命西域车师、且末、楼兰诸国恢复过去对过往客商的堵截，抢劫财物，残杀来往的各国商人，使这条十几年的通商之路变得没人敢走，成了恐怖之路。

同时又专门针对乌孙、大宛等国进行赤裸裸的威胁恐吓，诏令他们一律不准与中原王朝发生任何贸易和外交上的往来，如有违反，匈奴大军必将随即杀到。由于受到了匈奴的威胁，乌孙、大宛等国纷纷退避三舍，不敢再提与汉朝之间的通商，再加上半道有楼兰、车师的拦截，使刚刚热起来的丝绸古道变得冷清了许多。

丝绸古道突然被关闭，这让汉朝无法接受，一打听才知，原来又是匈奴在背后作祟。刘彻还指望着依靠乌孙、大宛等国提供作战用的军马，现在却被告知因某些不便告知的原因，这些国家决定停止与中原之间的贸易往来。刘彻龙颜大怒，毕竟战马是汉朝战胜匈奴的利器，冷兵器时代的军马，就像现代战争中的飞机和导弹，任何一支军队一旦缺少了这些主要打击手段，无论政治、经济也就都失去了话语权，还有

茶战 3：东方树叶的起源

什么资格再说保家卫国？

　　而在此之前，卫青、霍去病等将军在与匈奴的战役中，已经把文景之治以来所积攒下的马匹消耗殆尽，而汉地不产马，只能依赖进口，过去依靠与匈奴的互市，双方商人利用走私渠道进行马匹交易。后来汉匈交恶，匈奴远走漠北，汉朝就利用张骞打开的丝绸古道，与乌孙、大宛等国进行贸易往来，其中马是最重要的贸易对象，如果乌孙、大宛等国关闭了向汉朝出口马匹的通道，那么汉朝毫无疑问会出现"马荒"。在这种情况下，刘彻只能派遣车令携一百多人组成使团，携带千金以及汉朝的丝绸、茶叶等贵重物品，前往大宛国商讨买马事宜。为了表达对大宛的诚意，汉朝甚至专门请了能工巧匠用黄金制作了一匹精致漂亮的马，专门由使臣带去送给国王毋寡。

　　前往大宛国商讨买马的使臣叫车令，但是在西汉时期朝廷命官的序列中，车令是负责车马管理的官员，所以使臣的真实姓名今天已经无法确切知道。早在公元前126年和公元前119年，张骞两次出使西域期间，就已经和大宛国建立了非常好的关系，而且大宛国在张骞从西域回国的时候，还专门派出了使者携汗血马前往长安，受到刘彻的热情款待，在已经过去的几年当中，两国之间使臣互访频繁。按说两国之间的关系已经非常友好，却没想到车令买马竟然上演了一幕惊天的悲剧。

　　车令一行带着汉朝满满的诚意，不远万里历尽艰辛终于来到了大宛，没想到却受到了冷遇。毋寡听到汉朝委派专人前来买马的消息后，就与大臣们商议说："汉朝离我们远，而经过盐泽来我国屡有死亡，若从北边来又有匈奴侵扰，从南边来又缺少水草。而且途中往往没有城镇，饮食很缺乏。汉朝使者每批几百人前来，常常因为缺乏食物，在往返的路途中死的人超过一半，这种情况怎能派大军前来呢？他们对我们无可奈何，况且贰师（汉代西域大宛国地名，因盛产汗血宝马而著名，位于今吉尔吉斯斯坦南部）的马是大宛的宝马。"

当车令满怀热忱来到大宛王府拜见国王毋寡的时候，毋寡非但表现得异常冷漠，甚至口出不逊地说，汉朝和大宛远隔千山万水，即使我不给你汗血宝马，你能奈何得了？

这话太伤人了，买卖不成仁义在，但是毋寡却极为自傲地恶语伤人。车令并不知道大宛是听了匈奴的挑拨后才表现出这样的态度，当他闻听毋寡的这番言论后，当即勃然大怒，当堂将那个金马摔碎，随后就带人离去。

毋寡觉得自己受到了汉朝使臣的侮辱，也恼怒至极，同时看到车令等人随身所带的金银珠宝，萌生贪欲。于是，他派出军队埋伏在大宛国的边境郁成城（今在乌兹别克斯坦境内），将车令等人拦截，在抢劫了所有财物后，把所有人全部杀死。

消息传到长安，刘彻龙颜大怒，立刻召集大臣，询问此事该如何处置。曾经出使过大宛的大臣姚定汉说，大宛兵的能力很差，汉朝只需派出三千兵就完全可以将其征服。刘彻想起了九年前赵破奴只带了七百名汉军，仅用了一天半的时间就连破楼兰、车师二国，觉得姚定汉说得很有道理，与上述两个小国比起来，想必大宛也强不到哪里去。该派谁去呢？

刘彻想到了李广利。

从公元前112年，当年集万般宠爱于一身的卫子夫，因年老色衰已经遭到刘彻的冷落，取而代之的，是平民家的女儿李夫人。李夫人的发迹过程与卫子夫有很多相同之处，都是通过平阳公主与刘彻认识，也都是靠刘彻的一眼之缘，便从此改变了整个家族的命运。据说李夫人有倾国倾城之貌，深得刘彻的宠爱，由此一人得道鸡犬升天了。她出自倡门，父兄皆为汉代著名的音乐家。她有两个哥哥，大哥叫李延年，通晓音律，年轻时因作奸犯科被处以宫刑，后来被弃在宫中养狗。二哥就是李广利，也很善唱。当李夫人得宠后，首先是李延年得到

了重用，被封为"协律都尉"，负责管理皇宫的乐器，极得武帝幸爱。《史记》中说他"与上卧起，甚贵幸，埒如韩嫣"。韩嫣是早年叛逃匈奴的韩王信的孙子，刘彻早年的玩伴，因两人关系过于亲密，遭到刘彻的母亲王娡强烈反对，后被逼自杀。而李延年之所以受宠，实际原因就是做了刘彻的男宠。

之后便是李广利。

问题是李广利有卫青之命，却没有卫青之才，算得上是刘彻时期武将中的一个笑料。刘彻之所以委派李广利长途奔袭攻打大宛，一方面是给李夫人面子，让她的哥哥带兵打仗，只要获胜回来，封侯奖赏不在话下。而另一方面，则是受了姚定汉的忽悠，错误地以为李广利也和赵破奴一样勇猛，只要到了大宛，不费吹灰之力就能轻而易举地把这个小国拿下。

于是李广利被刘彻封为贰师将军，其中的含义谁都明白，拨给他属国的六千骑兵，以及各郡国的地方部队几万人，浩浩荡荡前去讨伐大宛，目的是到贰师城取良马。李广利没章没法地就带着大队人马远征西域。大宛在西域也算是个大国，具有一定的政治影响力。由于匈奴的儿单于詹师庐曾亲自向西域诸国下过威胁令，任何国家均不得帮助汉朝，如有违犯，匈奴必将派兵将其踏平。所以李广利远征大宛的时候，沿途的各个西域城堡小国一律紧闭城门，既不给汉军必要的补给，也不出城对汉军发动攻击，只是冷眼旁观汉军的一举一动。

因为得不到粮草，汉军很快就陷入了困境。在这种情况下，李广利只得错误地指挥汉军去攻打沿途小国，主要目的就是赶快抢夺粮食。由此遭到了各国的反抗，汉军损兵折将减员严重。一路跌跌撞撞好不容易来到了大宛国杀死汉朝使臣的边境小城郁成，汉军仅剩下几千饿得半死的士兵。李广利在这样的情况下，居然下令汉军攻城，结果可想而知。

长途跋涉而一战即败的李广利眼看攻城没有希望，只好决定将残兵败将撤退至玉门，与出征时相比，经过一番折腾的汉军损耗十之八九。

到达玉门的李广利同时也接到了刘彻极为严厉的圣旨，有敢入关者，斩！李广利接旨，吓得全身直哆嗦。

估计这是刘彻为了给自己找回面子而为，听到汉军惨败的消息，刘彻寝食难安，原本是给李广利一个长脸的机会，就像当年信任卫青、霍去病那样信任他，却没想到是这么个结果，灰头土脸不说，关键是狼狈不堪，以后怎么能让西域诸国臣服大汉王朝？于是，刘彻下令再拨大军，二番进攻大宛。为了挽回被李广利丢尽了的颜面，刘彻这回特地派出了六万正规军，又从各地招募了十八万地方武装，再加上庞大的后勤保障，李广利在玉门城外重新率军杀向大宛，为死去的汉朝使臣讨回公道！

和前面那支由散兵游勇组成的汉军相比，正规军到底都是经过战场洗礼的士兵，出手确实不含糊。汉军再度出击，攻破了拒不配合的轮台国之后，再次来到郁成，击退了前来迎战的郁成城主，继而进发大宛王府驻地贵山城（今乌兹别克斯坦卡散赛）。

来到贵山城下的汉军并没有急于发起进攻，而是四面把城堡围了个结实，同时改变了河道，断掉了城里的水源。在经过四十多天的包围后，李广利才下令汉军攻城，此时城内百姓已死伤无数。

在汉军强大的攻势震慑下，毋寡这才意识到汉朝的强大不是随便说说的，但他还在拼命抵抗，指令大宛国的贵族们，只要保住大宛国，我们还可以从头开始。可贵族们受不了了，做出了一个决定，当初不卖给汉朝马的是你，半道上杀死汉使的也是你，今天忽悠我们陪你一起去死的还是你。既然你要从头开始，那我们就从你的头开始吧！

于是，贵族们就提了毋寡的首级走出城门向李广利投降，同时表示愿意向汉朝提供大宛马。

早知今日，又何必当初呢？

打不死的小强

就在李广利第一次攻打大宛国，在郁成城受到猛烈阻击的时候，汉朝和匈奴之间发生了一起足以让刘彻惊掉眼珠子的大事：猛将赵破奴携带两万名汉军向匈奴投降了！

这是谁都不敢相信的一个事实！当年霍去病帐前第一悍将，打河南、攻河西、灭左贤王、剿右贤王，漠北之战一马当先，身先士卒，临阵斩杀匈奴速吸王，俘虏稽且王、右千骑将以及匈奴王子、王母等三千多人，深得刘彻欣赏，斩杀匈奴无数，之后只带七百铁骑长途奔袭连破车师、楼兰二国，震惊了整个西域的赵破奴。如此一员让匈奴闻风丧胆的宿将，居然能投降匈奴？

但是现实很残酷，这确实是真的。

当霍去病、卫青先后离世，赵破奴就成了新一代汉军的灵魂。只可惜，他虽然具有霍、卫的勇猛，但缺少二将的智慧。

事发公元前 103 年，汉朝突然接到匈奴左大都尉密报，欲杀掉儿单于然后带领匈奴向汉朝投降。自从乌维死后，汉朝针对匈奴内部日益凸显的矛盾，修正了战略思想，不断渗透和利用匈奴贵族之间的明争暗斗，选择一些可以争取的对象进行离间，从而造成匈奴贵族的势力割据，瓦解匈奴的战斗力，达到不战而胜的目的。

客观地说，公元前119年汉朝对匈奴发起的那场漠北之战，虽然汉朝在战术上大获全胜，但从战略上来说，却是刘彻对内对外的一个重要转折点。也就是从这个时候开始，刘彻的性格发生了变化。而这种近似于人格分裂的情况，是从公元前123年他的生活出现变化开始的。

随着太子刘据逐渐长大，皇后卫子夫在经过了十五年的宠幸之后，也在一天天衰老下去，年轻貌美的王夫人走进了刘彻的视线，随后他的情感重心从这个时候开始发生转移。可惜王夫人红颜薄命，从公元前123年得到刘彻的宠幸，并于同年生下皇二子刘闳，到公元前121年就因病去世了。失去宠妃的刘彻从这个时候开始，逐渐变得多疑且刚愎自用。初期的表现在公元前119年，即漠北之战获胜后，刘彻对霍去病的封赏到了巅峰，却冷落卫青诸部，此举寒了那些跟随卫青东征西战的将士的心，七战七捷令匈奴心惊胆战的卫青也从这个时候起变得郁郁寡欢，低调行事，一直到死。

随着时间的推移，刘彻的"病"似乎越来越严重，而且对身边的所有人都持怀疑态度，到公元前92年著名的"巫蛊事件"达到高峰，晚年的刘彻对身边的所有功臣大开杀戒，甚至就连太子刘据、卫子夫与刘彻所生的两个女儿阳石公主和储邑公主、卫子夫本人、以及卫青的儿子卫伉和卫君孺、公孙贺夫妇与儿子公孙敬声等卫氏一门，都没有逃脱厄运，受到牵连者多达万人，酿成了汉朝最大的冤假错案。

幸亏卫青死得早！

左大都尉要投降汉朝的消息无疑让刘彻备受鼓舞，立刻派公孙敖带人在塞外修筑了一座"受降城"，然后又命赵破奴率领两万汉军深入匈奴境内，准备里应外合接应左大都尉人马。按说，刘彻的考虑很周密，规格不输前次霍去病迎接浑邪王，并且还专门修筑了受降城，面子给得很足，而赵破奴所带的两万汉军，也同样起到防范匈奴诈降的作用。

严格地说，赵破奴所率的这两万精骑，算得上是汉军精锐中的精锐，装备精良，作风硬朗，善打硬仗，其中有一半以上的士兵都是跟着他南征北战，经过浴血奋战拼出来的老班底，无论战斗力还是忠诚度都非常高，是匈奴最害怕的一支汉军，绝非其他军队能比。

　　赵破奴率军从朔方郡出发，长途行军两千里到达之前与左大都尉约定的接应地浚稽山（阿尔泰山脉中段，今蒙古国土拉河附近），派出联络人员与左大都尉秘密联系，得知左大都尉的准确消息，时间地点均没有变化。当匈奴发现了汉军的行踪后，立刻报告了詹师庐。别看詹师庐年纪不大，疑心却很重，他身边所有人，只要略微被怀疑，就会立即被杀。汉军在浚稽山安营扎寨的消息，立刻引起了他的警觉，因为在此之前他已经察觉到了左大都尉所表现出的种种可疑行为，于是就假装没事一样，暗地里埋伏下了刀斧手，并派人请他前来王庭一同议事。

　　左大都尉并没有觉得危险已经在靠近自己，反而感到这是杀死詹师庐的最佳时机，于是就大摇大摆地来到王庭。就在他的脚步刚刚迈进王庭的一瞬间，单于的卫兵们突然从大门两侧冲出，一刀就砍掉了他的脑袋！之后，詹师庐命令卫兵把左大都尉的亲信全部捕获，一经审问，左大都尉密谋杀王降汉的计划便浮出水面。詹师庐大怒，把所有阴谋参与叛乱的人全部杀掉后，派左贤王和王庭两部人马共八万人，火速向浚稽山出发，要趁汉军没来得及防范之前将其全部消灭。

　　正如詹师庐预计的那样，赵破奴确实没有防范，在黢黑寂静的荒漠里，正无聊地等待左大都尉的到来。终于看到前方奔驰过来的马队，赵破奴的心刚刚放松，却立刻又提起来，常年与匈奴征战的经验告诉他，这哪里是来投降的左大都尉，分明是前来围剿他们的匈奴的主力。

　　赵破奴一见敌人众多，双方力量相差悬殊，而且匈奴是有备而来，明白自己处于劣势，急令手下赶快往受降城撤退，却怎奈已被匈奴包围。至天亮时，赵破奴立刻指挥士兵与匈奴展开了一场惊心动魄的激战，战斗虽然持续了整整一天仍未见胜败，但双方的兵力消耗都很大。

到了晚上，赵破奴带着几个士兵外出寻找水源，却没想到被悄悄跟随而来的小股匈奴士兵包围，敌众我寡，赵破奴知道即便自己拼死相搏也已经无济于事，只好下马投降。

待天亮后，匈奴士兵押着赵破奴等人来到阵前向汉军喊话。《汉律》明确规定，在战场上如果主帅有失，其余将士都要治罪。将士们一见主帅被俘，因担心自己受到牵连，所以全部都放弃了抵抗，向匈奴投降。

两万汉军精骑就这样全军覆没。

消息传到长安，刘彻震惊，这是自他当上皇帝以来第一次出现如此惨重的损失，那不仅仅是一个赵破奴的问题，而是汉朝顷刻之间就失去了最为精锐的一支队伍，更加严重的是，这会给整个汉军带来严重的隐患，他的自信心顿时崩塌，将来还拿什么去打击匈奴？

此时的匈奴并没有后退，詹师庐下令对汉军进行大规模的袭击。匈奴大军长驱直入，围攻公孙敖的受降城未果，继续向南挺进。汉朝的关隘如泥糊纸扎一般，再度被匈奴轻松攻破。匈奴照例闯入汉境，再次对当地军民进行一番烧杀抢掠之后扬长而去。

这是继漠北之战，遭到卫青、霍去病痛扁以后，匈奴退到漠北并经过了伊稚斜、乌维及詹师庐三代单于养息了十多年，第一次大举进犯中原边塞，而匈奴的这次得手，给刘彻敲响了警钟，那条被打残了的荒原恶狼，如今得以恢复，又能够咧开獠牙威胁汉朝了！

从赵破奴投降，到匈奴再度进犯，刘彻这个时候似乎才明白，当年的卫青、霍去病何其威猛，凭着个人的一己之勇，让强大的匈奴闻风丧胆，他们对于汉朝来说是多么重要。如今，兵虽然还是那些兵，可将已经不是那个将了，能力不够，智慧欠缺，更别提用兵，两万精锐都能投降，就这水平如何能和日渐强壮的匈奴对战？

正当刘彻一筹莫展的时候，詹师庐却没闲着，又在策划更大规模的进攻。一战击败强大的汉军，这是在伊稚斜惨败、乌维龟缩于漠北之后，最让匈奴扬眉吐气的一次胜利，詹师庐也因此获得了大大的威望，从一个没人瞧得上的孩子，摇身一变成了匈奴的英雄，儿单于可谓一战成名。眼下，那个孤零零地矗立在大漠中央的受降城，就像扎进匈奴眼里的一根钉子一样，如果不尽快拔掉，早晚会扎瞎匈奴的眼。

公元前 102 年，詹师庐再次起兵，以十万大军之众向受降城发起了更大规模的攻势，欲一战摧之。可是天不遂愿，就在匈奴大举进攻的路上，谁都没想到，儿单于詹师庐竟然得暴病死了。

受降城逃过了一劫!

詹师庐的一生就像一朵昙花，艳丽四射却即刻凋零。在他接任单于短短的两年中，虽然重塑了匈奴的自信，使曾经的大漠之狼的强悍威猛风格刚刚得以恢复，却如天际间的一道闪电，须臾之间就失去了光芒，带着很多疑问奔向了九霄云外。关于詹师庐的死，在历史上几乎没有人能给一个明白的解释，究竟是死于暴病，还是被随军出征的匈奴合谋害死? 从一个细节也许能看出些许猫腻，那就是在他死后匈奴并没有立他的儿子为单于，而是推立了伊稚斜的第二个儿子，即乌维的弟弟呴犁湖。

不过，无论詹师庐是怎么死的，对于历史而言已经不重要了，而重要的是，被匈奴贵族们推上单于大位的呴犁湖，注定是个短命鬼。

呴犁湖上位之初，借着匈奴国力得以恢复的机会，带领大军又一次进犯中原边塞。刘彻此时已经明白，想要彻底解决匈奴的问题已经没有可能，因为汉朝已经没有人能够像当年的卫青和霍去病那样长途奔袭，对匈奴构成打击，且长途奔袭耗资巨大，一次奔袭就要消耗战马十之八九，所以仅战马一项开支就使朝廷无法承受。其次，刘彻的穷兵黩武，连年征战，导致国内经济大幅度滑落，人民生活苦不堪言。在这样的情况下，汉朝只能再度以守为主，抵御匈奴的大举进犯。由此，刘彻命徐自为以五原为起点，一直到浚稽山下，修筑一条绵延数百里的守护长城，以防御匈奴的袭击。

但是这条所谓的防御长城非但没有起到任何防御作用，反倒成了汉军出击的屏障。呴犁湖所带领的匈奴骑兵，几乎不费吹灰之力就对汉地进行了破坏，可汉军进攻或撤退时因为城门的狭小而造成了拥堵。所幸的是，呴犁湖还没有来得及对汉朝构成更大的破坏，就在他当上单于一年后死了，伊稚斜的第三个儿子且鞮侯接班登上单于之位。

四年之中连续死了三个单于，这对匈奴来说不是什么好事，再加上连续几年发生了蝗灾和雪灾，使匈奴的日子雪上加霜，所以且鞮侯上位后，言行举止都小心翼翼，唯恐厄运再降临到自己头上。上位之初，就把前面几个单于所扣押的汉朝使臣全部送回，表现出了善意的一面。

关于且鞮侯，历史上存有一定的争议。北宋时期由王钦若等人编纂的《册府元龟》中记录了一笔，说他是汉景帝的女儿南宫公主和伊稚斜生的儿子。景帝时期汉朝与匈奴和亲，把南宫公主嫁到了匈奴，之后和伊稚斜生了且鞮侯，也就是汉武帝刘彻的外甥。其依据是且鞮侯在登位之后曾经说了一句话，见《史记·匈奴列传》："且鞮侯单于既立，尽归汉使之不降者，路充国等得归。单于初立，恐汉袭之，乃自谓'我儿子，安敢望汉天子！汉天子，我丈人行也'。汉遣中郎将苏武厚币赂遗单于。单于益骄，礼甚倨，非汉所望也。其明年，浞野侯破奴得亡归汉。"这一段已经写得非常清楚，却不知宋朝的那些文人是怎么理解的，更何况王钦若、杨亿、孙奭等人都是北宋真宗朝的著名文人，按理说都是读书破万卷的学者，竟然能弄出这么个历史乌龙，不可思议！

另外，《史记·外戚世家》中明确说明"景帝十三男，一男为帝，十二男皆为王。而儿姁（王儿姁）早卒，其四子皆为王。王太后（王娡）长女号曰平阳公主，次为南宫公主，次为林虑公主（隆虑公主）。"这就是说，南宫公主是刘彻同父同母的亲姐姐，而当时已经成为刘启皇后的王娡，怎么可能把女儿当作和亲对象远嫁匈奴？从另一方面来说，汉匈和亲，汉朝所嫁出的公主最高身份是诸王的女儿。唐朝的司马贞也在《史记索隐》中对南宫公主做了注解："南宫公主，景帝女。初，南宫侯张坐尚之，有罪，后张侯祢申尚之也。"这已经明确地说明南宫公主先嫁给南宫侯张坐，之后又嫁给了张侯祢申。

现在已经没有办法解释宋代的文人们究竟是在什么情况下犯下了这个低级错误，但不论怎么说，且鞮侯与汉朝没有任何血缘关系，更没有可能成为刘彻的外甥。然而，就是这个口口声声说汉朝是长辈而自己是晚辈的且鞮侯，在这之后给汉朝带来了不小的麻烦。而这些麻烦的起因，皆为从汉朝叛逃过去的一个家伙：卫律。

卫律是一个从小就随其父生活在长安长水（今浐河的支流）附近的胡人，因长期住在汉朝，所以熟读经书，汉化颇深，与协律都尉李延年关系很好，而李延年在受宠的时候，曾经向刘彻举荐卫律出使匈奴。

李夫人为刘彻生下儿子刘髆后不久就死了，李家也从此渐渐失宠，至太初年间（公元前104年—公元前101年），因李延年与其弟李季在后宫大犯淫乱，被报到了刘彻那里，刘彻当即派人查实此事，十分震怒，亲自下令对李延年及李季处斩并诛其族，因李广利正在出征大宛国而躲过一劫。

卫律因与李延年关系紧密，生怕连累自己，遂独自一人逃往匈奴，凭借着在汉地所学的知识和天生一张三寸不烂之舌以及对汉朝当下的了解，给且鞮侯出了各种计策，使匈奴明白汉朝其实也处在一个尴尬的境地，并非如想象的那般强盛。因此，他竟然成了单于的座上客，为且鞮侯出谋划策，其地位不逊于军臣时代的中行说和伊稚斜时期的赵信。

且鞮侯也确实把他当成个人物对待，甚至把他封为丁零国王，以示对他的器重。

因之前且鞮侯主动把宁死不降的汉朝使臣悉数放回，并自称汉朝是大人而匈奴是孩子，对汉朝释放了一个善意的信号。而刘彻也确实感到汉朝和匈奴之间已经打不起了，既然且鞮侯已经表达了匈奴的心愿，自己也就借着这个梯子走下台阶，对匈奴表示友好。所以于公元前100年，刘彻委派中郎将苏武和副中郎将张胜及临时的使臣常惠等，并招募士卒、斥候百余人，一同护送同样也被汉朝扣留下的匈奴使者返回，并携带汉地的重礼出使匈奴。

苏武，杜陵（今陕西省西安市东南）人，他的故事后来被改编为很多艺术形式，包括电影、戏剧和歌曲等，广为流传。他的父亲叫苏建，原系卫青麾下将领，曾参加过卫青指挥的与匈奴之间的全部战役，因战功显赫被封为平陵侯，在漠南战役中与后来叛逃至匈奴的赵信一起遭到匈奴大军的包围，他带少数人马侥幸逃脱，被汉武帝削为平民，后来被重新起用，出任代郡太守，最终病逝于任内。

关于苏建，王夫之曾经在《宋论》中提到了一笔，"武帝所遣度绝幕、斩名王、横驰塞北者，卫青、霍去病、李广、程不识、苏建、公孙敖之流，皆拔起寒微，目未睹孙、吴之书，耳未闻金鼓之节，乃以用其方新之气，而威行乎朔漠"。不过，与其父相比，苏武留给后世的名气更大，汉代史学家、文学家班固专门写下了《苏武传》一文，洋洋洒洒三千余言，写出了苏武坚贞不屈的精神。文章的语言千锤百炼，简省精净，将史家笔法与文学语言完美地结合为一体，事件讲述细致到位，人物形象刻画得入骨三分，让人读后印象深刻。

但是，当苏武一行把人和礼品送到匈奴王庭时，且鞮侯却表现得并非如信中所述的那样谦逊，而是露出一副傲慢十足的样子，举止之间根本就没把汉朝的使臣当回事。这事想想也该明白，因为卫律的叛逃，把汉朝的底牌都透露给了且鞮侯，且鞮侯也就不会再把对手当回事了。

就且鞮侯而言，卫律说得再详细，也不过是个外围人物，对汉朝的内部情况只知道个大概。但苏武就不一样了，他是朝廷命官，又是官宦子弟，从小就生活在核心权力圈内，所掌握的情况肯定比卫律更准确，范围也更大，比如他最想知道的汉军的布兵情况，目前的经济发展水平，以及整个国力，这些只有从朝廷命官的嘴里才能得到全面的了解，而仅靠一个卫律根本就不可能。

与此同时，卫律看出了且鞮侯的心思，也想在苏武身上打主意。毕竟自己来到匈奴后玩的全是口活，没什么实质的东西，如果能把苏武劝降，那可是一个实实在在的投名状。所以他主动对且鞮侯说，自己亲自去劝说苏武，争取让苏武留在匈奴，以他对汉人的了解，只要能给出一个不错的条件和类似国师的地位，以苏武的家世和背景，留下来的可能性一定会很大。如果软的不行再来硬的，只要能把人留住，再做下一步的打算。

且鞮侯听信了卫律的话，假模假式地要把苏武一行送走。但是就在这个时候发生了一个意外事件，给了卫律一个机会。

随同苏武前来匈奴的副使张胜有一个叫虞常的匈奴朋友，向张胜报告了一个惊人的消息：当年跟随赵破奴一起投降匈奴的那些士兵中，有包括浑邪王外甥缑王在内的一批原河西地的匈奴士兵，他们的家眷都还在汉地，而他们也早就适应了汉朝的生活方式，来到这冰天雪地的漠北以后，无论哪一方面都不舒服，尤其是且鞮侯对这批人并不予以重用，只是把最苦最累最危险的事交给他们去做。由于在匈奴过得不如意，他们萌生了集体叛逃到汉朝的想法。所以当虞常见到前来匈奴的张胜，就主动找到他报告了这一准备行动的具体方案：劫持且鞮侯的母亲及家人，杀了叛逃到匈奴的卫律，然后带领那批士兵返回汉朝。

张胜听了这个消息后，心中窃喜，觉得自己的机会来了，就想独自贪功而没有向苏武汇报，并且擅自参与了这一行动。当苏武等人已经完成使命准备带队启程回国时，且鞮侯却带人外出打猎去了，也就在这个时候，缑王、虞常趁王庭空虚，就联络了七十多人准备劫持且鞮侯的母亲及其兄弟。不幸消息走漏，被参与其中的一个人将叛乱密报给了单于的家人。且鞮侯的亲信们获知此讯，立刻在王庭周围设下埋伏，将参与叛乱的所有人全部包围，其中缑王等七十余人在混战中被杀，虞常被生擒。

不过，这起事件也明确地反映出且鞮侯的政治手段确实有待提高。他获知此事后，立刻返回王庭，暴跳如雷地要把所有参与这次叛乱的人员全部处死，包括汉朝派出来的使臣。卫律却表现得很冷静，阴险地对且鞮侯说，即便单于动手杀了这些人也无济于事，还不如趁此机会把这些人都劝降过来，这样无论从哪方面来说都能对汉朝形成震动。而根据刘彻的性格，他绝对不能容忍任何官员投降，一旦出现，其家人肯定要被杀头甚至灭族，这样就能使这些人死心塌地为匈奴卖命！

且鞮侯听了卫律的话，就命他先对苏武进行劝降。始终蒙在鼓里的苏武直到这个时候才知道发生了如此严重的事件，当卫律前来找他的时候，正赶上惊慌失措的张胜在说事件的真相。特别是张胜得知虞常还活着，自己已经吓得不知所措，知道这事已经瞒不住了，只能实话实说。

苏武闻听大吃一惊，自知难逃匈奴的追究，与其被捕受辱而死，还不如自行了断以保名节，于是便拔出佩剑欲自刎殉国。就在这时，被闯进来的卫律看到，当即上前夺下苏武手里的剑。根据班固在《苏武传》中的记载，苏武这一剑已经把自己严重割伤，甚至到了濒临死亡的地步。因卫律需要他活着，所以让懂医术的人赶快为其包扎抢救，把苏武从死亡的边缘又拉回来。

卫律对苏武说，你这又是何必呢？既然事已经发生了，你就是死了也难逃其咎，还不如向单于把过程说清楚，这样你也可以像我一样得到荣华富贵。否则的话，张胜参与了叛乱，你也要受到连带的惩罚。

苏武明白他所说的这个荣华富贵的含义，冷冷地看着他说，我本来就没有参与谋划，又不是他的亲属，怎么谈得上连坐？

卫律拿起剑，指着苏武说："我卫律以前背弃汉廷，归顺匈奴，幸运地受到单于的大恩，赐我爵号，让我称王，拥有奴隶数万，马和其他牲畜满山，如此富贵！苏君你今日投降，明日也是这样。即便今天杀了你，白白地用身体给草地做肥料，又有谁知道呢！"

苏武痛骂卫律道："你做人家的臣下，不顾及恩德义理，背叛皇上，抛弃亲人，在异族那里做投降的奴隶，我为什么要见你！况且单于信任你，让你决定别人的死活，而你却居心不平，不主持公道，反而想要使汉皇帝和匈奴单于二主相斗，旁观两国的灾祸和损失！很多事你都知道，南越王杀汉使者，结果九郡被平定。宛王杀汉使者，自己头颅被悬挂在宫殿的北门。朝鲜王杀汉使者，随即被讨平。唯独匈奴未受惩罚。你明知道我决不会投降，就是想要使汉和匈奴互相攻打。匈奴的灾祸，将从杀死我苏武开始！"

且鞮侯知道苏武这种人不可能向他屈服，在对他进行了残酷折磨后，将他扔到了北海（今俄罗斯贝加尔湖）去牧羊，并告诉他，什么时候公羊下崽了，就放他回汉朝。

就在缑王和虞常发动叛乱的时候，在浚稽山战役中被匈奴俘虏了的汉朝大将赵破奴趁乱逃出了匈奴看守的监督，和他的儿子赵安国一起抢夺了匈奴人的两匹快马返回了汉朝，向刘彻报告了被关押在匈奴三年多里见到的真实情况。时年已五十七岁的刘彻喜上眉梢，他觉得已经到与匈奴决战的时候了！

从建元开始，刘彻一生总共有十一个年号，除建元外，还有元光、元朔、元狩、元鼎、元封、太初、天汉、太始、征和、后元，每一个年号都有一定的政治含义，苏武出使匈奴被流放到北海牧羊的第二年，公元前99年，也就是天汉二年。在这一年中，无论是南方的刘彻，还是北方的且鞮侯，都觉得汉匈之间应该有一战了。

在之前的一年里，由于卫律的协助，且鞮侯平灭了缑王等人的叛乱，杀缑王、诛虞常、降张胜、徙苏武，把一起预谋劫持人质的叛乱事件处理得四平八稳，并且顺手也敲打了一下汉朝，唯一感到遗憾的就是被关押了三年的赵破奴趁乱逃回汉朝。

谁也不知道赵破奴逃回汉朝后究竟对刘彻说了些什么，让刘彻觉得已经到了灭掉匈奴的最好时机，经过了很长一段时间的思考后，他派出了宠将李广利统领四万大军，西出敦煌前往匈奴，寻找匈奴决战。同时派李陵率五千骑兵为李广利的先锋军，负责搜寻匈奴主力。

李陵，字少卿，宿将李广的孙子，他的父亲是李广的儿子李当户。李广一生有三个儿子，长子李当户，次子李椒，三子李敢。史书上只对李敢有比较细致的记载，而对于李当户只提了他为保护刘彻而拳打韩嫣这件事，之后就说李陵是李当户的遗腹子，至于李当户究竟是怎么死的，具体死在哪一年，都没有做明确的说明，只模糊地知道他和二弟李椒都死在了李广的前面。

起初，刘彻只是派李陵为李广利所率的军队提供后勤保障，但是李陵执意要出战，然而，谁都没想到，就是因为这一战，不仅彻底改变了李陵的命运，同时也改变了司马迁的人生。

历史将其称为"浚稽山之战"！

李陵出征了，而手里仅有五千人马，可他的对手则是且鞮侯亲率的三万匈奴精骑。在浚稽山下双方遭遇了，双方刚一开战，李陵就摆开了阵势，亲自带领弓箭手用强弩向敌军阵内射击，匈奴被一阵镞风箭雨射得无处躲藏，两军还没等交手，就已经造成匈奴士兵三四千的伤亡了。

汉匈之间的第一回合以汉军大获全胜而告终，消息传到长安，满朝欢喜。但且鞮侯并没有罢休，而是又调来了八万骑兵，加上前面的近三万人，总共十万多人对抗李陵的五千人马。在这种情况下，李陵只能且战且退，安排重伤员躺在车上，由轻伤士兵负责推车，伤势轻微的全部投入战斗，一路上连续打退匈奴的疯狂进攻，斩杀敌人三千余人。

与匈奴连续战斗了十几天，李陵率领士兵与匈奴在山林之间交战。古代战场上的骑兵，主要的优势在于速度快，冲击力强，可一旦进了山，在崎岖的山路上和丛林之中就很难发挥出骑兵的特点。匈奴所面临的正是这种尴尬，十几万人簇拥在陡峭狭窄的山林中，根本就无法伸展，况且匈奴是马背上的民族，一旦离开了马，就什么也不是，这是李陵之所以能够以少打多的关键因素。

李陵自幼跟随他爷爷李广学得一手在跑动中射箭的绝活，有百步穿杨的功夫，尤其是他使用的那张威力惊人的老弩，是李广从他的爷爷、原秦国名将李信手里传下来，后来又传到了李陵的手里。所以，当他移动在山林丛中的时候，拿着这张老弩不停地变换角度，把目标对准被众人簇拥在中间位置的匈奴单于，几乎都射中了身边的卫兵，把且鞮侯吓出一身冷汗。

看到李陵坚持了这么久，战斗力丝毫未减，依然英勇彪悍，且鞮侯也是心有余悸，疑惑地对部下说，这支汉军精锐善战，久攻不下，而且日夜引着我们往汉地的边塞走，莫非前方有强敌的埋伏？

且鞮侯的言语之中流露出了退兵的念头，但是他手下的将军们却提出了不同的意见，既然单于御驾亲征，我们有十万之众，何惧汉军区区几千人呢？于是两军在林莽之中继续奋战，这一次匈奴又白白损失了几千人。再这样和汉军继续纠缠下去，损失的兵将会越来越多，且鞮侯已经下定了退兵的决心。

李陵以五千人马对抗匈奴十余万人，斩首近万，挫了敌人的威风，令汉武帝和满朝文武大加称赞，但是，就在匈奴要撤出战场，汉军大获全胜的节骨眼上，因为一个人的出现，从而改变了整个战局，也改变了李陵的命运。

虽然李陵爱兵如子，但是他手下的校尉却并不是个个都这样。其中一个叫管敢的军侯（相当于现在的班长）就是因为受到了校尉的斥骂而怀恨在心，一怒之下竟然私自离队向匈奴投降了。他这一投降，立刻使形势急转直下。

管敢向匈奴透露了汉军当前的情况，特别说明李陵现在是孤军深入，前方既没有伏兵，后面也没有援军，战斗减员非常严重，所存的箭矢已经面临断绝。现在只有李陵和成安侯韩延年各领八百士兵艰难前行，而且前面就是开阔地带，只要匈奴派出精锐骑兵进行围攻，即可将他们全部消灭。

且鞮侯闻言大喜，立即派出骑兵从两路对李陵进行夹击。李陵率兵在山谷中行进，掩护韩延年率部突围，而匈奴则在山下向上射箭，一时间雨一般的箭矢射向汉军。而汉军的箭已经消耗完毕，士兵们在李陵的带领下，拿起各自的兵器与匈奴士兵展开了面对面的肉搏战。一直厮杀到傍晚，汉军虽然给匈奴带来了重创，但自己也损失非常严重。而另一路匈奴此时也从后面包抄过来，彻底截断了李陵的后路。李陵知道，此战已经失败。

到了半夜时分，李陵和韩延年各自带领了几十个士兵突围，却被成千上万的匈奴紧紧围困。韩延年不幸战死，只剩下满身是血的李陵，长叹一声："我没有颜面再见陛下了！"随后放下手中的剑向匈奴投降。

严格地说，李陵向匈奴投降，李广利有直接责任。就在匈奴十几万大军压向李陵的时候，距离仅有百里之遥的李广利却坐视不管，不但没有伸出援手，反而在远处表现得幸灾乐祸。他知道李陵瞧不起他，除了他依靠妹妹的裙带关系登上了帅位外，更瞧不起他的用兵之道。不过在这场战役的十年后，李广利同样也是在这附近兵败投降，他的下场比李陵更惨，不仅被刘彻诛灭全家，而且自己遭到了卫律的暗算，最终被匈奴所杀。

匈奴，最后的疯狂

但无论怎么辩解，李陵毕竟是投降了敌人，辜负了自己曾经亲口立下的战死沙场的誓言。如果在兵败之时，他能够拔剑自杀以身殉国，肯定会成为千古英雄，或者说自己被俘，像苏武那样坚贞不屈，也会受到世人的敬仰。但是他选择了投降这一最为军人所不齿的方式作为自己的归宿。就在他投降的前一天，他还向士兵们立下豪言壮语"吾不死，非壮士也"，以此激励手下的士兵。但是这话仅过了一天，他就向匈奴投降了，这让人无法为他辩解。

在长安的刘彻听到李陵兵败的消息，还以为他已经殉国，心情沉重地接待了李陵的家人，但是当他得知李陵向匈奴投降后，立刻暴跳如雷，而满朝文武也纷纷进言，痛斥李陵贪生怕死的行为。唯有生性耿直的太史令司马迁站出来，替李陵说公道话："李陵向来忠孝，常常为国家大事而奋不顾身。他率领五千士兵深入匈奴境内，与数万敌军作战，殊死搏杀，挫敌锐气，杀敌威风，即便后来战败，也不能掩盖他的英雄之举。至于他没有战死，恐怕是像赵破奴那样假意投降，以图日后继续为国家效力！"

最早时李陵向匈奴投降的初衷可能就是像司马迁所说的那样，先考虑自己的安危，之后再寻找机会返回汉朝为国效力，但是刘彻却一步一步地关闭了他的回归之路。尤其是李广利无功而返，在刘彻面前说了有关李陵投降的过程，更让刘彻怒火中烧，将全部怒气强加在了司马迁身上，以"大不敬"的罪名将他打进了牢狱。可怜的司马迁因家境贫寒没有钱为自己赎身买罪，最终被刘彻处以宫刑。从这个时候开始，他对刘彻痛恨至极，今天，我们在读《史记》的过程中，能清晰地感受到他为自己的不幸辩驳。司马迁已经充分考虑到《史记》的内容对汉朝尤其是对刘彻其人具有深刻的批判性，一旦过早出现很有可能会遭到武帝的焚毁，所以就安排了一些保护措施。后来，《史记》作为他女儿的陪嫁进了杨敞的家门，一直到杨敞的儿子杨恽长大后，在整理母亲遗物时偶然发现了《史记》，这才使这部五十多万字的伟大作品得以见到光明并广为流传。

不可否认的是，因为太史公对刘彻的个人恩怨，在写作《史记》的过程中难免带有个人情绪，所以有很多地方加入了作者一些主观意志，影响到了后人对汉朝乃至对刘彻这个人的一些历史评价，但《史记》仍不失为一部影响了全世界的中国历史大百科全书！班固在《汉书》中颇为感慨地说："恽母，司马迁女也。恽始读外祖《太史公记》，颇为《春秋》，以材能称，好交英俊诸儒。"

公元前 87 年，刘彻驾崩。

从公元前 141 年登基，到公元前 87 年人生谢幕，刘彻在皇帝的位置上坐了整整五十四年，是汉朝在位时间最长的皇帝，先后熬死了他的死敌匈奴军臣、伊稚斜、乌维、詹师庐、且鞮侯，如果把被伊稚斜打跑了的於丹也包括在内的话，总共六代单于都死在了他的前面，甚至就连且鞮侯的儿子狐鹿姑在刘彻死的时候也已经死在半道上了。

今天我们站在历史的高度上客观公正地评价刘彻这个人，可以将其一生分为三个阶段。从他执政的前期到中期，汉朝到达了鼎盛时期，国家统一，政局稳定，经济强盛，政治清明。然而，到了晚年以后，这位皇帝的执政能力却备受质疑。

晚年的刘彻志得意满，宠幸佞臣，听不进忠言逆耳的谏诤，独裁思想越发严重，导致经济严重下滑，百姓负担沉重，民不聊生。而他对群臣却变得暴戾无常，无端猜忌，偏执嗜杀，动不动就将冒犯自己的重臣灭族，兴起了数次株连万人的冤假错案。一场"巫蛊之祸"，就是因为听信了佞臣的谗言，殃及太子刘据和一生忠于他的卫子夫。而那些为大汉王朝立下汗马功劳的朝廷重臣，除了卫青、霍去病等人"侥幸"早死以外，几乎都惨遭横死没有善终。晚年时，他连续杀了李蔡、严青翟、赵周、公孙贺、刘屈氂五位当朝丞相，搞得朝臣人人自危，"丞相"一职成了被杀的同义词，无人敢去赴任。而上朝成了灾难，因为谁都不知道是否还能见到明天早上的太阳。

到垂暮之年，刘彻在痛苦与悔恨之中检讨自己的一生，对自己所犯下的错误进行了深刻的反思，颁布了中国历史上第一道帝王自责诏书——《轮台罪己诏》，但那些被他错杀冤杀了的亡灵还能饶恕他吗？在《轮台罪己诏》的最后，他带着深深的忏悔表达了自己的歉意，或者是因了中国的一句著名谚语"人之将死，其言也善"吧。

刘彻虽然贵为皇帝，但也逃脱不了死神的光顾，这是自然规律，毕竟地球还要转，时代还要前进，更重要的是，匈奴仍然会继续进犯中原！

对匈奴来说，给他们造成噩梦的人物刘彻死了，并不代表他们的日子就此好过了许多。尽管且鞮侯活得小心加小心，也没有摆脱早死的厄运。早在公元前97年，刘彻发动倾国之力再次大规模进攻匈奴，意欲重树霍去病时代的雄威，由李广利率马步军共十六万出朔方，游击将军韩说带铁骑三万出五原，公孙敖领步军四万出雁门，汉朝的目的非

　茶战3：东方树叶的起源

常明确，就是要彻底把匈奴这个民族从地球上抹掉。

活得谨慎又小心的且鞮侯一看汉朝摆出了拼命的架势，知道自己不敢面对面地硬碰，就学着他爹伊稚斜那样，把全部辎重统统都搬到余吾水（今蒙古国土拉河）以北，自己亲自统率匈奴十万大军列河水以南，做出了要和汉朝一决高下的准备。虽然两军惊心动魄地混战了十天未分出胜负，但是匈奴毕竟地广人稀死不起，在互相都消耗了近五万人后，且鞮侯知道，再继续打下去，匈奴必然会彻底灭亡，所以就趁夜逃出了汉军的包围，渡过了余吾水。也许是因为受到了惊吓，在这场战役后不久，且鞮侯就得病而死，他的儿子狐鹿姑继位。

狐鹿姑是一个很平庸的人，从公元前96年继位，到公元前85年病死，在单于的位置上坐了十一年，几乎什么事也没做出来。这倒并非他不想做事，而是自己的水平太差了。公元前93年他派出了五千骑兵进犯汉境的屋兰（今甘肃省张掖市内）、番和（今甘肃省永昌县内），却没想到，遭到汉朝属国兜头盖脸一顿痛击，匈奴狼狈逃窜，死相极其难看，有损亚洲第一强国的形象。

这么不禁打，可能是因公元前97年那场汉匈大战中，匈奴被汉朝打伤了元气，始终处在恢复之中。但是，从另一个方面来说，也正说明了狐鹿姑所具备的矛盾性格，比如他最担心的是汉兵发起突然进攻，就采用卫律的建议，"穿井筑城，治楼以藏谷"，以防汉军突然袭击。总之在这十一年里，他不但没做出什么事，反而造成贵族之间的矛盾愈演愈烈，以至于在他死后，围绕着谁来继承单于的问题，匈奴王庭上演了一幕又一幕杀声震天的惊悚闹剧。就连他本人也在选择谁是接班人的问题上出尔反尔，从而使混乱的内部矛盾不断加剧。

但是，也恰恰就是这个狐鹿姑，在公元前90年，歪打正着地击败了李广利，使其向匈奴投降。

倡门出身的李广利曾经和他的兄弟一样，凭着一副嗓子走街串巷唱小曲过日子，而他妹妹则在平阳公主家的唱歌班，因相貌出众被平阳公主送给了刘彻，从此一步登天成了刘彻的宠妃，摇身一变从唱小曲的变为了李夫人，从此她的几个哥哥都跟着她博得上位。可没想到红颜薄命，李夫人刚刚过了几天一人之下万人之上的娘娘生活，在为刘彻生下儿子刘髆之后，一病不起呜呼哀哉。她死后不久，他的两个哥哥李延年和李季逐渐失宠，可这兄弟俩却仍然在后宫里大肆淫乱，被臣子向刘彻举报，刘彻大怒，杀了二李兄弟似乎还不解恨，又诛了他们全家，唯独正在征战大宛国的李广利侥幸逃了这一劫。

好在大宛一战获得了胜利，在威震了西域诸国的同时，也让刘彻似乎忘记了李家还有这么一个人，也确实因为汉朝实在没人可用，能带兵打仗的更是屈指可数，所以李广利成了汉朝不多的可用之人。李广利虽然打仗不行，但是听任刘彻的摆布，只要刘彻一声令下，从来不讲任何条件立刻出发。

公元前 90 年，时年六十七岁的刘彻命李广利领七万大军从五原（今内蒙古包头市）出发，商丘成率三万人出西河（今内蒙古东胜境内），莽通带四万骑兵向西出酒泉，三路大军共计十四万人分头向匈奴腹地挺进。此战也是刘彻最后一次主动发起的大规模进攻。

起初，狐鹿姑并不敢迎战，也要学着且鞮侯那样，将人马退至余吾水后，但是卫律却对他说，一旦撤退，匈奴就将没有后路，必须与汉军决战到底。狐鹿姑这才决定要迎击汉军，并亲自指挥匈奴三路大军，将汉军各个击破。

商丘成出塞后，因没有发现匈奴军队，而自己又是孤军深入，最大的担心就是后勤补给万一跟不上，会出现不敢设想的后果，所以就打算暂时撤军。而狐鹿姑发现商丘成要撤军的迹象后，立刻令李陵与一匈奴将军率领三万骑兵予以追击。双方在九年前李陵与且鞮侯大战的浚稽山相遇，故人相见故地重逢，让李陵百感交集，曾经是一起征战匈奴的战友，而今却变成两军阵前的敌人，当初投降匈奴只是权宜之计，没想到刘彻杀了他的妻小，诛了他全家，连仅一岁的幼子也不放过，他从此断绝了回家的念想。现在面对的是他自己的同胞，虽然是刘彻的军队，但是他却举不起手里的刀，所以只能敷衍迎战。

商丘成与李陵率领的匈奴骑兵在浚稽山下转战了九天，多次在陷入敌人重围后又"奇迹"般地击败匈奴，并且杀死匈奴数千，从浚稽山一直打到蒲奴水（今蒙古国西南翁金河），汉军越战越勇，而匈奴则节节败退，最终以李陵"战败"退兵，从而结束了这场战斗。

而莽通所率的汉军从酒泉出发直扑天山，与匈奴大将偃渠和左右呼知王所带领的两万人马遭遇，莽通立刻摆开阵势，要与匈奴展开厮杀，可偃渠见汉军阵容整齐，不敢迎战，急忙率军撤退。在这条战线上，一向与匈奴交好的车师成了倒霉蛋。早时，刘彻担心车师会与匈奴相互勾结，对莽通形成围击，就先派出了开陵侯成娩（原匈奴投降汉朝的介和王）率领楼兰、尉犁、危须等西域六国向车师发起了进攻。车师王一见到城下黑压压的军队，连像样的抵抗都没有，就打开城门向汉军投降。

在三路大军中，李广利所率的汉军无疑是主力中的主力，这也是刘彻最期待的一场搏杀，没想到的是，这场理论上没有任何悬念的战役，却被李广利打输了。

然而，可笑的仅是他的人生，可买单的却是数万条人命！

与匈奴刚交手的时候，李广利信心满满，汉军肯定能以强大的兵力，一鼓作气地将匈奴彻底消灭。而狐鹿姑恰恰在这一点上缺乏自信，甫一出手就暴露出了他的短板，他不想与汉军对峙死扛，所以只是派出了他的右大都尉与卫律，带着五千人马前往迎战。卫律考虑到汉军经过长途跋涉，一路疲惫不堪，所以就把五千匈奴埋伏在夫羊句山（今蒙古国达兰扎达加德西）的山峡中，试图以逸待劳，对汉朝的疲劳之师实施围歼。

应该说卫律的想法确实准确，判断也非常精准，但是匈奴却早已不是先前的匈奴了。这是因为在与汉朝连年的征战中，匈奴青壮年已经死伤殆尽，尤其是公元前97年且鞮侯与汉朝在漠北的那场战役中，虽然双方未见胜败，但是匈奴一次就损失了五万人，这对于匈奴来说实际上已经败了，而且败得很惨。不是他们败不起，而是根本就死不起！所以在这场战争中，匈奴派上战场的士兵年龄成分很复杂，上到五六十岁的老翁，下到十三四岁的娃娃，都被强征到了战场，哪里能打得了仗，说是五千，真正能与汉军拼杀的，连五百也不足。

李广利首先派出属国胡骑两千人前往迎战，而对面的匈奴人根本就不是这两千名凶神恶煞的壮汉的对手，开战时间不长，匈奴便败下阵来，四散奔逃，跑得快的，算是侥幸捡回了性命，而那些跑得慢的，不是被马踏而亡就是成了汉军的刀下之鬼。

这一战胜得太简单了，李广利甚至有些飘飘然，自以为真的是天下第一常胜将军。但是就在这个时候，突然从长安传来了一个消息，如晴天的一个霹雳，在他的耳边炸响。

刘屈氂被杀！

刘屈氂是中山靖王刘胜的儿子，刘彻的侄子。刘胜究竟有多少个儿子，恐怕连他自己也数不过来，据《汉书》中说，仅有名有姓的就有一百二十多个，没有名分的无法统计。由于子女众多，所留下的后代就更多了，就像三国时期的刘备也自称是中山靖王之后。以至于到了五代十国后汉高祖、沙陀人刘知远也自称是刘胜的后人。

刘屈氂确实是刘胜的儿子，这一点毋庸置疑。公元前91年秋，刘彻身患小恙，远在甘泉宫（今陕西省咸阳市淳化县北）避暑，听信了奸贼江充指使胡巫的欺骗："皇宫中大有蛊气，不除之，上疾终不瘳（病不愈）。"武帝信以为真，派江充成立专案小组，严加审查。江充一时权倾朝野，因其与太子刘据有仇隙，遂谗言陷害太子，在太子宫掘蛊，掘出桐木做的人偶。刘据恐惧，发兵诛杀江充。江充的党羽逃往甘泉宫报告刘彻说，太子已起兵造反。

不问青红皂白的刘彻立刻命刘屈氂带兵前往镇压刘据，刘据被逼自杀，皇后卫子夫也受到牵连，亦悬梁自尽。这就是骇人听闻的"巫蛊之祸"。刘屈氂也因镇压"太子谋反"有功而升为丞相，但是"巫蛊之祸"并未因为刘屈氂做上丞相而结束，反而在他的策划下，继续诬陷更多人参与了太子的谋反，其中包括为刘彻征战南北的前丞相、已被抓进监狱的葛绎侯公孙贺以及他与卫子夫姐姐卫君孺所生的儿子公孙敬声，两人皆被冤死在狱中。

后来，刘彻知道了事情的真相，为自己失去了太子而深陷痛苦之中，虽然下令诛杀"巫蛊之祸"的始作俑者江充三族，但已无济于事。刘据死后，宫中再无太子，刘彻年龄已高，立储立刻成为最重要也是最敏感的议题。就在李广利出征匈奴之前，他和刘屈氂秘密协商，争取立他妹妹李夫人所生的昌邑王刘髆为太子。结果此事被刘彻安插进刘屈氂家里的内者令郭穰听到，密报了刘彻。刘彻闻报大怒，下诏彻查刘屈氂和李广利的阴谋，派兵捕获刘屈氂及其家人，并将刘屈氂夫妇绑缚在车上沿途游街示众，至长安东市腰斩处死，其妻同时被枭首问斩，子女家人一并入狱，李广利的妻小也已经被关进了监狱，只等李广利从匈奴返回后一并解决。

正在征战的李广利获知事情已经败露，即便获胜班师也难逃一死，所以在夫羊句山谷初战得胜以后，他陷入了极度的矛盾之中，如果现在立刻收兵回朝，肯定将面临与刘屈氂同样的下场，而唯一能拯救他与家人的方式，就是要扩大自己的战果，最好能一鼓作气将匈奴彻底剿灭！

于是，李广利率军继续深入，直抵郅居水（今蒙古国色楞格河）。

走得太远了，直线距离甚至已经超过了当年霍去病远征狼居胥。而在这里，李广利遇到了一支前来送死的匈奴大军，左贤王带了两万大军在这里守候，见到汉军后立刻就进入战斗状态。可是，匈奴士兵已经不同于往昔的虎狼之师，现在上战场的基本上非老即小，丝毫没有战斗力。经过一天血战，汉军阵斩匈奴大将，消灭匈奴半数以上，再次取得了赫赫战果。

但是李广利对此仍不满足，因为这还不足以弥补他的死罪，仍坚持继续往北进攻，一直打到霍去病当年去过的地方——北海（今贝加尔湖）。然而，他的部下却发生了内讧，李广利手下的长史与属国胡骑辉渠侯见大军深入匈奴境内太远，而且已经造成很多士兵死亡，所以实在搞不明白李广利究竟是什么意思，就意欲将他绑架，然后下令班师。但是消息走漏，在尚未动手之前，就被李广利抓获，并将二人当场斩首。

而匈奴的狐鹿姑这个时候也发现了李广利正在一望无际的荒漠中漫无目的地寻找匈奴主力，就和卫律制订出了一套作战方案，派出五万主力，把汉军引诱到燕然山（今蒙古国杭爱山）附近，利用地势的优势，将汉军一举歼灭。

李广利果然上当了，追着匈奴就打。他所不知道的是，前来挑战的是真正的匈奴主力，并非之前两战的老少兵团，而全部都是生力军，这也是匈奴最后的核心了，狐鹿姑把自己的家底全部都遣出来，就是要一战解决汉军。

来到了约定的地方后，匈奴却突然收兵，在汉军阵地不远处开始动手挖掘一条宽有丈余深达数尺的壕沟，然后策兵迂回，五万人同时向汉军发起了猛烈的攻势。这时，已经疲劳过度的汉军士兵再也经不起冲击，突围已经无望，后退的路也被匈奴的壕沟挡住，要想活命，唯一的选择就是向匈奴投降！

茶战 3：东方树叶的起源

李广利已经被逼上了绝路，他无路可逃，只能下马向匈奴投降。而他带领的七万大军，除战死和累死者外，全军覆没，无一漏网！此战史称"燕然山之战"，是汉武帝时代败得最惨的一场战役！

消息传到长安，刘彻大惊失色。也许是他太相信李广利了，以至于惨败到了这个地步。恼怒之余，他命人把羁押在狱中的李广利家人悉数提出，包括其亲属在内拉到外面全部斩首，诛灭三族。可怜的李家，自从李夫人死了以后，先是李延年、李季被灭，此番已经是第二次灭族，从此李氏一门除李广利尚且苟活外，已经全部死绝，再无传承。

而李广利也从这个时候开始，生命进入了倒计时！

狐鹿姑打败了强大的汉朝，手里有了一张政治王牌，他派出使者前往西域各国游说，希望诸国认清形势，重新归附匈奴，同时重新向汉朝提出和亲要求，匈奴单于是天之骄子，汉朝既然已经战败，就要顺从匈奴的诏令，并且指定汉朝公主嫁给狐鹿姑，条件是汉朝每年须向匈奴进贡百万石美酒，五千斛稷米，丝绸绢帛万匹以及树茶千斤，其他则按照冒顿与汉高祖当初订立的约定执行。

这简直就是讹诈！

如果是在以往，刘彻必定拍案而起，但是此番他却没有理睬，而是派出使臣前往匈奴讨论停战议和条款，同时颁布了《轮台罪己诏》，因为连年征战已致"文景之治"以来国库亏空，民不聊生，他向全体百姓谢罪。

李广利投降匈奴之初，因地位是汉朝统兵元帅，所以受到了狐鹿姑的极大宠遇，享有国宾级待遇，狐鹿姑甚至把自己的女儿也嫁给了他，地位远远超过了之前投降匈奴的卫律和李陵。此举引起了心胸狭隘的卫律极大的妒忌，于是就处心积虑地要除掉李广利，以泄私愤。适逢狐鹿姑的母亲病重，卫律串通了巫医游说狐鹿姑，说这是其父王且鞮侯托梦，李广利一生与且鞮侯征战多次，且鞮侯每次出征前都要说一些类似要把李广利项上人头拿来祭旗的言论，而今你已经俘虏了他，不但不杀反而视为上宾，所以且鞮侯托梦给阏氏，一定要杀了李广利他才能安然，云云。

狐鹿姑是个孝子，听到巫医的话便信以为真，当即就把李广利收押，请巫医算了一个好日子，把李广利送上了祭坛。李广利自知命已休矣，对天长叹了一口气，大声咒骂："我死天必灭匈奴！"

李广利被杀的时候，李陵也站在下面，冷眼看到了这一切，不知内心究竟做何感想。

没想到，李广利一语成谶。虽然他的人头被狐鹿姑祭了天，但并没有给匈奴带来好运，他的母亲也没有因此好转，反而病情加重，而匈奴也没有迎来风调雨顺，反倒灾祸连年，夏季遭遇蝗灾，秋季再降瘟疫，好不容易熬过了这多灾多难的夏秋时节，到了冬天却又连逢雪灾，致使牲畜大批冻饿而死。狐鹿姑十分恐惧，想起了李广利临死之前所说的那句诅咒，深信自己误听谗言杀错了好人，因而触怒了老天。于是又赶紧为李广利建庙立祠，把他的尸体挖出来，重新安上一个纯金的人头，以图心安。由于李广利的人头是纯金打造的，在重新埋下后不久，就被盗墓贼给挖出来偷走了。

唉！活得不济，死也窝囊！

刘彻死后的一年多，公元前 85 年狐鹿姑也死了。

狐鹿姑死后，壶衍鞮、虚闾权渠、握衍朐鞮像走马灯一样，死了一个立刻又补上一个，曾经强悍的匈奴如黄鼠狼下老鼠，一代不如一代。历史上所有强悍民族都无法冲破一个一代不如一代的衰败怪圈，而一旦进入这个怪圈，就会越发衰败。匈奴的衰败是从军臣开始，经过了伊稚斜、乌维、且鞮侯，发展到后来的分裂，分裂是由狐鹿姑一手造成的。

　　　　　　　　　　　　　茶战 3：东方树叶的起源

刘彻死了的消息，让狐鹿姑倍感兴奋，他觉得上天终于给了他一个重振匈奴的机会，可以放开手与汉朝一搏。可是事与愿违，还没等到放开手去实现自己的宏伟大志，他就一病不起。病中的狐鹿姑知道自己已经命不长久，就立下遗言由他的弟弟右谷蠡王接任单于。但是他却没想到，等他死了以后，他的阏氏和卫律更改了遗嘱，改由他的儿子左谷蠡王继位，就是后来的壶衍鞮单于。此举引得右谷蠡王暴怒，联合狐鹿姑的另一个儿子左贤王一起，从此不听壶衍鞮的调遣，为匈奴分裂埋下了伏笔。

不过，壶衍鞮是个赌徒，他在一片争议中登上大位，想通过发动战争来提高他的影响力。于是，他上位不久，就派出了四千人马，进犯中原王朝。原以为好战且能战的刘彻死后，新接班的汉昭帝刘弗陵年龄还小，可以趁机欺负一下，却没想到皇帝虽小，可身边站着一个狠人，尽管是个文人，可出手比武将还歹毒，至少武将们还知道"缴枪不杀"，可这个文官只对数字比较感兴趣，他只要死的！

霍光，霍去病的弟弟！

霍光只消一仗就把壶衍鞮给打清醒了，去了四千回来二百，汉朝依然不好惹，他这才信了卫律的话。

匈奴已经衰败了，与此同时，就连当年曾经被匈奴奴役的乌桓、丁零等国，在沉寂了一百多年后，也变得日渐强盛。尤其是与匈奴有世仇的乌桓，借着匈奴落寞之际，对匈奴展开了一系列的复仇行动，甚至挖开了冒顿的坟墓，对其挫骨扬灰，以示对他的仇恨。

乌桓的前身是当时亚洲最强盛的东胡，冒顿早年杀了他父亲头曼单于并自立为单于，第一个先灭掉了东胡，杀了东胡王，东胡人一奔两散，跑进乌桓山的后来被叫作乌桓，跑到鲜卑山的被称为鲜卑。

从那个时候开始，乌桓人就再次繁衍生息，随水草放牧，以穹庐为室，常向匈奴进贡，匈奴每岁向乌桓征收牲畜、皮革，这种现象一直到公元前 119 年霍去病把匈奴赶出了漠南才被打破。从此乌桓臣属汉朝，并南迁到渔阳、上谷、右北平、辽东、辽西五郡塞外放牧，代汉北御匈奴。

乌桓最重要的转折点，是公元前 78 年，匈奴单于壶衍鞮再次遣兵三千进犯五原，攻破城池，杀戮数千，劫得财物若干。而乌桓却趁着这个机会，偷偷地掘取了冒顿的冢墓。壶衍鞮闻听大怒，亲自带领两万人马出击，要将乌桓人全部杀光。而汉朝则派出了范明友悄悄跟随在乌桓人的身后，待匈奴人马冲向乌桓人的时候，突然率军冲到前面，对毫无防备的对手进行肆意砍杀，也不管是乌桓人还是匈奴人，冲进去抢刀就砍，此一战就斩杀六千余人，缴获战马近万匹，更有上万匈奴士兵投降。

此战再次狠狠地打击了匈奴的锐气，壶衍鞮所率匈奴人马被歼灭了十之八九，斩杀乌桓头目三人，死伤更是不计其数。壶衍鞮最终在不足三百人的掩护下杀出重围逃回漠北。

关于乌桓人挖掘冒顿冢墓的事，史书上从没直接说出究竟是谁给乌桓人出了这么个主意，也从没有人主动承认过这个事实。根据范明友能够率军悄悄跟随在乌桓人身后这一细节来看，这个主意十有八九是汉人所出，最大的可能就是霍光，而究其目的就是利用乌桓人挖掘冒顿的坟，让匈奴人大怒，然后派出人马攻击乌桓人，汉军趁这个时候冲入敌营，出其不意地对匈奴发起攻击，以最快的方式将敌人歼灭。

第四章

一失足成
千古恨

　　在商业全球化的大背景下，古老的中国茶，既遭遇了咖啡文化的正面进攻，又面临欧美茶叶品牌的强势挑战，在前后夹击的情况下，传统茶叶的出路在哪里？这是一个值得思考的问题。

　　人类走入信息文明时代的今天，各行各业随之风云突变，传统业态遭到了前所未有的打击，不少源自中国的创新产品已然闪耀全球。

　　然而，一成不变的中国茶，是否应该反思如何发挥起源地、多样性和高品质的三大优势？如何贴合现代的生活方式和消费观念？如何成为"一带一路"倡议下的中国文化符号？为了强化中华传统文化自信，如何融入现代科学技术和生产方式？让中国茶激扬天下，是我们这个时代的一道必答题！

—— 茶人　叶扬生

分裂的匈奴

　　茶叶的原产国毋庸置疑是中国，这一点已经得到了中国农业科学院茶叶研究所虞富莲教授的认同，他在《中国古茶树》中，专门提到了 1988 年在贵州省晴隆县箐口乡和 1992 年在紫马乡发现的茶籽化石，表明茶叶的原始发祥地是在中国贵州。

　　既然已经明确了茶叶的发源地，那么后来茶叶究竟是通过什么渠道传播出去的？从史料上看，可能有三种不同的渠道。一是通过著名的"卡莱战争"经丝绸古道传播到了中亚，之后再由中亚向欧洲传播；二是通过匈奴西进，经中亚进入欧洲；三是唐朝中期的怛罗斯战役，由大食帝国传到了欧洲。乍一看这三个路径各不相同，但实际上走的是同一条路，即丝绸古道，而这同一条道路上的传播方式又都是战争！

　　今天，当茶界反复强调茶叶"兴于汉代，盛于唐宋"时，必然要联系到丝绸古道，其实这是错误地理解了这条古道在历史上的真正意义。复旦大学历史地理研究中心主任葛剑雄教授在《丝绸之路的历史真相》一文中特别提到了这条古道："实际上中国历史上，从来没有为了贸易和利润开辟过这条路。这些历史现在有些人不清楚，还以为是中国人为了卖丝绸才开了丝绸之路。"这就等于直接说明了，张骞开辟这条古道的时候，事实上政治因素要远远大于经济因素，说白了就是因为战争。原产于中国的茶叶和丝绸，与其他物料一样，同样也是通过战争传播，比如丝绸之所以能与腓尼基红结合，就是罗马人通过卡莱战争（罗马与安息帝国之间的战争）在安息帝国认识了这种从来没有见过的面料，而这场战争的另一个结果就是间接地挽救了濒临灭亡的匈奴帝国，让其有了喘息的时间。如果再往深处分析，后来促成北匈奴西迁欧洲的主要原因，从某种意义上说，正是这场战争。

从本书的角度出发，这场战争亦是茶叶最重要的传播媒介！

壶衍鞮是个赌徒，更是个疯子，他很清楚凭借自己的实力无论如何也打不过汉朝，但仍想通过战争来抬高自己的地位，于是掉转枪口把一肚子的怒气撒向了西域的乌孙国。原因居然是乌孙与汉朝的结亲。

关于汉朝与乌孙的和亲，还得从张骞二次出使西域回来以后说起。公元前115年，跟随张骞来到汉朝的乌孙使者回国后，向国王（昆莫）猎骄靡盛赞汉朝的广大和富庶。乌孙看到了汉朝的强盛，同时又惧怕匈奴报复性的侵略，于是自动地结好于汉，遣使献马，表示愿意和亲，结为昆弟之交。

刘彻当即就同意了乌孙的要求，于公元前105年把汉江都王刘建的女儿细君公主嫁给了猎骄靡。《汉书·西域传》记载，细君公主出嫁时，汉武帝"赐乘舆服御物，为备官属侍御数百人，赠送其盛"。细君公主到达乌孙后，猎骄靡封她为夫人，随从工匠为她建造了宫室。

当时的匈奴单于乌维听到乌孙与汉朝联姻以后，立刻把自己的女儿嫁给了猎骄靡，猎骄靡只好把细君公主封为右夫人，把匈奴公主封为左夫人。匈奴尚左，猎骄靡左胡妇而右细君，显然是因为他仍畏惧匈奴。

性格内向且初嫁异乡的细君公主，远离故土，语言不通，生活难以习惯，思念故乡，作了一首《悲愁歌》流传至今：

> 吾家嫁我兮天一方，
> 远托异国兮乌孙王。
> 穹庐为室兮毡为墙，
> 以肉为食兮酪为浆。
> 居常土思兮心内伤，
> 愿为黄鹄兮归故乡。

这首满是乡愁的悲歌后来传到了刘彻的耳朵里，让他颇为动容，专门派出使者前往乌孙慰问细君公主，并带去了一顶漂亮的锦绣帏帐给她，以安抚她的思乡之情。

两年后的公元前103年，年迈的猎骄靡去世。乌孙与匈奴有一个共同的风俗，女人可以改嫁丈夫的兄弟、子孙或其他亲属。细君公主为人懦弱，临终前的猎骄靡出于善意，劝她改嫁他的孙子军须靡。细君上书请示汉朝皇帝，汉廷为了与乌孙合力对付匈奴，命其遵照乌孙习俗行事。

细君公主遵命与军须靡成婚，一年后生下女儿少夫。可能因为产后失调，再加心情苦闷不堪，羸弱幽怨的细君公主在下嫁乌孙后的第五年与世长辞，终生未能再回中原故里。

细君公主病逝后，公元前101年，乌孙国昆莫军须靡再派使臣来到长安，上书汉廷为乌孙王求娶汉家公主，以此延续乌汉联盟，垂怜大王失去细君公主的悲痛，汉武帝爽快地答应了乌孙的请求。于是，刘彻又将解忧公主续嫁乌孙。

解忧公主的家世与细君公主大致相同，原是楚王刘戊的孙女，刘戊因在汉文帝刘恒生母薄太后病逝期间饮酒作乐，被汉景帝刘启罚其封地。刘戊不服，遂跟随参与了吴王刘濞的"七国之乱"，战败后自杀身死，从此被褫夺了王位。

当汉武帝刘彻需要解忧公主续嫁乌孙时，尽管她全家都不同意，但诏书就是皇帝的命令，谁也不能违抗，必须服从。只要拨开尘封了两千多年的历史，就不难发现这位传奇色彩浓郁的解忧公主，性格与细君公主截然不同，属于既足智多谋，又古灵精怪的那种类型，和很多年前上演的琼瑶的电视剧《还珠格格》里小燕子的形象很像。正是因为这种性格，解忧公主不仅得到了军须靡的宠爱，更受到了乌孙人的尊敬，甚至在王宫中有大臣对她以"国母"相称。

这就是匈奴壶衍鞮进犯乌孙的原因。

由于解忧公主在乌孙有极高的政治影响，对匈奴经营西域构成了威胁，所以壶衍鞮觉得，如果要解决乌孙昆莫军须靡的投汉倾向，首先要解决的就是解忧公主。

于是，他专程派出使臣前往乌孙，要求军须靡把解忧公主交给匈奴，同时出兵进犯乌孙边域，以车师作为跳板，长驱直入车师腹地，强行吞并乌孙东部小城恶师（今新疆乌苏市附近）和车延（今新疆沙湾县），杀人越货，掳掠当地人的财物以及牲畜等，引起了乌孙极大的恐慌。

解忧公主立刻给汉朝写信请求派兵支援，但她所不知道的是，此时汉朝因汉昭帝刘弗陵已经病入膏肓，以霍光为首的满朝文武无暇顾及朝廷以外的事，正在全力以赴地寻找新的皇帝人选。

刘彻一生共有六个儿子，除了死在"巫蛊之祸"中的戾太子刘据外，第二个儿子刘闳早卒；第三个儿子刘旦在刘据死后，主动请求刘彻希望能登太子位，遭到刘彻的贬斥；四儿子刘胥是个花花公子，行为举止颇具中山靖王刘胜遗风，自知太子大位与他无关，所以整日除了喝酒作乐就是游山玩水找女人，根本就不关心朝政那一套；第五个儿子就是李广利妹妹李夫人所生的刘髆，因李广利与丞相刘屈氂勾结，欲立刘髆为太子，被刘彻识破致使阴谋败露，刘屈氂被杀，李广利败走匈奴，而在刘彻临死的前一年，刘髆死掉；第六个儿子便是刘弗陵。

据说刘弗陵的母亲钩弋夫人是个传奇女子，是刘彻在外出打猎时意外获得的一个猎物，她于公元前94年生下刘弗陵。刘彻很喜欢这个幼子，又担心钩弋夫人年轻，将来会祸乱朝政，在立了刘弗陵后，动手杀了钩弋夫人，史称"立子杀母"。公元前87年刘彻驾崩，年仅八岁的刘弗陵在霍光、上官桀、桑弘羊等人的辅佐下登上皇位。虽然从年份上看，刘弗陵在位十三年，但真正掌握朝政没有几天，一直到公元前74年因病而亡，几乎一生都在病中。

由于刘弗陵生前没有子嗣，皇帝只能从刘氏宗亲中寻找，幸运之神落到了刘髆的儿子刘贺的头上。李广利生前冒着掉脑袋的风险，也要把他的外甥刘髆扶上大位却没有实现，可到了下一代，竟然得来全不费工夫。可能连刘贺自己都没想到，皇位从天而降砸中了他的脑袋，于是他喜气洋洋地从封地昌邑走进了京城未央宫。

从刘贺登基的第十天起，霍光就有了要废掉他的念头，原因是这位新皇帝说话办事太没谱，花天酒地，美女如云，不通礼仪，没有规矩，这些都不算什么，关键问题是社稷大事似乎与他无关。从登基到被赶出皇宫，刘贺总共做了27天皇帝，却做下了1127件荒唐至极的事。国家一旦落在他手里，基本上很快就会被他亡掉。于是，霍光就奏明刘弗陵的皇后上官氏下诏，废掉刘贺，封海昏侯，即刻滚出京城。

据中央电视台报道：2011年3月，江西省文物部门接到群众举报，江西省南昌市新建区大塘坪乡观西村附近山上有一座古代墓葬遭到盗掘，文物部门立刻对该墓葬周边区域进行了考古调查。历时5年多，考古工作者一共勘探约100万平方米，发掘约1万平方米。它也是中国发现的面积最大、保存最好、内涵最丰富的汉代列侯等级墓葬，2015年入选中国十大考古新发现。墓葬中发现了大量的文物，整个墓园大概占地4万平方米，成套出土的有编钟、编磬、琴、瑟、排箫、伎乐俑；竹简、木牍以及有文字的漆笥、耳杯等数以千计；五铢钱10余吨近200万枚；花纹惟妙惟肖的青铜雁鱼灯、青铜火锅；青铜镜上镶嵌着玛瑙、绿松石和宝石等，都是汉代考古文物珍品。车马坑出土了实用高等级马车5辆，马匹20匹，错金银装饰的精美铜车马器3000余件。这也是中国长江以南地区发现的唯一一座带有真车马陪葬坑的墓葬。据考古学家和历史学家考证，此为汉代海昏侯刘贺之墓。

国不可一日无君，赶跑了刘贺，霍光另立戾太子刘据之孙刘病已，后来改名刘询，是为汉宣帝。

早几年几乎所有人都认为，关在长安天牢里的刘病已死定了，除非有奇迹发生。可是奇迹还真发生了。

出生没几个月就被关进了监狱，刘病已这辈子连平平安安做个老百姓都是奢望，谁都没有想到，他却鬼使神差地成为皇帝，可能"吉人自有天相"这句古老的谚语确实包含着很多不好解释的道理。比如刘病已，他能够活下来本身就是一个奇迹，更何况还能当上皇帝。他从婴幼儿到童年时期的坎坷经历，今天即便是再会编故事的作家也编不出像他那样惊心动魄险象环生最终逢凶化吉坐上皇位的传奇人生，而且每走一步都是在贵人的庇护下，就像木工的榫卯一样精确得不差一丝一毫，如果稍有半分差池，那就意味着中国的历史将要改写。

而造成这一切的根本原因在于他是太子刘据的孙子。

他的父亲，是刘据之子刘进，在那场惊天动地人人自危的"巫蛊之祸"中，刘据遭到了江充等人的陷害，晚年昏聩的刘彻竟然相信佞臣听从谗言，丞相刘屈氂率兵前往捕捉，刘据奋力反抗，终因寡不敌众，怀抱两个幼小的孙子向南奔覆盎城门而去。当时刘进正在家里看护刚出生不久的幼子刘病已，没有跟随他父亲刘据一同逃走，结果被抓。随后，刘进及生母史良娣和刘病已的生母王翁须以及姑姑（皇女孙）皆在长安遇害，刘进的姬妾和门客皆被处死，无一幸免，唯独襁褓中的刘病已逃过一死，被收了郡国在长安的府邸中临时设置的官狱里。

"巫蛊之祸"案发以后，刘彻调丙吉进长安，负责在狱中审理有关疑犯。经过初步审查，丙吉心里知道了太子并无真正的罪过，更为幼小的皇曾孙遭无辜收监难过，便让忠厚谨慎的女囚胡组、郭征卿住在宽敞干净的房间哺育刘病已，并且偷偷地送一些衣物和食品过来，告诫胡、郭二人务必把刘病已照顾好。

到公元前87年春，也就是刘彻死之前，这一年刘病已尚不满五岁。刘彻病重，自知生命已到终点，经常往来于长杨宫、五柞宫之间。望气者（风水师）对刘彻说，长安监狱里有天子气。汉武帝便派遣内谒者令郭穰，把长安二十六官狱中的犯人抄录清楚，不分罪过轻重一律杀掉。郭穰夜晚来到丙吉所在的官狱，丙吉紧闭大门，说道："皇曾孙在此。普通人都不能无辜被杀，何况皇上的亲曾孙呢！"丙吉一直守到天亮也不许郭穰进入，郭穰只好回去报告汉武帝，并趁机弹劾丙吉。或许此时方知自己有曾孙在世的汉武帝也醒悟过来，说："这是上天让他这样做的吧。"因而大赦天下，几乎所有的犯人都因刘彻的大赦和丙吉的坚持得以出狱。

但是，刘病已自幼就在监狱里长大，并且一直是由胡组和郭征卿抚养，一旦离开了监狱和她们两人，一个在监狱里长大且未满五岁的孩子，他对外面的世界几乎没有认知。丙吉犯愁了，同京兆尹商量，要把刘病已和胡组、郭征卿一起送到京兆尹治所，京兆尹开始还不知道刘病已的身份，未加考虑就稀里糊涂答应了，等人到了以后，才知道是曾皇孙，吓得脸都绿了，说什么也不敢接收，于是赶紧又派人小心翼翼地给丙吉送回来。

刘彻宣布大赦没过几天就死了，第二天汉昭帝即位。刘病已的"保姆"胡组和郭征卿因大赦获得释放该回家了，刘病已却说什么也不让她俩离开，丙吉无奈，只好自己掏钱雇用胡组，让她留下来和郭征卿一起又抚养了刘病已几个月，才准许她回家。针对刘病已的衣食待遇，丙吉找到掌管掖庭府藏的官吏少内啬夫，但少内啬夫却对丙吉说："想给皇孙上等供给，必须要有皇帝的诏令，没有诏令谁也办不成。"当时丙吉能够吃到米和肉，便每月拿了自己的俸禄供给皇孙。后来丙吉将刘病已送到史良娣的家里，但是史良娣已经死了，只能交给她的哥哥史恭领养。史恭的母亲见刘病已这么小就失去了父母，而且还是在监狱里长大，心里很难过，就接过了抚养刘病已的重任。

据《汉书·霍光金日磾传》记载，刘彻临死前留下了两道遗诏，一道是给霍光、上官桀、金日磾封侯，另一道则是将刘病已收养于掖庭，并令宗正将刘病已录入皇家宗谱。汉昭帝始元二年，也就是公元前85年，霍光等人的封侯业已落实，这时刘病已才从史家搬出，被养育于掖庭，其宗室地位也得到认可。

虽然刘病已的身份已得到皇族认同，但地位却很低，以至于在当上皇帝之前，生活来源仍然要依靠史家和后来的岳父许广汉。公元前74年4月，汉昭帝刘弗陵驾崩，大将军霍光立刘髆的儿子刘贺为帝，但是仅过了二十七天，刘贺因为荒淫无度被赶下皇位。在丙吉的坚持下，霍光等大臣在经过再三选择后，只能拥立戾太子刘据这一脉的唯一传人刘病已，并改名刘询登上了大位。

刘询当上皇帝之后，汉朝的政治危机才算结束，而乌孙求助的事已经耽搁了一年多，直到这个时候才被刘询搬上正常的议事日程。

但是汉朝实际出兵已经到了汉宣帝即位的两年以后，刘询在百事待兴、日理万机之下毅然决定出兵支援乌孙，汉朝派出田广明、范明友、韩增、赵充国和田顺五位将军率领十五万大军从长安出发，并专门派出解忧公主的故友常惠校尉为特使监军，到乌孙指导、监督出战，协调汉乌联军共同反击匈奴。在这场著名的战事中，乌孙国的精兵骁勇无比，乌孙王翁归靡亲自披挂出征打头阵，常惠将军手持汉朝符节随军而行，出谋划策；乌孙的兵马千里奔袭，在汉朝大军远未到来之前，抓住战机，出奇制胜地直捣匈奴左右谷蠡王的王庭老巢蒲类海（今新疆巴里坤草原一带），打了匈奴一个措手不及。此战匈奴军败得很惨，不但无数名匈奴王被生擒，连壶衍鞮单于的叔叔、嫂嫂、女儿等亲眷都成了乌孙的俘虏，共计三万九千名匈奴将士成了乌孙的俘虏，另外缴获大小畜产七十多万头。大胜强大的匈奴，这是乌孙在此前连想都不敢想的一件事，解忧公主的威望因而达到空前高峰，甚至超过了昆莫。同时，汉朝因为与乌孙实质性联合，与匈奴的对峙局面也乾坤倒转。

乌孙大军凯旋，而汉朝的五位将军却战功细微。匈奴壶衍鞮单于恼羞成怒，亲自领兵一万铁骑偷袭乌孙，却不料此次偷袭得不偿失。乌孙虽有防备，但毕竟是壶衍鞮御驾亲征，所带来的都是生力军。当乌孙还想再冲上去给匈奴一顿痛扁的时候，这才发现自己完全不是对手。

壶衍鞮压根就没想到，虽然偷袭乌孙得手，但是也没占到太大的便宜，乌孙军队打出了几次漂亮的反击，使匈奴不得不匆匆逃离。

俗话说祸不单行，就在匈奴往回走的路上，偏偏又遭遇了一场百年不遇的大风雪。本来就只掳掠到一些老弱病残的乌孙牧民，没想到老天爷也这么不给面，"我欲乘风向北行，塞外降雪大如席"，壶衍鞮自己也暗暗叹气，欲哭无泪啊！这一趟出征算是倒霉透了，偷鸡不成蚀把米，被早有准备的乌孙劈头盖脸打了一顿不说，在撤退时又遭到这么个破天气，大多数匈奴士兵已经累得实在走不动了，他们最后居然被活活冻死！

大雪融化之后，有人看到茫茫荒漠中一个令人惊悚恐怖的场景，上万人像一尊尊不同形态的雕塑，或站或坐或躺或趴或骑在马上，都保持着临死前最后一个动作，瞪着惊恐的眼神身体僵硬地注视着远方。在这场惨绝人寰的灾难中，匈奴人死亡十之八九，从乌孙抢来的所有牲畜几乎没有一头是活的，只有壶衍鞮和少部分人死里逃生侥幸地捡回了一条命。

但是，灾难并没有就此停止。之后的三年里匈奴一蹶不振，而西域的乌孙和北方的丁零、东方的乌桓以及南方的汉朝一起对匈奴展开进攻，四面夹攻，连连出征，匈奴被打得晕头转向，顾此失彼，损失惨重。丁零、乌桓落井下石，不给匈奴任何喘息的机会，就像当年匈奴对待他们那样，不时地向匈奴境内发起偷袭，人畜皆遭掳掠。再加上连年的自然灾荒，使匈奴元气大伤，昔日威震八方、称雄百年的匈奴帝国直接就没了脾气，当年的雄风早已不在。许多匈奴的属国纷纷宣告独立，匈奴壶衍鞮单于不敢和汉朝公然对抗，再次梦想与汉朝恢复和亲，但是汉朝对此不予理睬。自此，汉朝已进入中兴之时，匈奴则是日薄西山。

壶衍鞮在位的时间比前几任单于都要长，总共在位十七年。公元前68年，匈奴再次遭遇特大灾荒，非自然减少人口达百分之三十，牲畜的损失量高达五成。就在这一年，汉军派大将范明友率三千人马远征匈奴腹地，居然一次俘虏七千余人。

已经处在濒死边缘的壶衍鞮彻底绝望了，在极度恐惧之中，咽下了最后一口气，单于的位置落到了他弟弟虚闾权渠头上。因他死前所做出的这一安排，再加上虚闾权渠继位后废黜了壶衍鞮所宠幸的颛渠阏氏（即皇后）而立右大将的女儿为大阏氏，最终匈奴分裂。

如果说虚闾权渠在位十年中很平庸没有什么作为，这话似乎也不尽然，毕竟匈奴处在生死攸关的边缘，如果他再像壶衍鞮那样四处招惹是非，基本上就距离灭亡不远了，所以在他这十年中，匈奴基本上都处在休养生息阶段，唯一一次进犯中原，是在公元前60年，匈奴聚集了十万人马打算偷袭汉朝的边塞，结果计划被匈奴内部人密报给了汉朝，汉朝已经做好了充分的准备，派出十五万人马埋伏在路上，"恭候"虚闾权渠的到来。

可能老天爷不忍心看到匈奴就此灭亡吧，当他们即将接近汉军伏击圈的时候，虚闾权渠突然从马上一头栽下来，吐血不止，最终只能徒劳而返。之后他一病不起，一年后便死了。

尽管虚闾权渠用了十年的时间使匈奴的状态有了些许的恢复，但是在他登基之初因废黜了壶衍鞮的颛渠阏氏而埋下的这个祸根，终于在他死后得以爆发。在这个女人的策动下，左大且渠都隆奇发动了宫廷政变，废黜左贤王稽侯册，即后来因娶了王昭君而著名的呼韩邪单于，立虚闾权渠的侄子屠耆堂，也就是握衍朐鞮为单于。

握衍朐鞮被颛渠阏氏等人扶上单于大位后，知道包括呼韩邪在内的很多人并不服气，所以就大开杀戒，将壶衍鞮和虚闾权渠时代的大臣进行大清洗，从而迫使呼韩邪出走，并自立为单于。公元前58年，握衍朐鞮亲自率兵讨伐呼韩邪，结果两军对阵时，他的手下全部都向呼韩邪投降，走投无路的握衍朐鞮在大漠深处拔刀自杀。

握衍朐鞮的自杀引起了匈奴内部的大乱，一时间内战频发，相互残杀，总共出现了东南西北中五个单于，各据一方互相厮杀。一场惊天动地的内战之后，匈奴人口急剧下降了百分之八十，在灭掉了其他自立单于后，只剩下虚闾权渠的两个儿子——哥哥郅支和弟弟呼韩邪，形成了南北两大势力。而这个时候，呼韩邪手里的部众已经所剩无几，

茶战3：东方树叶的起源

郅支反倒越来越强盛，对面是势力强大的郅支，而背后则是虎视眈眈的汉朝，稍不留神就有可能彻底灭亡，摆在呼韩邪面前的唯一选择，就是向南投靠汉朝！

就在这个时候，一场意外的战争拯救了呼韩邪。

卡莱战争的猜想

卡莱战争很有可能是中国茶叶传播出去的最早媒介。

张骞第二次出使西域时，曾经专门派出副使前往除月氏以外的其他西域国家，其中就包括安息帝国，汉朝使臣带过去的精美礼品给这个马背上的民族留下了深刻的印象，由此之后的很多年，汉朝和安息之间的关系一直保持得不错，司马迁在《史记·大宛列传》中先后二十一次提到了安息，以太史公惜墨如金的写作手法，多次重复性提到一个国家，绝非寻常，"初，汉使至安息，安息王令将两万骑迎于东界。东界去王都数千里。行比至，过数十城，人民相属甚多。汉使还，而后发使随汉使来观汉广大，以大鸟卵及黎轩善眩人献于汉"。

除此之外，至少还有两个现象可以证明两国之间的融洽关系，首先双方之间的互使和丝绸之路上的贸易往来都比较频繁，汉朝的丝绸主要通过安息输送到富饶的罗马；其次是汉朝派李广利长途奔袭攻打大宛国时，近在咫尺的安息所保持的沉默。

这种沉默有很重要的原因，那就是外交！

毫无疑问，在乌孙国享有极高影响的解忧公主和她身边的女外交家冯嫽发挥了至关重要的作用。虽然解忧公主年事已高，但因为背靠着汉朝这棵大树，在乌孙的威望甚至已经超越了国王，再加上当初陪同她一起来到乌孙的汉朝女官冯嫽的能力，在搞定了乌孙的同时，也把周围几个国家都摆得四平八稳，尤其是汉朝与安息之间的贸易往来，几乎都是冯嫽积极斡旋的结果。而安息也把从汉朝获得的丝绸贩卖到罗马，从中获得了大把的好处。

但是，丝绸之路从来就不是一条太平之路，因为大宗商品的出现，这条路上招来了包括匈奴和车师在内的强盗实施拦路抢劫。公元前 97 年，汉朝将军率领一支七万人的军队远至梅尔夫（今土库曼斯坦马雷市附近），追击劫掠早期丝绸之路商队的土匪部落。

可能就是从安息转往罗马的丝绸，引起了克拉苏的注意。

安息帝国，又称帕提亚帝国，是西部亚洲的一个古代强国。据 1 世纪罗马传记作家普林尼记载，安息帝国总共有十八个诸侯国，其中十一个为高地王国、七个为低地王国。高地王国包括帕提亚、赫尔卡尼亚、阿里亚、花剌子模、米底的阿特罗帕特尼、亚美尼亚、哈特拉、阿迪亚波纳、奥斯若恩和塞琉西亚；低地王国有巴比伦尼亚、查拉塞尼、伽米坎科尔曼和锡斯坦。

罗马与安息这两大帝国发生在公元前 53 年的著名的战争，被世界各国军事学院纳入了著名战例，包括苏联的伏龙芝军事学院、古比雪夫军事工程学院，美国的西点军校以及中国的各主要军事院校都把这场战争当作经典课程予以讲解。而在史书上的介绍更多，无论 18 世纪英国历史学家爱德华·吉本的《罗马帝国衰亡史》，还是当代古罗马史学者盐野七生的《罗马人的故事》等都系统地讲述过这场战争的整个过程和爆发这场战争的时代背景。

关于公元前 53 年的这场战争，其发生的背景是在恺撒进攻不列颠的前一年，罗马执政官克拉苏率兵四万入侵波斯安息帝国。是年克拉苏已年过六十，正处于其一生事业的巅峰。在这一时期，他和恺撒、庞贝并列为罗马三巨头，同时也是罗马最富有的人。

克拉苏虽然已经拥有无与伦比的权力、金钱、美女和豪宅，但仍不满足。据古老传说，东方的波斯帝国富甲天下，皇宫中藏金不计其数，颇受贵族喜欢的东方丝绸遍地都是。克拉苏对此早已垂涎欲滴，况且征服波斯还可以为他带来超越恺撒的显赫战功和无尽荣耀。虽然此前罗马元老院拒绝了他向波斯开战的请求，但他对此却并不十分在意。因为在他心目中，波斯只不过是又一个即将被征服的蛮族而已，这场战争在几个月内就能结束，到凯旋的时候，让元老院那批老朽们看看他从东方带回来的财富。人还没有出发，他甚至已经在考虑如何安排得胜回朝的庆典活动了。

但是，克拉苏虽然身为罗马执政官，并且下定决心要远征波斯，却对波斯的地理、历史乃至人文一无所知。不过这些他也懒得去了解，因为他深信，在他的七个罗马军团面前，任何军队都不堪一击，更何况一个波斯。而且征服波斯只不过是他的一个开始，接下来他还要继续向印度进军，完成亚历山大征服世界的遗愿。

克拉苏的狂妄倒也并非全无道理。二百多年前，亚历山大就是率领三万希腊联军在高加米拉一举击破波斯皇帝大流士三世指挥的二十万大军，从而攻灭波斯帝国。克拉苏明白，自己的七个罗马军团要比亚历山大的马其顿重步兵强大得多，而波斯在他看来则已经没落了，眼前的这个所谓的安息帝国和二百年前的波斯帝国根本不能相提并论。

安息帝国的确不同于当年的波斯帝国，这一点毋庸置疑。司马迁在《史记·大宛列传》中是这样描述的："安息在大月氏西可数千里。其俗土著，耕田、田稻麦，蒲陶酒。城邑如大宛。其数大小数百城，地方数千里，最为大国。临妫水，有市，民商贾用车及船，行旁国数千里。以银为钱，钱如其王面，王死辄更钱，效王面焉。画革旁行以为书记。"

　　　　　　　　　　　　　　茶战3：东方树叶的起源

当年亚历山大所打败的波斯是农耕民族的古文明，那时的波斯军队除了几件新奇的兵器，如战象和战车外，基本的战术战略和希腊军队并没有多少分别。高加米拉战役是一场欧陆风格的会战，双方都以排列整齐的方阵迎敌。诚然，罗马军队代表了那个时代西方重步兵阵战的最高水平。在西方，任何民族和罗马军队打堂堂之阵的会战，都不会有太大胜算。

然而，将波斯帝国取而代之的安息人，却是地地道道的东方民族。他们会向罗马人展示一整套后者闻所未闻的战术理念，而克拉苏则将为他的贪婪和无知付出生命的代价，他的七个罗马军团也都不得不成为他的陪葬。

安息人原本是居住在里海东岸的游牧民族，可能因为受到异族的挤压而南迁至帕米尔高原。安息人没有文字，语言则属于印欧波斯语族。在古波斯帝国兴盛时期，他们是帝国的属国，一直为帝国军队提供优秀的弓箭手。亚历山大攻灭波斯帝国后，帕米尔高原出现权力真空，安息人在这一时期迅速发展壮大。公元前250年，安息部落首领阿萨斯脱离条支人的控制，建立了安息帝国。此后的二百年中，条支人不断衰落，安息帝国得以向西面扩张，并且占据了两河流域的巴比伦和塞琉西亚等大城。此时的安息和积极东扩的罗马共和国发生了碰撞。

安息人是马背上的民族，他们培育出了非常优秀的马种。安息马虽然不如欧洲马那么高大，但是强健有力，速度快，耐力好。安息的战马自幼便接受小步快跑的训练，跑起来又快又稳。另外，安息人的弓箭和欧洲军队常用的弓箭也有所不同。欧洲人的弓是以一根直木棍制成，取材通常选用弹性良好的紫杉木或柳木。欧洲弓在不用时一般不上弦，以防止材料过度疲劳。东方民族使用的弓则是组合反曲弓。弓的材质包括榆木、牛角和牛筋等，以鱼胶紧密黏合，制成的弓是弯的，从弓背到两端弧度渐缓，最后再将弓反向弯曲安上弓弦，是为反曲弓。反曲弓的形状和欧洲弓截然不同，欧洲弓呈一个完整的弧形，而反曲弓则有两个弧形，在中央握把处内凹，整个弓的形状宛如骆驼背部的双峰。这类弓异常强劲，射程可达三百米，在五十米的距离内能轻松穿透盔甲。相比之下，欧洲军队使用的弓箭无论在射程还是穿透力上都望尘莫及。

还有一点，包括安息人在内的大多数东方民族都非常擅长骑射，即便是在快速退却时依然可以在马上回身射箭，其准确程度丝毫不受影响。安息军队的兵种和战术都建立在弓马娴熟的基础之上，其军队为纯骑兵，且以轻骑兵为主。而轻骑兵的主要武器就是弓箭，其次是一柄长刀。他们只着轻便的革胄，以保证高度的机动性。轻骑兵通常采用游击战术，不会与敌人短兵相接，而是保持一定距离，以密集的箭雨削弱敌人的战斗力。

除轻骑兵外，安息人和其他很多东方民族一样，还拥有一种铁甲骑兵。安息铁甲骑兵全身披甲，其中头盔和胸甲为整块精钢打造，其余部位为鳞甲或锁甲，骑兵的脸部遮盖有一个造型凶恶的金属面具，坐骑的铠甲多为青铜质地的鳞甲，覆盖全身，长及马膝。不过，由于身披重甲，在沙漠地带烈日的烘烤之下不得不忍受可怕的高温。安息铁甲骑兵的主要武器是一支长约3.5米的长矛，辅以长剑、铁锤或狼牙棒等。这些铁甲骑兵并不打头阵，而是待敌人被己方轻骑兵的箭雨大大削弱之后，趁其队形散乱时，排成密集阵形自正面冲击敌阵。虽然安息铁甲骑兵的冲击速度并不是很快，但却威力惊人，可谓所向披靡。

而罗马军队的建制和战术理念则全然不同，这一时期的罗马军队已经过马略时代的改制，其基本组织单位为百人队，步兵数量为一百一十人。一个罗马军团包括十个营，共五十五个百人队，第一营为主力营，执掌军团的鹰符，由十个百人队组成。其余营都只有五个连。一个罗马军团总共有步兵六千一百人，步兵的标准装备包括青铜

茶战 3：东方树叶的起源

或铁制头盔，此外只有躯干部分着铁甲或革胄，以保证行动自如。其武器包括一面长方形木制盾牌，表面蒙一层牛皮，高1.2米，宽0.75米，又有三支标枪，其中一支为重型标枪，长约2米，还有一柄0.5米长的短剑。罗马军队通常由百人队组成一个纵深八行方阵，行列之间保持一米的距离，行与行之间错开站位。实战时，罗马步兵以方阵为单位逼近敌阵直至二十米的距离上，开始投掷标枪。罗马军队的重型标枪射程不足二十米，但却威力巨大，能够穿透任何西方军队的盾牌和盔甲。标枪掷出后，罗马步兵立刻就会拔出短剑冲向敌阵，与敌人近身格斗。

罗马步兵的格斗动作简练有效，通常是左手挽盾抵住敌人，右手持短剑自盾牌下方猛刺敌人腹部。这种战法远比挥剑砍杀更为致命。罗马军团的一个营配属骑兵一队，主力营的骑兵有一百三十二人，其余营则为六十六人。一个罗马军团总共有骑兵七百余人。骑兵只着轻便的锁甲，武器为一面盾牌、一支标枪以及一柄长剑，在没有马镫的时代，骑兵最重要的进攻方式就是冲击。

罗马军中的骑兵多数来自高卢或日耳曼，他们的坐骑主要是身高腿长的北非或西班牙种马。而所有骑兵都接受过步兵训练，因此他们落马后依然能够继续有效战斗。这一时期的罗马军队并不重视弓箭的作用，他们往往以进攻为主，军中的弓箭手通常都是于战区当地临时招募的仆从部队，数量不是很多，主要为了配合进攻部队。此外，罗马军队在和欧洲游牧民族作战时，发展出一种夹门鱼鳞阵。当罗马军队遭遇游牧民族大量弓箭的袭击时，便会收拢队形，第一排步兵以蹲踞姿势将盾牌拄地，第二排步兵将自己的盾牌置于前排盾牌之上，第三排及之后的步兵将盾牌举过头顶，如同瓦片一般相叠。这样就组成了一个密不透风的盾阵。罗马步兵训练有素，能够迅速组成任何规模的夹门鱼鳞阵。

罗马共和国和安息帝国接壤的东部边疆，是地中海沿岸的叙利亚和巴勒斯坦。这里狭窄的沿海平原带有典型地中海气候的特征，温暖湿润。紧邻着沿海平原的是一组南北向的山系，其中的黎巴嫩山脉高达二千五百米。越过群山，便是两河流域的上游。此处的地貌是广袤平坦的荒漠，仅有少数绿洲点缀其中。渡过幼发拉底河，再向东跋涉五十公里，便到了已有千年历史的古城卡莱。

克拉苏的大军在叙利亚过冬时，罗马共和国的盟友，亚美尼亚国王阿塔巴祖前来拜访。阿塔巴祖表示愿意亲率一万铁甲骑兵助战，同时建议克拉苏大军北上，取道亚美尼亚南下，直接进攻安息帝国的都城泰西封。这条行军路线所经过的都是山地，可以限制安息骑兵的活动。然而傲慢的克拉苏并没有采纳这个建议。他不愿绕道，执意横穿美索不达米亚平原，长驱直入。这个决定最终葬送了他的七个罗马军团。

安息皇帝奥罗德获悉克拉苏入侵，立即召见统帅苏莱那。他决定由自己亲率大军北上打击亚美尼亚，阻止阿塔巴祖驰援克拉苏。同时，他留给苏莱那不足二万的精骑。奥罗德的计划是，由苏莱那尽可能地拖住克拉苏，直至自己解决了亚美尼亚人，再赶回来与他会合，与克拉苏决战。

出身名门贵族，时年仅三十岁的苏莱那是安息最杰出的统帅。他曾仔细研究过罗马军队的战术，从而非常有针对性地训练了他的骑兵，使他们知道何时进，何时退，何时集结，以及何时分散。他从未打算按照奥罗德的那个设想行事，而是决定以自己手中的这支精骑直接和克拉苏的主力决战，消灭他们。

面对来势汹汹的罗马军队，苏莱那定下了诱敌深入的策略。他命令所有军队，一旦遇上克拉苏的主力便佯装向内地逃逸。

连月来克拉苏一直对安息军队紧追不舍。他不断催促自己的七个军团急行军，终于在盛夏之际渡过幼发拉底河，进入了一望无垠、无

茶战 3：东方树叶的起源

树无水的荒漠之中。罗马士兵由于在高温干燥的环境下长时间急行军，疲惫不堪。然而克拉苏数月来都没有见到过安息的主力。

终于有一日，罗马军团的侦骑向克拉苏报告，前方出现大量安息军队。克拉苏欣喜无比，立即下令全军展开战斗队形。起初，他按惯例将七个军团的步兵一字排开，骑兵则处于两翼，以防安息人迂回他的阵线。

但克拉苏很快便发现安息军队自四面八方涌现出来，而且根本没有固定的阵形。克拉苏意识到自己已经中了对方的诡计。不过他自知在兵力上具有优势，是以并不慌张。他重新部署，将四万大军组成一个庞大的方形的夹门鱼鳞阵，每一侧的防线由十二个营的重步兵组成，中央为轻步兵、骑兵和辎重。

安息军队惯用战鼓鼓舞士气。苏莱那发出开战的信号后，数千面战鼓同时擂响，如雷鸣般夺人心魄。从未经历过这等阵势的罗马士兵个个面露惧色。

安息铁甲骑兵首先试探性地冲击罗马人的阵线，发现罗马人的夹门鱼鳞阵相当厚实，于是立即退回。克拉苏命令骑兵和轻步兵出击，但他们没走多远便被一阵乱箭射了回来。

数以万计的安息轻骑兵此时已将罗马军团的大方阵团团围住，紧接着密如飞蝗的箭雨便开始倾泻到罗马人的防线上。

安息轻骑兵一直和罗马人的阵线保持三十至五十米的距离。他们飞快地放箭，根本就不瞄准，而是努力将箭镞以最大的力量射出。罗马重步兵很快便领教了东方弓箭的威力，他们的木制盾牌在东方人强大的箭雨攻势面前如同纸糊一般。很多箭穿透了盾牌，将罗马重步兵挽盾的手钉在盾牌上。

此时罗马人还抱着希望，只要敌人的箭耗光并退出战斗，或者前来短兵相接，他们就能坚持下去。可是后来他们发现许多满载着箭的骆驼就在附近，最初包围他们的安息人不断从那里得到新的补充。

罗马军队已面临着一个两难局面。他们希望能和敌人近身格斗，但安息骑兵却根本不给他们任何格斗的机会。一旦受到丝毫的攻击，原本正在冲锋的安息骑兵便会立即退却，取而代之的是自马上回身射来的利箭。而已失去保护的罗马步兵根本无法抵挡安息人的箭雨。反之，如果坚守不出，罗马军队便只能被动挨打，越来越多的士兵便会被安息人的利箭杀伤，失去战斗力。

克拉苏终于按捺不住，命令五千轻步兵和一千高卢骑兵出击，不惜一切代价打破安息人的围困。

看到罗马人出击，安息轻骑兵立即停止放箭，全线退却。出击的罗马军团大受鼓舞，紧追不舍，逐渐远离了大方阵。此时安息铁甲骑兵突然出现，组成一道铁墙，阻住了这些罗马人的去路，而先前逃逸的轻骑兵也都回转过来，将这支罗马军团团围住。安息铁甲骑兵于上风处以长矛掠地，搅起漫天沙尘，使罗马士兵眼不能视，口不能言，本能地聚拢在一起。于是安息轻骑兵开始向罗马的人堆倾泻箭雨。

罗马轻步兵为了行动迅捷，通常仅装备一面直径 0.6 米的圆盾、一支标枪和一柄短剑。这些仅仅装备圆盾的罗马步兵在安息箭雨强大的攻势下纷纷中箭，翻倒在地。还能勉强站立的步兵则有许多双脚都被利箭钉在地上，动弹不得。于是安息铁甲骑兵开始冲锋。他们排成紧密的行列，横扫罗马人的阵地。罗马军中的高卢骑兵异常悍勇，在坐骑几乎都被射死的情况下依然徒步迎上，有的抓住安息人的长矛，生生将其拖下马来用短剑刺死，有的则窜到安息人的马下，猛刺其马腹。然而这样的个人英雄主义终究不能挽回败局，这支罗马军团很快便全军覆没了。

见此情势，克拉苏仍在强自镇定。他下令罗马士兵一齐怒吼以壮声势。然而罗马人的士气已极度低落，吼声有气无力，如同临终前的哀鸣一般。

这一日的战斗便是重复着以上那个模式。安息轻骑兵以弓箭削弱罗马人的阵线，接着铁甲骑兵冲锋扩大战果。一些身中数箭、痛苦不堪的罗马步兵扔掉盾牌，迎着安息人的长矛而上以求速死。

战斗一直进行至黄昏，安息人满意地撤离战场，回营休整。

克拉苏明白胜负已定，是撤退的时候了。为了保证行军速度，他不得不下令将不能走动的五千多名伤员遗弃。罗马人打算趁夜色悄然离去。然而那些伤员们得知自己遭到遗弃，一时间哭喊、怒骂、哀求声大作，使撤退的罗马人胆战心惊，几乎是一步三回头，生怕被安息人发现。不过不喜夜战的安息人并没有出兵追击。于是罗马人安全地撤至卡莱。

次日黎明，安息人来到罗马军队的营地，将留下的五千伤员全部杀死。

不久即有谣言传来，称克拉苏已在轻骑护送下逃回叙利亚，卡莱城内不过是他的一些将领和余下的步兵。苏莱那怀疑这是克拉苏的诡计，立即遣人赶往卡莱，诈称自己有意和谈，要求约定时间和地点。克拉苏不知是计，亲自接见了他们。这批人当即回报，克拉苏仍在卡莱。于是苏莱那领兵赶至，将卡莱城围得水泄不通。

缺水少粮的罗马人只得强行突围。最终克拉苏被擒杀，他带来的七个罗马军团四万大军仅有不足一万的残兵逃回叙利亚，而著名的罗马第一兵团却在战争结束后神秘地失踪，从此无人再知道下落。

逝世于 1969 年的美国汉学家、历史学家德效骞在《古代中国的一座罗马人城市》中推测，被送到帕提亚东部边境地区的罗马俘虏可能曾经与汉朝的士兵发生过冲突，此假说称为"古罗马第一军团失踪之谜"。不过也有另外一种说法，冲击罗马军团的轻骑兵，是由汉朝将领郑吉所率的五千汉朝援军完成。这个说法只能是一种推测，史料中对此并无任何记载。但是，有一个现象也许能说明这或许是个事实，在这一年中，匈奴的郅支和呼韩邪之间没有发生任何冲突，而接下来到了第二年，呼韩邪就到了长安，成为匈奴有史以来第一个投奔汉朝的单于。

另一位历史学家霍默·达布斯引用了班固《汉书》所载"明日，前至郅支城都赖水上，离城三里，止营傅陈。望见单于城上立五采幡帜，数百人披甲乘城，又出百余骑往来驰城下，步兵百余人夹门鱼鳞陈，讲习用兵"。他认为文中的鱼鳞阵可能是指罗马军队作战时的龟甲阵，猜测这些被汉朝俘虏的士兵后来于永昌县骊靬村定居下来。

但是，达布斯的假设未被现代学者普遍认可。目前，尚无有力证据证明此假设，而在测试骊靬村附近男性居民的脱氧核糖核酸后，结果亦不能肯定此假设。关于罗马军团消失之谜至今尚未解开。

不过，只要看过成龙主演的电影《天将雄狮》的人大概都知道，中国甘肃有一个"罗马村"，被称作骊靬村，具体位置是在今甘肃省金昌市永昌县焦家庄乡楼庄子村六队的者来寨。这个村子有四百多口人，综合体征以及 DNA 都和欧洲人相近。据说这些人就是在公元前 53 年卡莱战争（安息帝国与罗马帝国之间的战争）中神秘失踪的罗马帝国第一军团的后裔。而这支军队后来投降了匈奴，但在汉匈战争中被汉军俘虏，在汉朝修建的战俘容留所安置，并繁衍生息至今，其主要依据最早是《后汉书》中有一条记载："汉初设骊靬县，取国名为县。"

而"骊靬"正是当时中国人对罗马的称谓。

汉朝究竟是否参与了这场战争呢？据戴维·肖特著的《罗马共和的衰亡》中记载，侥幸生存下来并逃回叙利亚的罗马士兵回忆，在战场上曾亲眼见过一队非常整齐且具有很强冲击力的士兵，形象和安息人完全不同，所使用的兵器也和安息士兵完全不一样，手持弯刀或短剑，潮

茶战 3：东方树叶的起源

水一般向罗马军冲过去，"据说，他们的伙食中有一种树叶"。而且他们所举的旗帜竟然都是"华贵的金边丝绸被用来做了一面一面赤军旗，旗帜上书写着从没见过的文字"。

　　只要看一下卡莱战争期间的记录，就不难发现其中有些玄机。因为罗马方面没人认得这些旗帜，尽管记录了具体的文字形象，但并不知道这支一切都让苏莱那出面的军队的底细。而安息和汉朝都认为继续保密符合各自利益。罗马统治者即使听到了些什么，也会选择不说。保密是为了符合三方的利益，西汉的丝绸贸易利益使安息可以得到骑墙小国的支持，至于罗马已经惨败了，对于所有的怀疑更无言可说。

　　就今天而言，上述仅仅只是一个猜想，汉朝究竟是否参加了这次战争已经无关紧要，但其中颇为重要的一笔就是"他们的伙食中有一种树叶"，那么这种树叶会不会就是茶叶呢？

　　如果答案是肯定的，那么说明茶叶是通过这场战争被人得知，因为从王褒等人的诗文中已经很清楚地表明，从公元前 80 年以后，饮茶已经成了长安的一种风尚。

让整个欧洲恐慌的匈奴大迁徙

除了"卡莱战争"外，茶叶很有可能是通过另一条路径传播到了欧洲一带，这就是匈奴的迁徙。

严格地说，匈奴是最早接触到茶叶的异族。张骞首次出使西域时意外成了匈奴的俘虏，从随行携带的礼品中，匈奴人意外地发现了茶叶。在和汉朝商人聂壹做走私贸易的时候，匈奴人曾经直接提出要求，如果要交换匈奴的马，需要汉地用"治瘟疫的仙草"交换，而且数量不限。所以，随着匈奴的西迁，茶叶极有可能被带到了西方。

造成匈奴西迁的主要原因是东汉时代的公元 89 年，东汉车骑将军窦宪率北军五营、黎阳营、雍营及缘边十二郡骑士八千余人，联合南匈奴、乌桓、羌胡兵马共三万人，兵分三路深入漠北进攻北匈奴。

南朝时期范晔在《后汉书·窦融列传》中讲述了这次战役的前后过程。窦宪的发迹路线与西汉时期的卫青、李广利极为相似，同样是靠裙带关系。公元 77 年，汉章帝刘炟册立他的妹妹为皇后，全家都跟着沾光，得到的赏赐不计其数。公元 88 年刘炟去世，太子刘肇继位。第二年窦宪派人刺杀太后的宠臣刘畅并嫁祸于蔡伦，结果泄密后被抓。被关进天牢的窦宪担心自己被杀，便主动请缨率军清剿北匈奴，希望戴罪立功，换取刘肇的不杀之恩。

三路汉军出塞后，第一路由窦宪、耿秉各领四千骑兵，与南匈奴左谷蠡王师子的一万骑兵，出朔方鸡鹿塞（今内蒙古杭锦后旗西）；第二路由南单于屯屠河率万余骑兵出满夷谷（今内蒙古固阳县境内）；第三路则由度辽将军邓鸿及缘边义从羌、胡八千骑与南匈奴左贤王安国所统的一万骑兵，出稒阳塞（今内蒙古包头地区）。三路大军会师涿邪山，窦宪又命副校尉阎盘、司马耿夔、耿谭与南匈奴左谷蠡王师子、右呼衍王须訾等，领精骑万余，进击稽洛山（今蒙古国额布根山），向北单于发动猛攻，大破其军。北单于逃走，窦宪挥军追击，直至私渠比鞮海（今蒙古乌布苏泊），斩杀名王以下一万三千余人，获牲畜百万余头。北匈奴八十一部，共二十万人投降。窦宪、耿秉一直北进到燕然山（今蒙古杭爱山），出塞三千余里，登山刻石作铭，命随军大将班超撰文，将其战绩刻在山上，史称"燕然勒石"。

至 91 年，窦宪再征漠北金微山（今阿尔泰山）对北匈奴实施打击，大破北匈奴主力，俘获北匈奴单于的母亲等贵族班师，之后北匈奴星散，不知所终。后经《魏书·西域传》所载，被击败的北匈奴一路向西逃窜，远遁康居。

18 世纪法国东方历史学家约瑟夫·奎尼在研究匈奴史时，从《魏书》中查到了一段资料："悦般国，在乌孙西北，去代一万九百三十里。其先，匈奴北单于之部落也，为汉车骑将军窦宪所逐，北单于度金微山，西走康居。"

这个发现让奎尼喜出望外，因为康居在古代史料中标注的位置非常清楚，位于乌孙的西北方向，也就是今天的咸海东面锡尔河流域（今哈萨克斯坦中南部和乌兹别克斯坦北部），这个地方距离最初遭到匈奴人袭击的阿兰人（外高加索地区）仅有一千五百公里，而两地之间除了地势平缓的乌拉尔丘陵和里海北岸的沼泽地外，全部都是一望无际的大草原，极为适合游牧民族的聚居要求。然后再从这里继续向西迁徙，几乎没有任何难度。

对于这个发现，奎尼兴奋不已，第一个提出了"出现在欧洲的匈人即是被中国东汉时期打出漠北的匈奴人"的观点。但是由于奎尼在文史界籍籍无名，他的这一观点并未引起学界的广泛关注，恰在这时，正在撰写《罗马帝国衰亡史》的英国历史学家爱德华·吉本对奎尼的观点非常感兴趣，并毫不犹豫地将其加入这部即将轰动全球的著作中。

由于爱德华·吉本的介入，约瑟夫·奎尼关于匈奴大迁徙的观点引起了学界的高度关注，使更多的人参与到搜寻证据的行列中，在此后的近三百年中，关于"匈奴西迁"的争论从没停止，因为其中还有一个重要疑点，那就是乌孙的神秘消失。

乌孙人究竟去了什么地方呢？

公元8年，时年五十四岁的王莽在经过了长期的准备后终结了西汉王朝，自立为皇帝，推行了一系列改制措施，其中最重要的一条就是针对西域诸国，降王为侯，这引起了各部落的强烈不满，曾经与西汉王朝来往密切的西域诸国也都渐渐地疏远，再加上诸国内部的各种原因，使那条一度繁荣的丝绸古道重归荒芜，鲜见人迹。

一直到了大约公元4世纪中叶，在今天俄罗斯南部北高加索的库班河至捷列克河之间，曾经有一个阿兰人的国家，这些阿兰人，据考证就是历史上与月氏人为敌的乌孙人的后代。公元前72年冬，乌孙在汉朝的支持下，与乌桓、丁零等北方小国一起对匈奴实施了夹击，使匈奴遭到了沉重打击。之后乌孙内部出现矛盾而分裂，原来的乌孙国分成了大小两个昆莫国家。随着北匈奴遭到东汉的剿杀，他们被迫向西逃窜，打败了小昆莫，并在原来的基础上建立了新的国家悦般国，而大昆莫也已经迁徙到了后来的阿兰国。

匈奴在悦般经历了大约两百年繁衍生息后，大约在公元360年渡过了伏尔加河下游，在时任单于巴拉姆伯尔的带领下再渡顿河，登陆顿河左岸，第一次出现在了欧洲的历史之中。据北齐时代魏收所编纂的《魏书》记载，阿兰人见到了突然出现的匈奴人，吓得不知所措，根本就不敢与凶神恶煞般的匈人交战，唯一的选择就是举国逃窜。匈人在追击过程中，杀了阿兰国王全家，就这样轻而易举地占据了外高加索地区，像一个恐怖的幽灵，毫无征兆地崛起在欧洲的大门旁，伺机继续向西开拔。

至于阿兰人，一部分又重新回到了亚洲，与其他民族融合为一体，另一部分则逃进了欧洲日耳曼人区域，在日耳曼人从高加索向欧洲腹地迁徙的时候，也跟随日耳曼人一同向西南迁徙，最终到达今天的伊比利亚半岛东部，与占据此地的西哥特人融合，形成了后来的加泰罗尼亚人，据说英文中的 Catalonia 的意思就是哥特—阿兰人。而留在库班河至捷列克河一带的阿兰人，则向匈人投降。匈人杀死了绝大多数阿兰的男人，只留下女人与匈奴人繁衍，后来成为奥赛梯人的祖先，这个地方现在是俄罗斯的一个自治共和国，全名叫作北奥赛梯—阿兰共和国。

匈人征服了阿兰后，大单于巴兰姆伯尔立刻将目标对准了东哥特。当时的东哥特正处在全盛时期，其领地包括了今天的乌克兰全境，但是匈奴人的到来，直接就宣布了东哥特人黑海霸主的结束。公元 375 年，匈奴人直扑第聂伯河，与东哥特进行了一场殊死较量，结果，东哥特国王埃尔马纳里克战败自杀，迫使东哥特人西迁并入日耳曼人，匈奴人顺利占据了乌克兰草原。

一战即遭灭亡的东哥特，让当时在黑海西岸（今罗马尼亚）的西哥特人感到了史无前例的恐慌，因为实力远强于自己的东哥特，能在瞬间覆灭，说明了这个入侵者的强悍。那些从乌克兰草原侥幸逃出的东哥特人在讲述这支异族的残暴与凶猛时，表情如遭遇了地狱魔鬼一样，让所有听者都面面相觑，似有一种末日来临的绝望。

面对擅入者随时都有可能出现的侵略威胁，西哥特人已经出现了惊悚、担心和害怕，惶惶不可终日，他们所能做出的唯一选择，就是收拾行囊赶快逃离，向南渡过多瑙河，进入罗马帝国境内，由此掀起了日耳曼人大迁徙的狂潮。

如旋风般快速陨灭的阿兰和东哥特以及西哥特闻风丧胆的逃离，把从乌拉尔山到喀尔巴阡山之间的整个欧洲留给了那个不知来历的匈人，大约到了公元405年，他们顺利地穿越了喀尔巴阡山口，就像平地生成的一股旋风，裹挟着骇人的怪叫冲进了拜占庭帝国疆域，尽可能地毁坏所及范围中的一切，所到之处都会被恐怖和死亡的阴云笼罩。与其他被罗马人所蔑视的"野蛮人"相比，匈人的野蛮更加让人惊恐不已，当他们的马队出现在地平线尽头的时候，似乎还觉不出什么，但只消须臾之间，随着马蹄的呼啸声从耳边响过之后，世界便成了一堆废墟和数不尽的尸体。他们身上穿的是用田鼠皮缝制的紧身短上衣，从他们掠过以后留在空气中的酸臭味道就能知道，他们从不洗澡或更换衣服，直接就睡在马背上，一直向西挺进。

匈人很快就占据了潘诺尼亚平原（今匈牙利），之后虎视眈眈地盯着多瑙河对岸。然而，在此后的二十年中，他们似乎出现了内讧，既不能继续扩张，也无法使自己的部落统一，尽管整个欧洲都在紧张地注视着他们的行踪，但是他们却没有任何进攻的迹象。

公元400年，匈奴在乌尔丁大单于领导下，又开始向西大规模入侵，一举夺得了整个多瑙河盆地，并一度攻入了意大利，这一事件的连锁反应就是逼迫多瑙河流域的各部族为躲避匈奴人，只得向西罗马腹地进军，公元410年，西哥特人攻陷了西罗马帝国的首都罗马，西罗马帝国遭受了前所未有的打击。然而乌尔丁大单于的宏图大志还未实现就一命呜呼了，公元408年，乌尔丁率军骚扰东罗马帝国，在抢得大量财物准备撤退时，遭到罗马人的袭击，乌尔丁大单于就这样战死在

　　　　　　　　　　　茶战3：东方树叶的起源

沙场。

还没等人们松下那颗悬着的心，公元 432 年，匈人在头领卢阿的带领下，开始准备向曾经强大的罗马帝国发起攻击。然而，就在这个时候卢阿突然死了，于是，一个三十多岁的年轻人从此走上了神坛。他的名字就像恶魔的同义词，在未来的一千五百年里成为整个欧洲的噩梦！

破坏者阿提拉！

关于阿提拉，后世对他有非常复杂的评论，游牧民族将他描绘成马背上的勇士，文艺复兴时期的意大利人将他塑造为浪漫的游吟诗人，错认了祖宗的匈牙利人赞美他是一位谦谦长者，而匈人则把他当作一个伟大的征服者。但他却是破坏、残暴、恐怖的象征，即便到了今天，"上帝之鞭"这个名号依然是令欧洲人心惊胆战的梦魇。

阿提拉大约出生于公元 406 年，十二岁时便被时为匈人部落头领的叔叔卢阿作为人质送到了罗马。在罗马期间，阿提拉受到了很好的教育，同时也学习到了罗马人的传统习俗和奢华的生活方式。罗马人则希望他将来能够把罗马文化带到他的部族，以增加罗马对周边民族的影响力。

应该承认的是，阿提拉是一个超乎一般的聪明人。他在罗马期间，曾经试图逃离，但最终以失败而告终，从此他对罗马的整个城防工事产生了浓厚的兴趣，同时专注研究罗马的内政和外交政策。可以说，这些研究对未来的阿提拉起到了至关重要的作用，尤其在他对罗马的征服战役中，几乎对每一寸防守工事都做了精确计算，使罗马城的防御基本形同虚设。

公元 434 年，卢阿死后，阿提拉和他的哥哥布莱达杀了所有的竞争对手，共同掌管了匈奴。而那些没有被杀的匈奴部落头领，见势不妙立刻就向东罗马帝国投降，试图得到保护。哥儿俩立刻就以东罗马庇护匈人反叛分子为名，强渡多瑙河，进入拜占庭帝国领地。在行进的过程中，阿提拉率军以破竹之势横扫各个城堡要塞，所有被攻破的城池无一例外地遭到了匈人的残暴杀戮，以此向君士坦丁堡的拜占庭皇帝发出震慑。

君士坦丁堡原是古希腊的一座移民城市，地处巴尔干半岛东段，博斯普鲁斯海峡西南口的西岸，金海湾与马尔马拉海之间的地岬上，称为拜占庭，公元前 660 年为希腊人所建。但是在君士坦丁之前的罗马帝国时代，它却一直未受到应有的重视。罗马帝国皇帝君士坦丁大帝重建并扩建了拜占庭，并于公元 330 年宣布迁都拜占庭，改名为君士坦丁堡，意谓"君士坦丁之城"，别称"新罗马"。从此，这个城市开始了它辉煌的千年历史，君士坦丁的名字与这个城市融为一体，直到 1453 年。公元 395 年，东西罗马帝国正式分裂，君士坦丁堡作为东罗马帝国（拜占庭帝国）首都，成为地中海东部政治、经济、文化中心。

东罗马皇帝狄奥多西斯二世在之前就曾经与匈人交过手，深知他们的野蛮与凶残。408 年，当时的匈人大单于乌尔丁带匈人攻打拜占庭的色雷斯行省，战后这里变成一片废墟，尸横遍地，偌大的地方成为一片坟地。如今再闻匈人的残酷暴行，他吓得目瞪口呆，立刻派出使团前往马尔古斯（今塞尔维亚城市波扎雷瓦斯）阿提拉大营进行谈判。所谓谈判，只是拜占庭的一种求生方式，尽管阿提拉所提出的谈判条件非常苛刻，但拜占庭方面几乎没有进行任何讨价还价，全部接受，其中包括拜占庭归还所有叛逃者，把过去每年向匈人提供的 350 罗马镑（约合 114 公斤黄金）的纳贡提高两倍，为每个罗马俘虏再支付 8 个金币的赎金，双方开放更多的互市市场等。

协议签署后，匈人立刻从拜占庭边界撤向了内陆，而狄奥多西斯二世也趁这个机会修筑和加固了君士坦丁堡的城墙，并沿多瑙河建立

茶战 3：东方树叶的起源

了坚固的防御工事，以增强拜占庭对匈人的自我防范能力。不过，在之后的五年当中，匈人果然没有再来，他们的精力都放在进攻波斯帝国上。但在亚美尼亚，阿提拉遭遇到了波斯萨珊帝国的强力阻击，在久攻不下的情况下，只得再把目标转向拜占庭。

阿提拉和布莱达深谙一山不容二虎这个中国祖训。两年后，布莱达莫名暴死，很多资料都指向阿提拉痛下杀手，挥刀宰了他的哥哥，从此他成了匈人的独裁者。

阿提拉大单于独自掌权后，马上就发动了大规模的战争，不过战争的矛头却指向了北欧和东欧。在北欧和东欧，盎格鲁-撒克逊人为躲避匈奴人，逃亡到英伦三岛，从而形成了日后的英格兰，而许多日耳曼和斯拉夫人的部族战败，纷纷向匈奴投降。

公元 441 年，匈人再度突然出现在多瑙河沿岸，目标直指拜占庭帝国。而之前狄奥多西斯二世所修建的防御工事，对匈人而言形同虚设，匈人几乎没费什么周折就轻松突破，他们的铁蹄深入巴尔干半岛的伊利里亚（今亚得里亚海东岸），暴力洗劫了今天的塞尔维亚地区，迫使狄奥多西斯二世不得不再次请和，向阿提拉交纳大笔赎金后，匈人才停止了进攻。

但是，短暂的请和并不能带来长期的和平，仅过了两年，公元 443 年阿提拉又一次来到东罗马，但这一次不同于以往，匈奴横扫麦西亚行省（今保加利亚）、色雷斯行省（今保加利亚、希腊和土耳其）以及菲利波波利斯（今保加利亚普罗夫迪夫）、亚德里亚堡（土耳其西部城市），匈人所到之处一片血腥，城镇变为废墟，人民惨遭屠杀，建筑变为瓦砾，财物被洗劫一空。之后，匈人直逼君士坦丁堡。

由于君士坦丁堡城墙坚固，匈人在尝试了多种攻城的方式后，始终没有办法攻破。事实上阿提拉并没有打算真的攻破君士坦丁堡，只是把整个城给围成一个铁桶，然后重施故技，能敲诈就诈出钱来，何必要费那么大的劲呢？于是逼迫狄奥多西斯二世再次拿钱买命。

在之后的几年中，君士坦丁堡赶上了不济的时运，天灾人祸都一齐赶来凑热闹。公元445年，君士坦丁堡竟技场爆发了一场大规模暴乱，由强壮的奴隶组成的角斗士挣脱了看守，挥刀砍向了观众，从而引发骚乱。就在暴乱被武力平定后不久，城里突然又出现了瘟疫，很多史学家都认为这是匈人所为。从中行说时代开始，匈奴就发明了这种手段，而且在对汉朝的历次战役中屡试不爽，所以，没有证据能够证明，阿提拉不是此次瘟疫的元凶。

拜占庭的医士官尤西斯曾经亲眼见过，在拜占庭暴发瘟疫的时候，匈人围在一起载歌载舞，除了有酒之外，还有一种"东方树叶熬制的汤，每个人都在军官的监督中把汤喝下"。

这种汤，可以断定是茶！

被战争、瘟疫和饥荒笼罩的君士坦丁堡，天空呈现出一种灰色调，人人自危，谁都不知道灾难什么时候就降临自己头上，许多人走进教堂，为自己和家人的命运祈求上帝保佑。虽然君士坦丁堡的所有民众都虔诚地祈祷，但是灾难并没有就此结束，反而加快了步伐。

公元447年，一场突如其来的大地震悄无声息地降临君士坦丁堡。突然之间，大地开始震动，一栋栋建筑瞬间倒塌。山岳开始怒吼，巨大的石块滚落下来，无情地飞向人群，一瞬间，这座城市的居民住宅被夷为平地，尸横荒野，震起的灰尘在天空中飞舞。

与天灾相比，更加危险的是大部分城墙遭到了严重的破坏，一旦被匈人抓住这个时机从破城处攻进，那就是拜占庭的灭顶之灾！狄奥多西斯二世当即就给君士坦丁堡城市长官弗拉菲乌斯·托罗斯·塞琉古·赛勒斯下了一道死命令，无论如何也要首先抢修城墙。赛勒斯不辱使命，雇用城市理事协助，在六十天内就完成了城墙的修复工作。今天，记载城墙修复的希腊文和拉丁文铭文仍在梅乌拉那城门上。与此同时，在狄奥多西斯城墙外面又加筑了一道外墙，并在外墙前挖出一条宽阔的沟。

狄奥多西斯二世分析得没错，阿提拉确实想趁这个机会偷袭君士坦丁堡。他的人品已经告诉了所有人，他绝对不会轻易放过这个趁火打劫的好机会。当听说了地震的消息后，阿提拉立刻调集军队向君士坦丁堡进发，再一次南渡多瑙河，穿越默西亚行省（今塞尔维亚和保加利亚境内），沿路击溃了西哥特将领的军队，几乎没有受到任何有效的抵抗，顺利地洗劫了整个巴尔干地区，直到今天希腊东部的塞莫皮莱，也就是历史上著名的温泉关战役的发生地，才停下脚步。

但是，当阿提拉一路风尘仆仆来到君士坦丁堡城下的时候，却被刚刚修复的城墙挡住，只能望城兴叹。由此，君士坦丁堡再次逃过一劫。

不过，也仅仅是君士坦丁堡幸免于难，对于公元447年的东罗马帝国其他城市而言，却是非常不幸。据盐野七生的《罗马人的故事》中所载，东罗马总共有一百多座城市惨遭阿提拉的洗劫，被杀的人超过四十万，匈人占领了教堂和修道院后，对这些教徒也没有心慈手软，无数修道士和修女惨死在匈人的刀下，甚至连处女也是遭到杀害的原因。后来被罗马教廷封为圣女的厄休拉，就是因为自己是处女之身遭到斩杀！

手段残忍到令人发指！

而阿提拉杀人之后所提出的要求是，东罗马必须让出多瑙河南岸的大片国土，作为他放下屠刀的条件，否则他还会继续疯狂地杀人。于是，拜占庭派出了历史学家普利斯库斯，他所负的使命就是，无论匈人提出什么样的条件，全部接受。最终的结果就是，按照阿提拉的要求，割让土地，赔款退兵！

可是，这个协议最终并没有执行，原因是狄奥多西斯二世在一次骑马的过程中，突然坠地后一病不起，就这么死了，殁年四十九岁。狄奥多西斯二世去世后，他的姐姐普尔喀丽亚与宦官克丽萨菲斯争夺王位。普尔喀丽亚最终获得了胜利，她的丈夫马尔西安将军便成了下一任皇帝。马尔西安继任后，并不认可这份协议，坚持要与匈人战斗到底。

从另一方面来说，也幸亏有了这次谈判过程，让普利斯库斯成为极少见过阿提拉的人之一，使后人有幸通过他笔下的刻画，认识这个恶魔的嘴脸。根据普利斯库斯的描述，阿提拉的外形与亚洲东部黄种人的特征颇为相似，证明了约瑟夫·奎尼对匈人来源的推测，而到了欧洲以后的匈人，从外貌上说，在两百多年中没有发生什么变化，甚至与鞑靼人的特征如出一辙。所以他有典型的亚洲东部的外貌特点，而没有欧洲人的外形特征。"身材矮小，胸膛广阔，头大眼小，胡须稀疏而呈黄灰色，鼻子扁平，体形不太均称。这些都是匈人常见的特征之一。他们几乎所有食物都是直接生吃，尤其是肉类，带着鲜血就直接入口朵颐，然后向天打一个带有腐烂尸体味道的饱嗝。唯独他们喝的水是热的，里面煮的是一种类似某种树叶类的植物。这可能就是他们的生活方式。"

普利斯库斯是这样形容的。那么他们所喝的"类似某种树叶类的植物"又会是什么呢？一直到今天，土耳其作为全世界人均饮茶量最大的国家之一，我不敢确定是否与5世纪的匈人有关，但是，可以肯定地说，这与1453年穆罕默德二世攻破君士坦丁堡有直接关系，这至少可以证实一个观点，茶叶的传播与战争有着密不可分的关系！

当阿提拉得知拜占庭将不履行他们所订立的合约后，立刻暴跳如雷，刚要打算再征君士坦丁堡，一个听上去极其狗血的意外事件让他改变了主意，从而使这次屠杀的目标掉转了方向——西罗马帝国。

事情的起因在于西罗马皇帝瓦伦提尼安三世。瓦伦提尼安三世有个姐姐霍诺莉亚是个问题少女，早在434年，十七岁的她曾经失身于一个侍臣，并且怀了孕。后来事情败露，被她的母亲、帝国摄政太后普拉茜迪娅发现。普拉茜迪娅对这一丑闻非常恼火，认为女儿的行为是皇室的奇耻大辱，于是就把霍诺莉亚送到远远的东帝国的首都君士坦丁堡，让她在那里接受严厉的管束，过着修道院般的禁闭生活，等于是流放。

　　一晃十多年过去了，霍诺莉亚心中的积怨越来越深，她怨恨母亲只偏爱儿子，而对自己太无情，便渴望报复，觉得自己应该与瓦伦提尼安三世争夺王位。东罗马帝国以外的咫尺之地就是匈王阿提拉的用武场所，他有好几次严重威胁到君士坦丁堡的安全，阿提拉在这个都城中是恶名远扬的。霍诺莉亚一心要报复自己的母亲和弟弟，为了达到发泄私愤的目的，她派侍女把一只指环送去给阿提拉，表示愿意嫁给他为妻子，如果阿提拉愿意娶她的话，她就把半个西罗马帝国作为嫁妆一起交给他。阿提拉一听这个天大的好事，大喜若狂，马上派人拿着霍诺莉亚的指环来到西罗马帝国，声称他们两人秘密订有婚约，要求迎娶公主并让西罗马帝国遵守承诺，割让一半领土做嫁妆。

　　西罗马帝国对他们美丽的公主私自许嫁凶残的匈王大为震惊，这一要求当然遭到拒绝，匈人和西罗马的关系迅速恶化。霍诺莉亚不顾一切的做法把她的国家置于极其危险的战争境地，而这位公主本身也成了一个危险人物，东罗马帝国也自然不敢让她继续在此存身了，就匆匆把她送回西罗马帝国幽禁起来。

　　这原本是霍诺莉亚的一个恶作剧，可是阿提拉却当了真，瓦伦提尼安三世眼都直了，他不可能接受这样的条件，口气很强硬地对阿提拉说不！阿提拉大怒，立刻就放弃了进攻拜占庭的计划，带领被他征服的日耳曼和阿兰人组成的大军，向西罗马展开了大规模进攻。

公元451年1月，阿提拉将他的大军在匈牙利草原集结后，匈人的铁蹄便开始向西进发，第一战就将莱茵河畔的勃艮第王国碾得粉碎，之后继续向西，踩过北高卢、特里尔、梅斯、南锡、兰斯、亚眠，一座接一座的罗马城堡要塞相继陷落，随后被一把火烧了个干净，居民尽数遭到屠杀。一城又一城鲜活的生命就此消失，只留下恐怖的阴霾弥漫在西罗马上空。

匈人的暴行血腥到了极致！

匈人军队渡过莱茵河不久，遇到了从不列颠岛前往罗马朝圣的一万多名年龄在十二岁到十七岁的处女，匈人将她们拦截后，要对她们实施侵犯，但是遭到了严词拒绝，恼羞成怒的阿提拉下令，将她们全部杀死扔进莱茵河。一万多名如花似玉的少女，就这样惨死在匈人的屠刀下，鲜血染红了莱茵河。这一暴行传到了罗马教廷，所有人都感到震惊！

匈人就像一台破坏力极强的粉碎机，一路上将罗马在北高卢的所有力量都碾得粉碎，前方就是巴黎，没有任何天堑，也没有任何屏障，一切都暴露在匈人的眼皮底下。正当人们提心吊胆地在为自己的命运祈祷时，阿提拉却出人意料地放过了这个地方。据后来罗马教廷传出来的故事说，拯救了这座城市的是巴黎的日耳曼大主教，他家里收养了一个孤女吉内维芙，这个年仅七岁的小女孩独自一人闯进了阿提拉的大营，一只手握着十字架，另一只手勇敢地将阿提拉手里的佩剑插回了剑鞘，此举让阿提拉大为感动，于是便饶过了巴黎。

无论这个故事是真还是假，总而言之巴黎确实逃过了这次劫数，为此日耳曼大主教被罗马教廷封为圣日耳曼，并称为巴黎的守护神，而那个小女孩则被封为圣女的化身。

但是，匈人的铁蹄并没有就此停止，仍然在继续践踏西罗马的广袤土地，无辜的生命还在遭受屠戮。

茶战3：东方树叶的起源

很长时间以来，我一直都在反思一个问题，究竟是什么原因，由古罗马人、古希腊人、阿兰人、哥特人、日耳曼人、斯拉夫人、凯尔特人、高卢人和汪达尔人等强悍人种组成的欧洲，会被一个曾经被汉朝打残了的游牧民族打得如此狼狈？究竟是什么原因能让匈奴在欧洲大陆上如此撒野？仅仅是因为他们的凶悍吗？

从地狱来的恶魔

关于罗马，直到今天有很多人存在一个错误的理解，以为古罗马就是意大利，这话听上去也对，但是并不是很准确，就像从秦汉到今天的中华人民共和国一样，这其中经历了很多时代。严格地说，仅就罗马而言，总共分了三个时期，即古罗马时期、罗马共和国时期和后来的罗马帝国时期。

通常我们所说的古罗马时期是从公元前 753 年罗慕路斯时代起到公元前 509 年止，从公元前 509 年到公元前 27 年为罗马共和国时代，而罗马帝国时代则是由两部分组成，即公元前 27 年到公元 476 年西罗马灭亡和公元 330 年君士坦丁大帝迁都君士坦丁堡到 1453 年东罗马帝国灭亡为止，这期间的东西罗马帝国并非同一帝国，比如中国的西汉和东汉，虽然都称为汉朝，但是血脉已经发生了变化。所以，东西罗马其实是在同一时间内的两个不同的国家。

公元 451 年匈人发起进攻时，西罗马无论军事、经济还是政治体制都已处在了崩溃的边缘，事实上已经到了苟延残喘的地步，而与匈人的那场著名的"沙隆会战"，则是西罗马帝国最后的绝唱。此战 25 年后的公元 476 年 9 月 26 日，罗马的雇佣兵领袖奥多亚克率领日耳曼人攻破罗马，当场斩杀了最后一任皇帝罗慕路斯·奥古斯都，同时宣布西罗马退出了历史的舞台。

　　阿提拉绕过巴黎后，没有继续向西，而是折向了南方的奥尔良。一旦奥尔良陷落，意味着西罗马帝国在高卢地区的所有防御全部土崩瓦解，罗马即刻就暴露在匈人的攻击范围之内。

　　直到这个时候，瓦伦提尼安三世似乎才感到事态的严重性，下令西罗马统帅埃提乌斯统领罗马军团，与西哥特国王狄奥多里克率领的西哥特日耳曼联军一起，于451年7月14日联合发兵奥尔良，务求在短时间内解决匈人的包围。阿提拉发现了西罗马主力军团的增援后，立刻将军队做出调整，命令所有军队马上撤出奥尔良，向特鲁瓦（法国中东部城市）方向撤退，选择有利时机并集中优势兵力向罗马和西哥特联军开战，他所提出的战术要求，也同样不打持久战，在短时间内结束战斗，后面还加了一条，就是要彻底消灭这支罗马的主力。

　　这场著名战役史称"沙隆会战"。

　　然而，两军的统帅之间却有着很深的私人友情，这事在今天看来有些匪夷所思，但在那个时代比较正常。罗马联军统帅埃提乌斯在十九岁的时候，曾经被他父亲高登提乌斯送到潘诺西亚匈人的大营里做人质。后来他在回忆那段在匈人大营里生活的日子时，很有感触地讲述了匈人的生活方式，其中有一段是说午饭后每人要喝一种用树叶熬制的汤，颜色很黑，很苦很涩。会不会是茶叶呢？

　　不过，他也就是在这段时间里，认识了匈人大单于卢阿的侄子阿提拉。能说一口流利拉丁语的阿提拉比埃提乌斯小几岁，因为也有过做人质的经历，所以与埃提乌斯同病相怜，两人结下了很深的友谊。后来，埃提乌斯结束了人质生涯回到了罗马，但是谁都没有想到，在过了很多年以后，两人居然在战场上代表各自的利益而兵刃相见。

　　7月20日，两军在今天法国东北部的卡塔隆尼亚平原上的沙隆遭遇，从而爆发了一场决定欧洲命运的大决战。关于沙隆会战双方投入的具体兵力人数，在今天历史学界仍存在很大争议。但当代学者们已经普遍不相信古代记录中那夸张的百万之众。就当时的战场情况以及作战环境而言，比较合理而中肯的数字是，双方合计参战人员为十万人。

这是一场势均力敌的大决战，阿提拉大军的主力，无疑是一万五千名冲击力极强的匈人骑兵，这些来自北亚草原的骑兵，绝大部分是一些无甲轻骑兵。习惯骑着亚洲矮种马来去如风，并在马上使用复合弓进行准确射击。若是迫不得已与敌人近身作战，他们会使用随身携带的刀剑长矛。

而西罗马联军一方的很多人，与阿提拉麾下的附庸部队的人种几乎是一模一样。很多逃亡到高卢边区的阿兰人和萨马蒂亚人，已经用上了罗马式装备，但依然骁勇善战。西哥特国王狄奥多里克的军队士兵，与对面的东哥特人，同出一族。至于其他的日耳曼同盟，比如勃垦第人、撒克逊人，也和敌方阵营的日耳曼士兵大同小异。甚至罗马人自己的直属军队，也有大量归化的蛮族战士。

历史发展到了这个阶段，曾经战无不胜攻无不克的罗马军团的孱弱战斗力早已是人尽皆知。步兵们的装备不断朝着轻装化发展，方盾被圆盾取代，威力强大的重型标枪被数量更多的轻型标枪或长矛所取代。更容易吸纳蛮族战士的罗马骑兵部队，稍好一些。除了数量较少的重装骑兵外，数量最多的是通用骑兵。披挂锁子甲，并使用长矛、圆盾、长剑或标枪的他们，怎么看都更像是蛮族军事系统的后裔。因而，在卡塔隆尼亚平原上的这场命运之战，实际上就是两支以日耳曼蛮族为主的联军间的厮杀。相比之下，来自布列塔尼半岛的罗马军户后裔与不列颠罗马难民部队，就仿佛是茫茫蛮族大海中的一股清流。

卡塔隆尼亚平原是两支军队主帅都心仪的理想决战之地。位于两

　　　　　　　　　　　茶战3：东方树叶的起源

片森林之间的开阔地形，既适合骑兵数量庞大的匈人大军驰骋，也适合拥有大规模步兵的罗马—蛮族联军展开。而在平原的东侧有一块可以俯视四周的高地，阿提拉和罗马人都意识到这块高地的重要性，并在各自的布阵计划中做了相应的安排。

左翼是排成密集防御阵型的罗马人、布列塔尼人、法兰克人和其他日耳曼人。其中较弱的罗马式军队，被布置在左翼外侧。这有利于避开敌军的凶猛前锋，也可以在战事不利时及时保存火种。右翼是西哥特国王领导的西哥特军队，按计划将由他们负责夺取高地。在埃提乌斯的策略里，强横的西哥特军队充当了矛头的角色。若是他们能够占领高地，就能居高临下对中间的敌人发动冲击，一举赢得胜利。而中路和右翼的部队，其实只是牵制性力量。

阿提拉方面依照匈人军队的特点，他将匈人骑兵布置在负责主攻的中央位置。众多日耳曼附庸步兵被安排在右翼，左翼则是东哥特人的大军。他的计划是以东哥特军拖住西哥特军，然后由中央的匈人骑兵打垮阿兰人。接着，中路突破的匈人骑兵，将和右翼的日耳曼步兵一起，两面夹击较弱的罗马—日耳曼部队。最后才解决较强的西哥特人。

战役在 6 月 20 日的午后时分打响。阿提拉骑着显眼的白色战马，穿戴黑色金属盔甲，在阵前发表了一通慷慨激昂的演说。接着，他亲自手持一张夸张的战弓，像他的祖先冒顿单于那样，朝埃提乌斯联军的方向射出了金杆红羽的箭。他的大军，随即倾巢出动！最早交战的是双方的骑兵中军。那些身披重铠、手持长矛的阿兰骑士们，在国王桑吉斯的喝令下发动了雷霆般的冲锋。他们用高速冲锋，冲过了匈人弓骑兵的箭矢攻击，直撞入对面的骑射手群中。阿兰人一直没有忘记当年被匈人部落驱逐出南俄草原的仇恨。所以，他们参加联军除了为活命，更是为了复仇。

眼看匈人骑兵阵线不断动摇，阿提拉立即出动自己的亲军，让他们加入战斗。这些匈人精英在战斗技巧上，完全不输于阿兰人。逐渐陷入骑兵包围圈的后者，只能选择后撤。这样一来，左翼的罗马—日耳曼军就侧翼大开。

这个时候的埃提乌斯正指挥麾下的军队，不断抵抗那些断发文身的日耳曼人的人海攻势。这是日耳曼人最常用的进攻方式，阵型虽然粗糙，但能发起骇人的冲锋。而罗马人与布列塔尼人则更多地依靠前排的盾墙抵挡，寄希望于后排士兵投掷出的标枪和射出的箭镞，将冲在前面的敌人尽可能多地杀伤。

像法兰克人这样的日耳曼军队，同样也以自己的方式不停地组织反冲锋。当匈人的骑兵快速击溃阿兰人后，他们非常顺利地从侧翼对罗马军进行包围。由于缺少必要的护甲装备，并且在两侧都遭到罗马骑兵的包抄夹击，强悍的日耳曼人处境非常艰难。前排一片一片地倒下，后排只能踩过前排的尸体继续不停地发起冲锋。

罗马联军也遭遇到了同样的困难，当骑兵冲过之后，后面的重装步兵却遭到了对方日耳曼人的包围，发挥不出重装步兵的优势，在敌人的砍杀下，只能选择暂时后退。这一来，导致罗马骑兵的侧翼也被包围，使骑兵们只能放弃冲击而实施突围，同时还要严防敌人营中施放的箭矢。

整个战役中最血腥的战场在东侧的高地，两支血脉相连、操同样语言的哥特军队，几乎在同一时间冲上了制高点。双方本属一族，却在战场上各为其主。西哥特人对为虎作伥的同胞心怀怨恨，而东哥特人则顾虑后方的家眷，所以不得不互相残杀。同族人的殊死战斗增添了悲情色彩，手足间的拼命厮杀谱写了悲壮挽歌，在极大的矛盾中将刀砍向同胞兄弟的同时，自己的心里也在汩汩流血。由于人数众多，战场相对狭小，无论骑兵还是步兵，施展的空间都很小，只能在肉搏中砍

　　　　　　　　　　　　茶战3：东方树叶的起源

翻对手，才能给自己腾出一块足够施展的地方。

联军中一马当先的是西哥特国王狄奥多里克，他手持长剑策马冲向了最前面的东哥特步兵。国王虽然不减当年的勇武，但毕竟已经老了，混战中被对方的一支长矛刺中腿部翻身落马，即刻遭到随后涌上来的双方士兵的踩踏，不幸身亡。小小的高地挤满了厮杀的人群，东哥特步兵们用力地挥舞他们手中的长矛标枪，让人数更多的西哥特人无法转身，只能挺直胸膛迎上去，为身后的士兵创造进攻机会。西哥特士兵依仗自己的人数优势，发起一次又一次冲锋，在号叫中，手举各种兵刃杀向东哥特人。

由于两军展开了面对面的肉搏厮杀，西哥特人的装备优势发挥出了作用。居住在高卢地区的西哥特士兵，曾经多次洗劫抢掠了罗马的军械仓库，所以获得了罗马军很好的护甲，装备远远好于他们黑海的同胞。几乎没有什么身体保护的东哥特人依靠的是个人勇猛，而西哥特人除了有同样的勇猛外，还有能替他们挡住敌人刀枪的锁子甲。恰是因为有了这一装备，西哥特士兵有了第二次生命，也就有了再次向敌人发起冲锋的资本。

狄奥多里克国王的死，没有让西哥特人失去战斗力，反而让他们在悲痛中越战越勇，在王子托里斯蒙的指挥下，西哥特人借着人数众多和保护装备的优良，像潮水一样向东哥特人发起了一波又一波强势进攻。战至此时，东哥特人已经明显地感觉到了自己的不支，虽然后面有匈人的督战，也无法挡住西哥特人的凌厉进攻，只能败退下来。但是西哥特人并不给他们喘息的机会，直接就从高处向下冲击，如同一把利刃，把围攻在罗马联军侧翼的匈人骑兵拦腰斩为两段，使其首尾不能相接。

当两军厮杀进入胶着状态的时候，站在远处指挥的埃提乌斯看得心急如焚。也就在这个时候，他觉得到自己亮出撒手锏的时候了。他手里的王牌，就是罗马的精锐骑兵，从开战至今始终都处在观望状态，一旦战场鏖战到白热化，就是他们出击的时刻，而这支生力军一旦发动，毫无疑问将会成为压死骆驼的最后那根稻草。

罗马精骑终于出动了，带着排山倒海的气势，像一把锋利的剑直插匈人的大营，以惊人的冲击把体力已经耗尽的敌人分割成几大块，然后再分别宰杀。而经过半天搏杀的匈人早已累得精疲力竭，面对突然出现的罗马军，他们连逃跑的力气也没有了，只有坐在原地等待被杀。

罗马的精锐骑兵突击在前，日耳曼军、阿兰军和西哥特军在后，联军呈四面向阿提拉的残军包抄过来。在进入最后的搏杀时刻时，罗马联军除了对匈人进行杀戮外，却对其他人种网开一面，使得被俘的日耳曼人、东哥特人和阿兰人又纷纷拿起武器，与罗马联军一起对匈人展开了厮杀。

兵败如山倒的阿提拉表现出了让罗马人鄙视的举动，形势逼迫他必须在英勇战死和狼狈逃窜之间做出选择，他果断地选择了狼狈逃窜，几乎连思考和犹豫都没有，就丢下了所有士兵，在身边护卫的掩护下，极其狼狈地逃回到了自己的大营。而联军士兵尾随其后，把阿提拉的兵营包围得水泄不通。其中一些杀红了眼的哥特士兵，在托里斯蒙的率领下，对躲进大营顽抗到底的匈奴展开了强势进攻，甚至险些将阿提拉杀死。

由于阿提拉在战前所抢掠的财物和全部辎重都部署在这片背靠河流的防御军营内，所以联军的优势兵力将兵营团团围住，使他即便长上翅膀也难飞出包围。已经绝望了的阿提拉甚至让手下准备好了柴火，在失败的痛苦中打算以壮烈的自焚，来结束自己的一生。

已获大胜的埃提乌斯完全可以在这个时候冲进敌营，彻底了结这个欧洲最残暴的敌人，但是他并没有这样做。关于埃提乌斯当时为什么没有出手杀了阿提拉，后来有两种说法，第一种说法是他与阿提拉之间在战前有一个秘密约定，这场战役中无论哪方获胜，都不把对方杀死。所以，此时已经到了他必须要遵守承诺的时候。而第二种说法近似于神话，埃提乌斯做了一个梦，梦到上帝要求他放过阿提拉，上帝说，像阿提拉这种恶魔应该遭到天谴，而不需要亲自动手。

所以，他劝阻了各蛮族的将领和士兵，与阿提拉签订了一个近似羞辱匈人的协约，双方约定阿提拉不再进犯西罗马帝国。签署了这份协约之后，阿提拉带着他所剩无几的残兵败将，灰溜溜地回到了位于今天匈牙利、罗马尼亚和塞尔维亚的潘诺尼亚大草原。

狼总归是狼，即便被打瘸了也仍然是狼。

阿提拉并没有遵守他和埃提乌斯之间签署的协议，到了第二年再次带兵进攻罗马。但是，这一次他没有再走让他伤心的高卢，而是改走公元前 218 年迦太基战神汉尼拔攻打罗马时所开辟出的道路，翻越阿尔卑斯山，绕过罗马重兵设防的阵地向罗马发起新一轮进攻，而原因仍然是为了霍诺莉亚的那个"婚约"。

公元前 218 年的汉尼拔越过北部的阿尔卑斯山偷袭了意大利本土，把不可能变成了可能，六百多年后的 452 年，阿提拉再次翻越阿尔卑斯山，也再次把不可能变成了可能，从而使罗马遭受到了致命的一击。

爱德华·吉本在《罗马帝国衰亡史》中有一句话用来描述阿提拉的残暴，"铁蹄所到之处，地面寸草不生"。当阿提拉率领他的野蛮军队进入意大利后，第一个遭殃的城市是阿奎利亚。这座坐落在亚得里亚海边的小城，像一根坚硬的木棍插在阿提拉的眼睛里，他原本想攻破这座不起眼的小城用不了半天时间，却没想到这里的防守居然如此坚强。阿提拉把随身携带的撞城锤、破城车、移动木塔都用了个遍，但是城墙纹丝不动。

阿奎利亚就像匈人道路上的一块绊脚石，横亘在前进方向的中央，让阿提拉左右都感到不舒服，于是就和这座城较上了劲，即便一寸一寸地拆，也要把这座城拆掉。结果，他花费了三个月的时间，终于发现了一个不易察觉的疏漏，从而将此城攻破，匈人顺着遭到破坏的城墙快速杀入，开始了他们极其野蛮的杀戮。

阿奎利亚城被匈人攻破的当天，这个曾经繁华的城堡立刻变成了人间地狱，所有人都被以最残忍的方式处死，无论男女老幼无一幸免。匈人将这些人的尸体熬炼成油，并把油全部泼到建筑物上，点火将其彻底焚毁。大火整整燃烧了十多天，所有建筑物都化作灰烬，就连建筑物中硕大的铁钉都完全融化，以致直到今天都无法找到阿奎利亚的任何遗迹。

之后的阿提拉继续挥军前进，沿途上的阿尔提努姆、康科迪亚、帕杜阿等城市全部变成了一片废墟，所到之处尽被屠城，除了到处都是横七竖八的死人外，几乎没有任何生命迹象。接下来，灾难又降临维生札、维罗纳和贝加莫，这些城市无一幸免地只留下一片瓦砾。只有米兰和帕维亚因为没有任何抵抗，而只是财产遭到了抢掠，所有俘虏均被赦免。

面对各地遭受的重创，那位在沙隆会战中完胜阿提拉的罗马大公埃提乌斯却毫无建树，仅过了一年竟然判若两人。当城破和大量人口被杀的消息不断传来的时候，他的表现却非常诡异，只是闪烁其词地说，匈人一旦后勤保障跟不上，便会自动撤退。这话也许只是他随口说说，可没想到，匈人在距离罗马城不远的曼多化城时，确实因为粮草供应不足和军中流行瘟疫，再加上教皇利奥一世亲自率领罗马使团与阿提拉做了一次会见，瓦伦提尼安三世也同意承诺以高额赎金代替霍诺莉亚的嫁妆，使阿提拉饶过了罗马，并率军撤出。

从此之后，瓦伦提尼安三世对埃提乌斯心存猜疑，最终在两年后——454年9月21日，瓦伦提尼安三世当堂将埃提乌斯刺杀。而时隔半年后的 455 年 3 月 16 日, 瓦伦提尼安三世检阅玛提厄斯军营并准备观看箭术练习时, 遭到了埃提乌斯生前的两个朋友奥普提拉和萨斯提拉的刺杀, 当场身亡。 更加令人匪夷所思的是, 这两个刺杀者居然都是匈人!

从这个时候开始, 西罗马帝国的政局更加动荡不安, 处于风雨飘摇之中, 距离倾覆已经为期不远。

阿提拉准确的死亡时间是在 453 年 3 月。 他死亡的消息伴着第一场春雨, 瞬间传遍了整个罗马。

从 452 年的春天到秋天, 阿提拉在意大利整整折腾了半年多时间, 他像一个具有非凡能力的破坏专家, 把意大利毁了一个底朝天, 今天我们跟随意甲联赛所熟悉的那些城市, 帕多瓦、维琴察、皮亚琴察等, 都曾经历了这位毁灭大师的大手笔破坏, 变成了残垣断壁。

按照阿提拉的性格, 离开了西罗马后, 他的目标肯定还要继续对准东罗马, 因为那里还有一笔账没有算清。 前次和狄奥多西斯二世所签订的协议, 遭到了后任皇帝马尔西安的拒绝。 不给这个马尔西安一点颜色看看, 他还真不知道阿提拉的厉害!

公元 452 年冬天, 对于拜占庭而言是在紧张与恐惧之中度过的, 谁也不知道, 阿提拉这个恶魔什么时候会突然降临, 所以, 几乎所有人都有一种末日即将来临的无助和失措, 在提心吊胆中挨过每一天, 唯一能做的事, 就是去教堂祈祷上帝的保佑。

拜占庭的担心确实没错, 阿提拉已经准备好了要把君士坦丁堡夷为平地, 他把时间定在了 453 年的春天, 当天降第一场春雨的时候, 便是他进攻拜占庭的信号!

他在确定了出征的具体时间后, 又利用了这段空档期, 见缝插针地娶了一个名叫希尔迪珂的勃艮第女孩。 对于一代帝王而言, 多娶一个和少娶一个都是一件再正常不过的事，但是这一次婚姻却是阿提拉的生命终点，或者说，希尔迪珂就是上天派来惩治这个恶魔的天使！

按照普利斯库斯的说法，阿提拉死在了与希尔迪珂的新婚之夜，他是在睡梦中因鼻腔血管破裂，血液倒流致窒息而死。这血管破裂可能是由于阿提拉饮酒过多。一个曾经狂言"被匈人铁蹄践踏过的土地，将寸草不生"的强悍征服者，就这样怪异地死去了。

虽然普利斯库斯的记录看上去很翔实，但是他的这个说法并不能让人接受，因为欧洲的所有人种都对阿提拉痛恨到了骨髓，无论如何也不能让这个恶魔死得如此安然和平淡。为了能一解人们的心头之恨，就在阿提拉死后，又出现了另外一个流传颇为广泛的说法，少女英雄希尔迪珂手刃阿提拉。这个故事很像《圣经》里所描写的菲利士人对付大力士参孙那样，给他送去了一个女间谍大利拉，终于发现参孙的力量来自头发，大利拉就把参孙的头发剃掉，菲利士人轻松地将参孙捉住。把希尔迪珂塑造成这样一个故事主角，无疑带有悲壮的传奇色彩，所以立刻就被所有人接受，后来根据这个故事演绎了很多艺术作品，包括19世纪法国画家维克莱勒的油画《阿提拉之死》、瓦格纳的歌剧《尼伯龙根之歌》等，都是根据这一故事改编而来。

无论艺术作品如何渲染希尔迪珂，都掩盖不了阿提拉之死这个现实。从公元434年横空出世，到453年诡异死去，在将近二十年的征战中，这个人给欧洲造成的惊恐和破坏，都是空前绝后的。因为他的出现，一脚把欧洲踢进了中世纪的边缘。早已破败的西罗马帝国因阿提拉的出现如雪上加霜，最终在二十四年后土崩瓦解，欧洲旋即进入了长达千年的黑暗中世纪。

而阿提拉的死，也使匈人内部立刻失去了灵魂。他的三个儿子艾拉克、丹科兹克和艾内克，为了帝国的继承权而爆发了内战，那些一度被匈人征服的日耳曼人、阿兰人、哥特人等部落也趁这个机会纷纷离开。第二年，反叛的日耳曼联军在潘诺尼亚向前来围剿的匈人发动了战争，在这场血战中，阿提拉曾经最看好的长子艾拉克被日耳曼人杀死，他的人头被悬挂在阵前，匈人一见便四散奔逃。匈奴从此一蹶不振。

另一部分匈人在丹科兹克的带领下，重新回到了黑海北岸到伏尔加河流域的老家，直到 469 年，丹科兹克曾经指挥匈人向多瑙河进攻，但是依然以失败而告终，丹科兹克的首级被拜占庭人割下后送到了君士坦丁堡，在一场马戏表演中被拿出来羞辱性地公开示众。只有艾内克的一支，在 6 世纪初曾经出现过一次，之后便快速地窜入外高加索的保加利亚人部落中，匈人从此便没有了消息。从这一最终消息来看，匈人被保加利亚人融合的可能性非常大。保加利亚人在 7 世纪后，随着阿瓦尔人西迁浪潮的冲击，在国王阿斯巴鲁赫的带领下，随斯拉夫人联盟攻进了巴尔干半岛，进入多瑙河三角洲的北侧，并与斯拉夫人一同定居保加利亚，在 9 世纪正式形成了独立的保加利亚国家。

从几个方面能够认定今天的保加利亚人就是匈人的后裔，一方面是 6 世纪后匈奴最终消失在当时并不强大的保加利亚人中。另一方面是他们的生活方式，一直到今天，保加利亚人仍然是一个非常喜欢喝茶的民族，他们喝茶的习惯显然有历史的传承。

这里需要说明一下，长期以来一直被认为有可能是匈人后裔的匈牙利人，他们的祖先是欧洲的另一个游牧民族马扎尔人。而古代的马扎尔人与突厥人、蒙古人、斯基泰人都没有多少血缘关系，他们世代居住在乌拉尔山脉南部的低矮丘陵地带，还有一部分居住在欧亚大陆非常寒冷的北端，与当代的芬兰人、爱沙尼亚人是近亲，他们和历史上的匈人没有发生接触的机会。

但是一直到今天，欧洲的匈人是否就是汉朝的匈奴，依然是学界争论的一个焦点，但是，从史料中所记录匈人生活中习惯饮用"东方树叶"这一细节来看，与匈奴有很高的吻合度。至于在 4 世纪以后匈人究竟是通过什么渠道搞到的这些"树叶"，因缺少文字记载，在此只能做一个可能性的推断。

第五章

那一片血泪
横飞的树叶

　　纵观中国的茶叶文明史，无论在过去还是今天，茶叶从来就不是一种简单的商品或饮品，一直都是中国文化融合世界文化的重要组成部分。茶叶在政治、经济、军事、外交、民族关系等方面都扮演过重要角色，起到了不可替代的作用。要正确看待茶文化，首先必须回到中国的文明层面，回到世界文明历史发展的多维度上，新时代的中国茶产业的发展已经进入新阶段，好茶和天下，希望中国茶文化走向世界，再次征服世界爱茶人。

——茶人　林振传

陈汤，索命阎罗

北匈奴的最后一个线索，就是融合进了保加利亚人中，之后在茫茫历史中消失得无影无踪。那么归附了汉朝的南匈奴，其结果又是如何呢？

让我们再返回到公元前 53 年。

卡莱战争结束后，也许呼韩邪和郅支都听到了什么消息。先是呼韩邪，派了自己的儿子右贤王铢娄渠堂去了一趟汉朝，虽然接待层次不低，可是汉宣帝刘询似乎没有什么反应，面对南匈奴提出的要求（不是条件）基本上不做表态，只是客套冷淡地聊了些无关紧要的闲话，就草草地结束了会见。

郅支一见南匈奴去了中原，也不甘示弱，紧随其后地派出代表，竟然也是自己的儿子，并且特别要求中原把自己的儿子留下作为人质，以表示自己的忠心。但是结果和呼韩邪差不多，并没有得到汉朝多少有价值的承诺。因呼韩邪和郅支都没有获得自己想要的信息，心里就没有了底气，只是小心翼翼地观察中原帝国的一举一动。在此之后不久，西面就爆发了安息帝国与罗马帝国间的卡莱战争。呼韩邪又派出了他的弟弟左贤王来到长安，要求面陈刘询。

一年之内两次派出重量级权贵人物来到长安，这在匈奴的历史上是绝无仅有的。而且还不止如此，看到呼韩邪示好中原王朝，他的兄弟兼死敌郅支也不甘示弱，再派出高规格使团来到长安，毫不隐讳地表示希望能与汉朝保持友好关系。

南北匈奴分别派出代表来到长安，有一个共同的特点，那就是都在卡莱战争结束以后。这个时间节点非常耐人寻味，通过呼韩邪和郅支对汉朝的态度来看，十有八九汉朝确实派郑吉参与了这场战争，偷偷地帮了安息一个忙，只不过秘而不宣罢了。否则，以匈奴人的强硬态度，尤其是在吃了汉朝的大亏以后，断然不可能轻易向汉朝低头。

南北匈奴同时都在向汉朝示好，这给刘询出了一个很大的难题。与互为仇敌的兄弟俩都搞好关系显然是一件不可能的事，而与其中一支修好，那么该选择谁呢？呼韩邪统治下的南匈奴势力较弱，但是距离汉朝很近，一旦拒绝了他，他势必会对汉朝怀恨在心，会继续在边界上制造杀人越货事件，如果汉朝再派兵去打，一旦把他打急了眼再与北匈奴合在一起，汉朝又要面临一个统一的强敌。

而郅支的北匈奴虽然势力比呼韩邪要强得多，在打败了另外三个对手后，已跃然成为草原的新霸主，但是与强盛时期相比，实力还是逊色了很多。他之所以主动与汉朝修好，最大的担心就是害怕汉朝与呼韩邪结盟，联合起来对付他，所以此举仅仅是他的权宜之计。如果能和汉朝联手成功，共同消灭呼韩邪，有朝一日必定会把刀刃再次对准汉朝。

经过一番权衡，刘询决定要扶弱消强，继续维持匈奴割据的状态，不能给他们机会或创造任何条件再度统一。于是他做出决定，把友好的天平向呼韩邪一方倾斜。

刘询既已经决定要与呼韩邪结盟，那么对于几乎在同一时间派出的两支匈奴的接待规格，就要颇费一番精力。时年三十八岁并且已有二十年执政经验的刘询在这个时候体现出了他的政治智慧和沉稳的处事风格。他首先对呼韩邪派出的代表团以超规格接待，但是对郅支的代表团的接待规格就低了很多。这其实是刘询的一石二鸟之计，超高规格接待南匈奴左贤王，就是要让呼韩邪感觉到汉朝的真诚，同时也没有冷落郅支的代表，目的在于告诉呼韩邪，汉朝并不排斥北匈奴，关键要看你自己怎么表现！

呼韩邪也算是个聪明人，经过了将近一年的思考之后，他做出了一个重要的决定。公元前52年冬，呼韩邪亲率他的全体部众约五万余人来到五原郡外，然后下马走到城下，对守城的官员说，请转告汉朝皇帝，我将在正月里带上珠宝珍玩前往长安，去给他请安！

刘询获知这个消息，立刻趁机大做文章，把匈奴单于要来长安谈和的消息昭告天下。这意味着除了公开告诉呼韩邪长安欢迎你以外，还让所有的老百姓都知道，汉朝已经进入天下太平的时代，不需要再去提心吊胆地防备匈奴了！

接下来，刘询对如何接待呼韩邪大费周章，几次召开御前会议，商讨接待过程中的每一个细节。有大臣说，呼韩邪是汉朝的罪臣，此次前来长安属于投降，应该按照君臣关系予以接待。也有的说，自先秦以来数百年，匈奴铁骑多次进犯我中原国土，劫掠我财物，戮杀我人民，所犯罪恶之甚罄竹难书，无辜死难者不计其数，生灵涂炭，民不聊生，中原人民对匈奴恨之入骨。既然今日来到我大汉长安，借机杀之，以雪国之耻民之恨！

唯有萧何的后代萧望之不同意上述意见，力排众议禀奏刘询，匈奴单于的礼仪绝不能等同于臣子，更不能轻易杀之。既然是以一国之君的身份来访，就更应该展现出我们皇帝的气度。刘询对此表示同意，确定以国君的接待规格欢迎呼韩邪一行，并特别设置了汉宣帝出宫迎接呼韩邪这一细节。

公元前51年初春，呼韩邪心怀忐忑地进入汉地。从他的脚步跨进城门的那一刻起，就已经创造了历史。他下意识地回过头，向那块历经沧桑的荒原看了一眼。这是自先秦以来第一位走进汉地的匈奴单于，即便是从秦朝的蒙恬开始算起，屈指间已过去一百六十多年。曾经，他们屡次进犯边境，对汉朝政权构成了巨大的威胁，时下的匈奴已是夕阳薄日，仅有其名却早不具其实了！

汉朝为了迎接呼韩邪，专门派出了车骑都尉韩昌为迎宾专使，率队在五原城内列队欢迎，以最高规格护送呼韩邪进京，沿途所经过的朔方、西河、上郡、北地等郡，全部派出仪仗马队，为匈奴单于开道护驾。

及至车队抵达长安，刘询亲自步出甘泉宫迎接呼韩邪。这使呼韩邪颇为感慨，原本以为汉朝会以胜利者的姿态傲慢地约见他，却没想到竟然连皇帝陛下都亲自出门迎接，接待规格如此之高，让他受宠若惊，感叹汉朝乃礼仪之邦，臣服于其也实为明智之举！

刘询对呼韩邪的到来并未兴师问罪，而是赏赐了一大堆金银珠宝，并且不失时机地将一枚纯金制作的"匈奴单于玺"，以极为隆重的方式亲自交到了呼韩邪的手里。这一枚"匈奴单于玺"的意义非同一般，如果呼韩邪不接，说明他此次来长安并不是真心谈和，而是欲拖延时间，养精蓄锐以待东山再起，继续祸害汉朝；而一旦接下，就意味着呼韩邪接受了汉朝的册封，成为中央政府下辖的行政区域，从而确定了两地之间在政治上是隶属关系。但是这枚"匈奴单于玺"的尺寸又和汉朝皇帝的玉玺尺寸相等，意思是说，虽然匈奴也是被汉朝册封的地方长官，但是在级别和规格上要高于其他属国藩王。

呼韩邪在长安住了一个月，汉朝极尽奢华地接待他。临走时，刘询又无偿地送给了他一大批粮食，并派董忠、韩昌带一万六千人护送，同时说明，这一万六千人从此就在单于身边，随时保护他的安全。说白了，就等于给呼韩邪送去了一万六千颗钉子，实实在在地扎在了他的四周，只要他稍有歹意，即遭横祸！

呼韩邪心里也很明白汉朝的用心并非善意，所以更加小心翼翼地维持与汉朝的关系。也许是尝到了甜头，到第二年时，呼韩邪再次驾临长安，也得到了更多的回报。两地之间你来我往，互通有无，俨然一幅和平相处的景象。

常言说，有人欢喜有人忧。既然呼韩邪欢喜，郅支肯定有忧。眼睁睁地看着呼韩邪受到汉朝的支援，郅支明白自己统一匈奴的大梦就此完结。但他此时苦于自己的儿子驹于利被当作质子扣在了长安，只能强忍着这口气，也不敢做什么大动作，只能背后搞些小勾当。

公元前 50 年，也就是呼韩邪第二次去长安之际，郅支气得妒火中烧，秘密派出使臣前往乌孙，试图与乌孙联手进攻汉朝。然而，他没想到的是，这个时候的乌孙国王是解忧公主的孙子星靡，人家与汉朝有血缘关系呢。结果，使臣历尽艰辛刚到乌孙说出了郅支的想法，就被星靡"咔嚓"一刀砍掉了脑袋。之后，星靡按照郅支的密约，带了八千人马假装过去迎接匈奴，打算趁其不备砍下郅支的头颅送给汉朝当见面礼。

但是，老奸巨猾的郅支预料到其中有诈，就事先派出了伏兵。当郅支率领人马来到乌孙的边界后，乌孙的将军突然发现自己被匈奴包围，赶快下令撤退，但是已经来不及了。郅支几乎全灭了乌孙这八千人后，转身征服了坚昆（今北方柯尔克孜族）、丁零和乌揭，并将自己的王庭设在了坚昆，最终攻灭了乌孙，将乌孙人驱赶到了北高加索的库班河至捷列克河之间，另外成立了阿兰国，而郅支却带着一批匈奴人留在了康居。

公元前 49 年，正值壮年的刘询去世，儿子刘奭继位，是为汉元帝。

刘奭继位十三年后的公元前 36 年，因汉朝驻西域大将老迈年高，已经没有了当年的骁勇与斗志，请求朝廷回长安颐养天年，于是刘奭派出了都尉甘延寿和副使陈汤接管。就是这一次不经意的换人，彻底改变了汉朝在西域的处境，同时也改变了匈奴的历史。

陈汤，就是那个一语吼出了中华民族两千年最血性誓言"犯强汉者，虽远必诛"的人。两千多年以来，这句带有血性的豪言壮语，像一道永不磨灭的图腾，镌刻在每一个中国人的心上，随时都在提醒自己，勿忘国耻！

陈汤不仅敢说出这样的话，也确实敢这么做。这家伙天生有一颗天胆，一生立功无数，却都功过相抵。在他的一生中，曾经做出了许多让人瞠目结舌的荒唐事，骗皇上，驳上司，诈同僚，灭康居，斩郅支，诛抱阗，吓诸王，乍听上去他的所作所为一件比一件不靠谱，可每一件都是为了国家发展社稷平安。正是因为他的"荒唐"，才使丝绸之路得以安宁，让强悍的匈奴销声匿迹。他让西域诸国的强盗们闻风丧胆，让汉元帝刘奭哭笑不得，让他的上司甘延寿心甘情愿地为他背了一堆能掉几回脑袋的黑锅！也正是因为他的这些行为，西域故地的强盗们想起他的名字夜不能深寐，丝绸古道上的土匪们闻听他的大号饭不敢细咽。没错，他就是地狱里的催命小鬼，是天堂里的索命天使，是阿鼻地狱里的牛鬼蛇神，是酆都城里的狱卒首领，是阎罗殿里的生死判官！

这就是陈汤！

自从有了他，躁动不安的西域诸国变得本本分分，时常遭劫的丝绸古道从此平平安安。明代大学问家张燧在《千百年眼》中曾对陈汤有过高度的评价："陈汤之功，千古无两，而议者以矫制罪之。不知所恶夫赏矫制而开后患者，谓其功可以相踵而比肩者也。阴山之北，凡几单于，自汉击匈奴以来，得单于者几人？终汉之世，独一陈汤得单于耳，其不可常徼幸而立功者如此。诚使裂地而封汤，且著之令曰：'有能矫制斩单于如陈汤者，无罪而封侯。'吾意汉虽欲再赏一人焉，更数十年未有继也。如此则上足以尊明陈汤之有功，显褒而不疑，而下不畏未来生事要功之论，计之善者也。唯其为说不明，故阻功之徒，乘间而窃议，其后英雄志士所以息机于世变之会也。"

陈汤来到西域，最经典的一仗就是一举端了郅支设在康居的老巢。

自从郅支北打坚昆西征乌孙后，就把老巢安在了一直和匈奴友善的康居。毫无疑问，郅支是看上了这块风水宝地。与天冷地寒且灾难多多的漠北荒原相比，康居这里水草丰茂，气候宜人，地广人稀，对郅支来说的确是一个人间天堂，更重要的是这里没有什么强敌，即便是月氏、安息等势力相对较强的国家，也还有一定的距离，所以这个地方极其适合繁衍生息。按照郅支的构想，匈奴一旦在这里扎下根基，包括大宛、条支、乌孙等弱小国家将来必会成为匈奴的属地，用不了几年时间，匈奴就一定会强大，到那时再寻找机会与中原汉朝决战，鹿死谁手还真不一定！

来到康居时间不长，他的残忍性格便暴露无遗，先是无端杀了他的老婆——康居王的女儿，接着又连续杀了几个康居国的贵族以及无辜民众数百人，更令人发指的是，他竟然把一批被杀了的人的尸体肢解后扔进都赖水（今哈萨克斯坦塔拉斯河），同时强行勒令康居王在国内征集民夫去往都赖水边给他修筑"郅支城"，并且派出使臣前往大宛、条支等国强行纳捐逼迫进贡，如果不执行的话，后果自负。

其时，康居国王手里有十二万骑兵，可是面对郅支在自家地盘上肆意撒野随便杀人，却不敢与三千匈奴人马过招。他自知迎神容易送神难，尤其是迎回来这么一尊凶神，也只能强压怒火，隐忍生活，由此可见匈奴的勇猛程度。

郅支的所作所为不仅破坏了西域的安定秩序，更严重的是，直接影响到了汉朝与西域诸国的外交和商贸往来。由于匈奴的作祟，再加上车师等国的盗贼强盗猖獗，通往中原的丝绸之路再次成为无人敢走的死路。

刚刚到任的甘延寿和陈汤都觉得应该给匈奴一个教训，至少要让他们吃一点苦头，才能真正知道中原帝国的厉害，这也是陈汤那句名言"犯强汉者，虽远必诛"的来历。

但是没有皇帝的旨意，谁也不能随便动兵，这是历来的规矩。而远在长安的刘奭心里也很清楚西域出了问题，明白这是郅支在捣鬼，可汉朝距离西域路途遥远，出兵一次耗资巨大，而且也不容易得到什么效果。况且刘奭这个人远没有刘彻、刘询那么血性果断，遇事谨小慎微，处事优柔寡断，做事胆战心惊。但是西域的形势已经到了非常严峻的地步，匈奴已经占了康居，还要试图再进一步吞并大宛和乌孙，如果他们的阴谋得逞，必定会再向北打伊利，向南攻安息，向西灭月氏，这样一来，不出几年匈奴就会再度强大，整个西域就全部成为匈奴的控制范围，那时候再想动手可就难了。

如今，在郅支的胁迫下，那些与中原结盟的国家已经选择退避三舍，尽可能地不与汉朝来往，更不要谈什么政治和贸易往来了。即便偶尔有零星客商通过丝绸古道，在半道上还有强人土匪在暗中恭候，这些土匪因为背后有匈奴撑腰，胆大妄到了极点，甚至公然挑战汉朝的底线，在光天化日下公然实施抢掠，轻则抢货，重则杀人。如果继续听任郅支在西域这边折腾，势必会导致匈奴咸鱼翻身，一旦到了那个地步，匈奴又将成为汉朝的心腹大患，卫青、霍去病等几代汉军经过近百年的浴血奋战打出来的国威，有可能在转瞬之间就重新归零，而汉朝最终要重蹈被匈奴进犯的覆辙。

陈汤向甘延寿建议，趁着现在匈奴正在抓紧时间修建郅支城的机会，应该尽快集结所有戍边将士，联合乌孙一起向匈奴发起进攻，趁郅支城初建未稳，快速将其消灭，否则的话将错失良机。

老成持重的甘延寿完全赞同陈汤这一方案，但是此事重大，如果不报告朝廷，将来一旦怪罪下来，两人都难逃其咎。陈汤一听就急了，西域至长安九千里，即便用最好的骑手和最好的马，来回一趟至少也得三个月。更何况朝廷那些大臣根本就不知道西域目前的政治局势，一旦提出反对意见，一切都就完了。眼看郅支的势力在西域不断壮大，而刘奭其人没有什么决断能力，如果向他请示，十有八九当堂就会被否决。目前最好的办法就是先斩后奏，先把郅支打倒再向皇帝认罪不迟。一旦灭了郅支，到时候刘奭不认也得认！

甘延寿还在犹豫之中，陈汤却心急如焚。恰在这个时候，甘延寿忽然"病倒了"，全部事务都交给陈汤负责。陈汤知道，这是甘延寿给自己机会，就干脆假传皇帝御旨，立即调集西域所有军队总共四万多人，准备远攻康居。

就在陈汤把所有军队都集结完毕的时候，甘延寿的"病"忽然又好了，若无其事地从陈汤手里收回了指挥权。陈汤当场就傻眼了，已经到了关键时刻，这老先生到底玩的是哪一出？只见甘延寿一脸严肃，对着陈汤下达了命令：出发！

还在发愣的陈汤竟然没有反应过来，还站在原地傻愣愣地看着甘延寿的背影，直到甘延寿走出很远又回头喊了他一声，这才慌不迭地上马跟上。

汉军兵分两路，北路由甘延寿和陈汤亲自带领，经温宿（今新疆温宿县）横越天山，至乌孙国都赤谷城与乌孙军队会师，从北部直扑康居，对匈奴主力发起进攻。南路军则由另外三个校尉负责，过葱岭后直接进入大宛国，快速杀向康居南部，切断匈奴的外围支援及辎重。两路大军在神不知鬼不觉中出发，目标直指都赖水畔的郅支城！《汉书》中，只是用了简要的几笔就描写了陈汤出征的过程："其三校都护自将，发温宿国，从北道入赤谷，过乌孙，涉康居界，至阗池西。"

作为历史的书记员，班固这种言简意赅的记录没有任何问题。他在这里所提到的阗池，指的是今天中亚的著名景点——吉尔吉斯斯坦伊塞克湖。时光隧道穿越到两千多年后的今天，金色的沙滩，碧绿的湖水连同仿佛矗立在湖心的巍峨雪山，依然是这个内陆湖泊所散发的不可抗拒的迷人魅力，倒映在湖泊周围的蓝色天空、红色树丛、翠色草地和玉色的雪山，把幽静的伊塞克湖镶嵌在中间，从远处望去，宛若七彩链中的一颗翡翠。在湖的西北岸，有一个叫作托克玛克的小城，听上去似乎名不见经传，但如果提起它的古名，每个中国人都如雷贯耳，这就是历史上久负盛名的碎叶古城，唐代大诗人李白的故地，每当我们吟读李白的诗，或许能够想象，在他那些诗歌中雄奇秀美的名山大川，是否有着伊塞克湖的影子呢？

甘延寿和陈汤经过了十几天长途跋涉终于走出天山，一路上为了不被匈奴所察觉，队伍尽可能地保持距离，选择的行军路线也多是人迹罕至的小路，所以整个过程非常艰险。走出天山后就来到了阗池的西岸，远远地就发现了一队康居人马正在对乌孙实施抢掠，看上去康居人已经得手。

越境过来抢劫的，是康居的副王抱阗，奉郅支之命率一千余康居军队来到乌孙境内。汉军刚一出现，就被他发现，于是就率军悄悄地潜伏在四周，想打汉军一个措手不及。

其实陈汤早就看到了抱阗做出的小动作，只是假装没发现，依然继续往前走。当队伍走到康居人跟前的时候，正赶上抱阗下令全线出击，却没想到汉军突然转过身，朝着康居的人马就杀过来。康居毕竟不是匈奴，再说区区一千人哪里是一万多汉军的对手。汉军几乎没费什么力，三下五除二就把康居人给干掉了，同时从他们手里解救了几百个被他们掳掠的乌孙人和一大群牲畜。陈汤把解救回来的乌孙人交还给了乌孙昆莫，而那群牛羊却被他留下，当作未来几天的军粮，然后继续向康居境内进发。

在进入康居之前，甘延寿和陈汤首先给汉军，尤其是属国的士兵重申军纪，严明纪律，凡进入康居的汉军士兵一律不准出现随意抢掠杀人事件，一路上秋毫无犯，以此争取康居百姓的民心。之后，陈汤派人从外围探听消息，在康居本地找到对匈奴有不满情绪的人。很快，一个叫屠墨的贵族被带进了陈汤的大营。

在出发之前，陈汤就已经了解到，康居人立盟为誓的习惯。在简单向屠墨说明了汉军的来意后，当即与屠墨歃血为盟，并且只要求他一点，他的人马只要不与汉军为敌就行，如果能和汉军一起打匈奴当然更好，同时希望他和其他康居人马全部撤出战场，以免遭到误伤。

屠墨心领神会，带领汉军诱捕了自己的侄子开牟，而开牟的父亲贝色因与郅支结下怨恨，一直担心会遭到匈奴的报复，每天都在提心吊胆地过日子。当听说汉军来攻打郅支的时候，开牟立刻向陈汤投降，并将郅支的虚实情况以及郅支城内部的结构，详细地对陈汤做了介绍，并且主动要求给汉军做向导。汉军在开牟的指引下，很快就来到距离郅支城三十里的地方安营扎寨。直到这个时候，郅支才发现汉军，不由得大吃一惊，立刻派出使臣前来询问，汉军为什么会出现在这里？

陈汤不慌不忙地回答，因为单于上疏皇上，愿意归附汉朝朝见天子，汉朝天子怜悯单于遗弃匈奴故国，蜗居康居，专程派我们前来护送单于一家老小去往汉朝，只因怕惊扰了单于一家，所以才在这里安营驻扎。

郅支肯定不会相信陈汤的话，一边继续拖延时间，一边抓紧时间调遣援军前来支援。本来甘延寿和陈汤此次远征康居就奔着彻底消灭匈奴的目的，也就不可能对郅支抱有任何幻想。经过与使者的几番交流后，陈汤就不耐烦了，指着使者大声责骂说，我们一行人马远道而来，单于为何不出门迎接？这也太过分了。现在我们人困马乏，军粮

茶战 3：东方树叶的起源

耗尽，无论你们是否愿意，我们都要进郅支城补给。说完，甘延寿下令全军出发，向郅支城逼近。

郅支城的具体位置在今哈萨克斯坦南部的江布尔市，这个地方在唐代被称为"怛罗斯"，历史上著名的唐朝与大食帝国之间的"怛罗斯战役"就在这里发生。而匈奴的郅支城就在塔拉斯河的岸边，背靠今吉尔吉斯斯坦阿拉套山，周围的地形十分复杂，距离不远处就是康居人的聚集地，与郅支城能够相互呼应。根据《汉书》中对该城的介绍分析，其建筑风格应该是仿照罗马城堡，里外共三重土木城墙，面对今天的塔拉斯河，城墙很高，易守难攻，外层用巨大的木头编连而成，中间用黄土夯实，然后再用同样的巨木进行捆扎连接。二层和三层都是夯土加土坯所砌，而里面是直接用夯土夯起来的土城，虽然不怎么好看，但是结实耐用。如果汉军从正面强攻，因紧靠河边，将士们几乎无处藏身，仅从城墙的箭垛里射出来的箭矢就会造成很大的伤亡。而从侧面进攻，会遭到数百名士兵在城门口布成的鱼鳞阵的冲杀，郅支就有可能趁这个机会在弓弩的掩护下，从城前方通过水路逃走，那样就失去了此次远征的意义。

郅支城的仿罗马式建筑和鱼鳞阵的排列在匈奴的历史中从来没有过，这对应了美国历史学家霍默·达布斯对卡莱战争后罗马第一军团神秘失踪的一个猜测，可以肯定地说，城里确有参加过卡莱战争的罗马军人，否则的话，郅支城没有任何理由能与罗马的建筑风格相联系。如果这个推测能够成立的话，基本上可以断定另一个推测，汉朝的确派兵参与了卡莱战争，并在战争期间帮了安息帝国一个大忙。

陈汤把郅支城的前后都看了一遍，很清楚强攻的可能性不大，但是城墙外裸露的巨木让他有了主意，如果想攻破郅支，最简单也最直接的方式，就是纵火！一旦城墙失火，必然会引燃城里由木质搭建的宫殿，里面的敌人肯定会往外跑，汉军只需守候在城门外，就可以轻松击败敌人。

火是从城墙的外围被点燃的，熊熊烈火翻滚着暗红色的火焰，很快就把整个郅支城全部笼罩。郅支一见，想到的第一件事就是快跑！可是转念一想，汉军声势浩大，肯定早就在外面布下了埋伏，即便跑出"火城"，也会遭到汉军俘虏。与其被俘受辱，还不如坚守城门与汉军血战到底。于是郅支下令，所有士兵放弃外城，全部退守到内城，自己也亲自披挂上阵，指挥所有人包括他的老婆孩子，一齐向城外开弓放箭。

匈奴人一阵铺天盖地的箭雨过后，汉军也还以颜色，弓箭手立刻还击，密集的箭镞又射回到郅支城的内城，城上的人一批又一批地中箭身亡，而郅支本人的鼻子也被一箭射穿，庆幸地逃过一劫，比他的阏氏和子女多活了一夜。

陈汤原以为战役很快就能结束，却没想到在这个时候突然从城外杀出一支效忠匈奴的康居军，计有一万多人，冲着汉军阵地就杀过来。一心只想着攻进郅支城的汉军对这突如其来的一击毫无准备，立刻就被冲散了队形。陈汤一见，急忙下令撤军。到了半夜时分，陈汤只派出一队精锐骑兵，引开康居军的注意。康居军不知是计，还在拼了老命地左斗右战，与城里的郅支遥相呼应，用内外夹击的方式向汉军发起一次又一次的进攻。直到天亮时分，奋战了一夜的康居军早已累得吐了血，而汉军的骑兵也撤出了战场。就在这个时候，陈汤的大军突然杀到，对着疲惫不堪的康居军就是一顿冲杀，打得康居军溃不成军，仅有不到三百人侥幸逃命，其他全部成了汉军的刀下之鬼。

汉军随即乘胜破城，冲进了郅支城内。郅支此时身边只有不足百人，被汉军逼入宫中，仍然在负隅顽抗，但是一切都无济于事了。汉军士兵马上冲进宫，一阵拼杀后，里面突然寂静下来。做了十八年北匈奴单于的郅支，和其他顽抗到底的匈奴人一样，已经死于乱刀之下。

率兵冲进宫里的军侯杜勋抢先一步斩下了郅支的首级，呈给了甘延寿。

郅支城一战，北匈奴全军覆没，除了一小部分分散在远端的匈奴人外，连同郅支一家老小一百一十三人在内，五千多与汉军作战的匈奴人无一生还，支援匈奴的一万康居军被歼灭了九千七百多人。此战所缴获的金银珠宝、丝帛玉器以及牲畜等物资，均赏赐给了参战将士。消息传到了长安，刘奭先是大吃一惊，虽然责怪甘延寿、陈汤先斩后奏，但此战大获全胜，尤其是斩杀匈奴单于，完成了几代皇帝没有完成的夙愿，所以龙颜大悦，全朝庆贺，不仅没有处罚甘、陈二将，反而传旨犒赏远征将士，并将郅支的人头送给西域诸国国王查看，以示大汉国威，之后掩埋。

虽然郅支一支被灭，但是北匈奴并没有灭亡，因为还有一支依然留在漠北。另外，郅支城一战，汉朝绝不是赢家，真正的赢家是呼韩邪，汉朝帮助他解决了一个心腹大患，他统一匈奴已经为期不远，而匈奴一旦统一，对汉朝来说绝非一件好事。如果郅支不死，他就是呼韩邪不共戴天的仇敌，至少从战略上能够牵制呼韩邪，汉朝也能从中获得安全，而今呼韩邪统一路上的绊脚石已被搬掉，那么他下一步还会按部就班地听命于汉朝吗？再进一步说，依然留在漠北的郅支旧部，能够听从他的指挥吗？

昭君出塞带去了什么？

关于茶叶，除了推测中可能是通过战争渠道和正常的外交渠道传播之外，还有另外的民间渠道，比如丝绸之路上的物资流通，对匈奴、乌桓、鲜卑等游牧民族的互市。尤其是匈奴，早在公元前 138 年张骞第一次出使西域时，匈奴在张骞的随身礼品中发现了茶叶，到著名的"马邑之谋"前，商人聂壹通过走私的方式向匈奴大量贩运，说明茶叶已经在匈奴地区得到了认可。再到后来崛起的鲜卑，特别是自南北朝晚期分裂，慕容吐谷浑向西迁徙至青海的枹罕地区，对茶叶进入青藏高原起到了非常重要的推动作用。那么可以非常肯定地认定，鲜卑人最早认识茶叶，毫无疑问是通过与中原地区的互市。

当然，还有一个更加明确也更加重要的渠道！

郅支死在万里之外的康居国，这让盘踞在漠南地区的呼韩邪单于又是喜又是惊。喜的是自己的宿敌就这么一命呜呼了，可以放开手去实现匈奴的统一大梦；而惊的是，汉军的战力确实非常强悍，竟然能够长途奔袭万里之外，剿杀了北匈奴的单于。按照他自己的揣测，汉朝的郅支城之战，无疑是做给南匈奴看的，北匈奴躲到遥远的西域都难逃死命，更何况自己就在大汉王朝的眼皮底下呢？从另一个方面来说，南匈奴无论战力还是实力都远在郅支之下，万一中原王朝哪一天对自己有了猜忌，一旦发兵出塞，就南匈奴这一群残兵败将，不过是汉朝脚底下的一群小蚂蚁，毋庸再经过刀光剑影的对战，只需不经意地跨出一步就能碾死若干。

呼韩邪当即吓出一身冷汗，郅支之死已经让他产生了极大的心理阴影，因为匈奴的命运并不是掌握在自己手里，而要看汉朝皇帝的心情。在这种精神压力下，呼韩邪决定第三次前往汉朝，向刘奭表明自己的效忠决心！

公元前 33 年正月，呼韩邪再次走进长安，觐见汉元帝刘奭。无须再细述汉朝对呼韩邪的隆重接待，呼韩邪也肯定对汉朝表现得服服帖帖，双方各自心照不宣，对发生在西域的郅支城一战都只字未提。看上去刘奭心情大悦，对呼韩邪的赏赐也比前两次都多。即便如此，呼韩邪还是觉得不踏实，于是趁着刘奭心情好，就趁热打铁提出一个要求：

请赐给我一个老婆吧，我要做汉朝的女婿！

这是一次特殊的和亲，与以前的"和亲"有着根本上的区别。从刘邦时期开始，汉朝与匈奴之间的所谓和亲，都是通过逼迫的方式，要么武力威胁，要么财物胁迫，汉朝除了屈从没有讨价还价的余地。汉朝究竟向匈奴"和"过去多少位公主，这么丢人现眼的事，汉朝肯定不会说，包括《史记》在内的官修正史中都没有具体记载。但是这一次与以往大不相同，由过去的"逼"到现在的"求"，甚至是诚挚加谦卑。虽然表面上看都是和亲，可其中深远的政治意义完全不一样。

刘奭当即从后宫佳丽中选出一名美女赐给了呼韩邪，这个美女就是后来誉满千古的王昭君！

关于王昭君，其在中国历史上与貂蝉、西施、杨玉环被共称为四大美女，具"沉鱼落雁，闭月羞花"之貌，其中"落雁"指的就是王昭君。据说昭君告别故土登程北去，一路上黄沙滚滚、马嘶雁鸣，使她心绪难平，遂于马上弹奏《琵琶怨》。凄婉悦耳的琴声，美艳动人的女子，使南飞的大雁忘记了摆动翅膀，纷纷跌落于平沙之上，"落雁"便由此成了王昭君的雅称。

但是，可能由于年代过于久远，在多个史料中对王昭君的记载都不太一样。《汉书·匈奴传》中，首次提到"王蔷字昭君"，而在《汉书·元帝纪》中又变成了"王檣"，到范晔的《后汉书·南匈奴列传》里，却变成了"昭君字嫱"，已无法确定她的名字究竟是哪一个"蔷"字，多版本的史料居然有如此大的区别。由于史料中关于王昭君的记录非常少，在新的证据出现之前，后世的历史学家只能根据以上史料做一种推论和猜测：王昭君除姓王可以确定外，她的名、字都应属不详，很可能本来就没有，后世因其政治封号才习惯将其称为"王昭君"。所以此处也只能以《汉书·元帝纪》作为参考标准："竟宁元年春正月，匈奴乎韩邪单于来朝。诏曰：'匈奴郅支单于背叛礼义，既伏其辜，呼韩邪单于不忘恩德，乡慕礼义，复修朝贺之礼，愿保塞传之无穷，边垂长无兵革之事。其改元为竟宁，赐单于待诏掖庭王檣为阏氏。'"

史料记载中的王昭君系南都秭归（今湖北省宜昌市）人，公元前38年，以民间女子身份被选进掖庭做了一名宫女，到公元前33年被刘奭外嫁给呼韩邪。五年里一直都深藏于后宫，而在这五年中，刘奭从没有见过她，否则也就没呼韩邪什么事了。

据刘歆的《西京杂记》中说，王昭君之所以被埋在了后宫的佳丽中没有脱颖而出，其中一个主要原因在于她不肯贿赂宫廷画师毛延寿，所以毛延寿将王昭君画得并不是十分漂亮，故而没有引起刘奭的注意。不过，刘歆所说的话绝对不能全信，尽管他是那个时代的一个奇才，但总归是个写神话的（曾经与其父刘向编订过《山海经》），很多虚无缥缈的人物异兽都是从他的笔下刻画出来的，像什么专吃虎豹的"狰章峨

　　　　　　　　　　　　　茶战3：东方树叶的起源

山"，喜欢吃人的"猰㺄"，长得很像猴子一样的"举父"等，估计连他自己也不知道在远古时代，这个世界上究竟有没有这些东西，可这些人物和动物却流传很远，一直影响到今天。

当王昭君走到刘奭面前的时候，她的美貌把汉元帝给惊呆了，他后悔自己一时冲动，把这么漂亮的人白白送给了一个野蛮人，他连续三天怒气不减，下令追查到底是谁没有把王昭君引见给他，最后落实到了毛延寿的头上。刘歆在这件事上说的可能是真的，再加上后来晋代文人葛洪的编撰，使这个故事变得越来越曲折，越来越复杂，再添加不少的水分，到后来也就越来越浪漫，甚至越来越悲情。最终，刘奭因为王昭君外嫁匈奴，一怒之下把毛延寿给杀了。唐代大诗人李商隐曾经专门为王昭君写了一首诗，对她流露出满满的遗憾：

毛延寿画欲通神，

忍为黄金不顾人。

马上琵琶行万里，

汉宫长有隔生春。

无论毛延寿把王昭君给画丑了而遭杀身之祸的过程是真是假，问题的根源还是在刘奭自己身上，因为他自始至终都难以忘记一个人——司马良娣，他在做太子时最宠爱的一个妃子。遗憾的是，她此生没有做皇后的命，在公元前 54 年，刘奭还没坐上皇帝的时候她就早早地死了。据《汉书·元后传》介绍，司马良娣临死前，哽咽着对太子说："我死非天命，是其他姬妾得不到太子宠爱，妒忌诅咒我，活活要了我的命！"刘奭对此十分相信，因而悲愤成疾，闷闷不乐，把所有姬妾都拒之门外。

从公元前 33 年外嫁呼韩邪，到公元前 19 年去世，王昭君在匈奴总共生活了十四年时间。她被呼韩邪封为"宁胡阏氏"，两人生了一个儿子伊屠智牙师，被呼韩邪封为右日逐王。《汉书·匈奴传下》记载，王昭君和呼韩邪共同生活了三年后，呼韩邪便因病去世。王昭君因没有了靠山，再加上思乡心切，随即致信给汉成帝刘骜，苦苦哀求让自己回到汉朝。但是汉成帝却对她敕令，一切都要顺从"胡俗"。王昭君只得再按照匈奴的"收继婚"制，复嫁呼韩邪的长子——继任单于复株累若鞮，两人又在一起生活了十一年，生了两个女儿，长女名须卜居次，次女叫当于居次。

且不提王昭君的一生，只说呼韩邪后期和复株累若鞮时代，由于汉朝远征康居消灭了北匈奴单于郅支，南匈奴没有了敌人，在这种情况下，匈奴有了快速发展。呼韩邪所提出的"习汉制"，在匈奴内部广泛推广，后来又加上王昭君的教习，汉地的习俗很快在匈奴中得以实施。既然匈奴推广"习汉制"，有没有饮茶呢？史料中没有详细介绍，可是在一百多年前的军臣时代，匈奴就借助于茶有效地控制了瘟疫，为什么到了呼韩邪时代却只字未提呢？这其中有一个可能，那就是饮茶在当时的匈奴已经成为生活的一个组成部分，按照班固惜字如金的写作方式，就无须再去多加累述了。

借助于汉朝的援助和上天的厚爱，在复株累若鞮时代，匈奴终于进入了一个稳定祥和的发展时期。由于受到了南方汉朝的人文影响，匈奴人就连性格也发生了变化，不再像以前那样，是一条东咬一口西咬一口四下惹是生非的狼狗，而变得像一位谦谦和气的君子，积极改善与汉朝的关系，主动协商开放边塞汉匈之间的贸易往来，以匈奴的皮毛、肉类以及马匹换取中原地区所产的商品，首次以买卖的和平方式来取代野蛮掠夺。除此之外，在复株累若鞮时代，匈奴还能与周边的大宛、龟慈、康居、月氏、楼兰等三十多个西域邻国友好相处，甚至不计前嫌，与乌孙等死敌也建立起了友好的贸易关系。

由于放开了边界贸易，再加上王昭君在匈奴地区的大力推广，茶叶成为草原的一个必需物资，以至于从呼韩邪、复株累若鞮到后来的乌珠留时代，茶叶成为匈奴人的流通货币，匈奴贵族更是以茶叶的屯量作为资产的主要象征。由此也间接地证明了东罗马帝国历史学家普利斯库斯所推测的一个线索，那就是北匈奴向西迁徙到欧洲后，把东方的茶叶也带了过去。

这个时期茶叶的输出，无疑是以陕西省汉中、安康为核心产区，通过秦岭古道进入关中地区，再分东西两条道路分别由今天宁夏原州和山西雁门一带出关。据西北大学文化遗产学院于春教授考证，汉地的茶叶主要走的是西路，由长安出发，向西的主要路线基本上沿用了张骞第二次出使西域时所走过的道路，由长安出发向西北经咸阳渡过渭水，之后沿礼泉—永寿—豳州—宜禄—泾州—潘原—平凉—瓦亭关—六盘关—萧关，到达原州，与匈奴商户进行贸易。

这条路从张骞开始，至后来经过了几个朝代，虽然一路上多有艰险，先后历经西羌、吐谷浑、吐蕃以及北宋时期的党项等游牧民族的不时骚扰，但还算是畅通。到唐朝中晚期的安史之乱以后，由于此地被吐蕃人占领，中断了一段时间；到五代十国后期，至后周的郭威时代才时断时续地开通，但出于对客商的安全考虑，后周派出人马对货物进行武装押运；而到了北宋时代这一区域的形势更加凶险复杂，特别是1038年，党项李元昊建国后，这条商道被完全关闭。

王昭君大约死于公元前19年，即复株累若鞮死后的第三年，被埋葬在今呼和浩特南郊九公里处的大黑河南岸，坟墓被称为"青冢"。关于"青冢"的来历，据民间传说，每到深秋时节，四野草木枯黄的时候，唯有昭君墓嫩黄黛绿，草青如茵。因此历代诗人常常好用"谁家青冢年年青""到今冢上青草多""宿草青青没断碑"之类的诗句寓意。现代著名史学家翦伯赞赞美："王昭君已经不是一个人物，而是一个象征，一个民族友好的象征；昭君墓也不是一个坟墓，而是一座民族友好的历史纪念塔。"

不过，关于王昭君墓地，至今还有种种传说，除青冢外，大青山南麓还有十几个昭君墓。而青冢不过是她的衣冠冢而已。这里引用翦伯赞的话说："王昭君埋葬在哪里，这件事并不重要，重要的是为什么会出现这么多昭君墓。显然，这些昭君墓的出现，反映了内蒙古各族人民对王昭君这个人物有好感，他们都希望王昭君埋葬在自己的家乡。"

翦伯赞的话说得非常中肯，从某种意义上说，王昭君并非只是做了匈奴单于的阏氏，更重要的是代表了当时的一种政治需求。而她所做出的个人牺牲，也不仅仅使汉匈两地和平共处了四十年，同时也改变了匈奴的生活及饮食习惯，看似一杯简单的茶，却是改变草原民族生活方式一个至关重要的进步。

最后一个匈奴

公元 48 年，匈奴第二次分裂的分水岭。

这一年，呼韩邪的孙子左日逐王率匈奴投汉，被东汉王朝安置在了河西走廊一带，并逐渐汉化，称为南匈奴。而以蒲奴为首的另一帮势力，再度退回大漠以北，被称为北匈奴。

公元 91 年，窦宪在两次漠北战役中，几乎把北匈奴彻底消灭，只有极少数人侥幸逃生，极其狼狈地逃到了西域，在原郅支单于时代匈奴的幸存者的后裔接应下，来到了康居国，灭了以前的死敌乌孙，在这里成立了悦般国。

如果匈奴能够消停下来，就绝对不是匈奴，即使已经被打得残缺不堪，也难以抑制内心那一腔不消停的血液。不过，从另一个方面来说，也许能够理解匈奴人不消停的原因，如果一旦消停了，他们吃什么？所以，被赶到西域的北匈奴，依然我行我素地出没于天山南北，从过去的集体抢掠，化身为拦路抢劫的小股罪犯，并在乐此不疲的抢劫中"茁壮成长"。

公元 119 年，经过了将近二十年的沉浮后，逐渐强壮起来的北匈奴再次进犯汉地，与车师后国合力攻破了伊吾（今新疆伊吾县），杀死汉将索班，并以索班的首级胁迫西域诸国集体叛汉，气焰极为嚣张。

为了打击北匈奴的疯狂进犯，朝廷派名将班超最小的儿子班勇为西域长史，驻兵柳中（今新疆鄯善西南鲁克沁）。

跟随父亲出生在西域的班勇，对西域诸国非常熟悉，此番再回西域与以往完全不同，因为担负着收回西域的大任。他分别于124年、126年两次击败北匈奴，西域的局势开始稳定。在班勇离职后，北匈奴的势力又重新抬头，汉将裴岑于137年率军击毙北匈奴呼衍王于巴里坤，151年，汉将司马达率汉军出击蒲类海，击败北匈奴新的呼衍王，呼衍王率北匈奴又向西撤退。

因北匈奴在西域遭到汉朝的反击，已无法立足，在160年左右，北匈奴的一部分又开始了西迁，并开始长途迁徙，一直打到了欧洲。

而依附了汉朝的南匈奴也不消停，被汉朝安置在河套地区后，借着汉朝的军力多次大败北匈奴，接纳大量降众，势力大增。但部族成分复杂，难以控制，造成内部不隐，时有叛乱，多位南单于被杀。

直到公元5世纪，经过了五胡乱华，匈奴相继融入各民族之中。留居在西北地区的匈奴与月氏、氐羌、羯、汉等民族融合后，形成了卢水胡；在蒙古高原的小股北匈奴后来与强盛起来的乌桓、鲜卑混居，经过几代人的混血通婚，后代被称为铁弗人；而更多的匈奴与汉人融合后，分别散居在陕西、甘肃、福建、江苏、安徽、浙江及山东等地，据人类学家考证，大部分汉人金氏和山东文登、蓬莱等地的丛氏，都是匈奴的后裔。

公元460年，一小支匈奴进入辽东半岛，融入靠近高句丽的宇文鲜卑部落。正是这一支匈奴的融入，使高句丽人的血脉成了一个难以破解的谜，直到今天，学界还在为高句丽人是否混了匈奴人的血脉而争论不休。但从某种现象来看，高句丽的强悍战力确实有当年匈奴的影子。隋朝曾倾其国力，动用百万雄兵，先后三次征伐高句丽区区十万人，均告失败，从而导致隋朝灭亡。进入唐朝以后，唐太宗李世民和唐高宗李治数次与高句丽开战，结果也仅仅是惨胜。

在今天，一旦谈论到茶，就不能忽略了一个最重要的朝代：晋朝！

不过从心里说，关于晋朝不提也罢。这是一个连历史学家都不愿多说一句的朝代，通常都是从三国直接就蹦到了隋朝，而中间这三百二十四年却讳莫如深，不愿多说一句，所以历史上对其有一个模糊的称谓，叫作"魏晋南北朝"时期，既说明了这个时期的血腥混乱无章，也说明了这是中国历史上最凌乱的一个时期。有晋一代，神州大地一片乌烟瘴气。从司马懿的子孙们灭了三国，魏蜀吴三分归于一统后，中国历史便进入了这个最烂的时代。从公元 266 年 2 月 8 日司马炎逼迫魏元帝禅让帝位开始算起，包括臭名昭著的八王之乱、五胡乱华和南北朝，一直到建立隋朝，中华大地历经三百一十多年暗无天日的痛苦煎熬。历史自从进入西晋，司马炎就大开历史的倒车，废除秦汉制度，恢复西周时期的奴隶制。并由此开始，司马家族就已经兴起了人伦的玩笑，为了不让好不容易到手的皇权旁落，决定家族血统绝不外传，于是，姐姐嫁弟弟，哥哥娶妹妹，整个皇族全部都是近亲繁殖，生出了一个又一个傻子后代，不仅傻，而且还短命。

皇帝都是傻子，还怎么治理国家？这大概是司马炎没有想到的。等他死了以后，傻子们的战争就拉开了帷幕，这就是历史上臭名昭著的"八王之乱"。三国时代打得人头翻滚的中原帝国，还没等安生几年，又马不停蹄地进入了另一个兵燹肆虐的时代。

八王之乱，是几个由司马家族近亲繁殖出的傻子之间的战祸。

所谓八王之乱，起初是丑女皇后贾南风和傻子皇帝司马衷与皇太后杨芷的杨氏外戚之间的摩擦，结果贾南风串通汝南王司马亮和楚王司马玮，打着"清君侧"的旗号带兵进入京城洛阳，捕杀太后杨芷及杨氏外戚集团。之后，贾南风施出毒计，又将司马玮和司马亮等除掉，把持了朝政。在赵王司马伦的挑拨下，贾南风废掉并杀死了太子司马遹，司马伦联合齐王司马冏以替太子复仇的名义，除掉了贾南风，并逼迫傻子皇帝司马衷退位。司马伦当上了皇帝，结果引起了齐王司马冏、河间王司马颙、成都王司马颖联合长沙王司马乂讨伐司马伦，将司马伦赶下皇位，并清除了他的所有党羽，司马衷复位。但是成都王司马颖又不干了，又和河间王司马颙沆瀣一气，杀了司马冏一个回马枪，长沙王司马乂在洛阳接应，于是司马冏成了倒霉鬼，轮到司马乂主持朝政。303年，成都王司马颖再度起兵，包围了京城洛阳，司马乂投降被杀，司马颖走到前台，命令晋惠帝司马衷立自己为皇太弟，河间王司马颙为太宰，东海王司马越为尚书令。宫廷将领陈轸挟持司马衷讨伐司马颖等，迫使司马越逃回山东。司马越的弟弟司马腾趁机雇用了乌桓、鲜卑等异族武装返过头来征讨司马颖。这一通折腾，本来就缺心眼的司马衷哪里能禁得住，于公元306年一命呜呼。豫章王司马炽继位，是为晋怀帝，司马越摄政，八王之乱就此结束。

够乱吧？但这才刚刚开始！

由司马氏皇族之间所闹出的八王之乱，使中原王朝所有的精锐在自相残杀中消耗殆尽，而刚刚恢复的经济也随着战祸的蔓延而彻底倾覆，百姓刚刚平静下来的生活再度被打破。在这种情况下，在两汉时期被打服归顺的胡人蛮夷，瞅准了机会纷纷起兵造反，使中原进入了"五胡乱华"的历史最黑暗时期！

这段历史到底有多黑暗？汉民族世代居住的中原一带全被胡人占领，西晋士族带着军队与财富纷纷跑路，来到了当时完全还是一片蛮荒的长江南岸，这就是"衣冠南渡"，说白了就是已经亡国，大家都逃走了。还好他们逃了出去，如果他们也被灭了，那么今天的中国估计就像印度一样，连人种都换了。不过，从另一方面来说，也不能把他们说得一无是处，毕竟他们把茶叶也带到了江南，从此才有了"南方有嘉木"这么个说法。

饮茶成为习惯，从东汉就广为普及，至三国时期已经流行，《三国志·伟曜传》中已经明确说："曜素饮酒不过二升，初见礼异时，常为裁减，或密赐茶茗以当酒。"这说明孙皓把茶赏赐给伟曜，是作为酒的代用品，如此"以茶代酒"则成为一种方式。司马炎的初晋时期，三国混战刚刚平灭，虽不能说政通人和，但也终于能让人平和地舒一口气了，从皇宫传出来的饮茶之风俨然已成为一种生活风尚，从当朝的一些文人雅士的诗文中就能看出，喝茶不再是王公贵族的专享，而是成了普通人生活的一个组成部分。西晋大文学家张载，在他的《登成都白菟楼》一诗中说，"芳茶冠六清，溢味播九区"。《晋书》记载：谢安、桓温都曾利用茶果招待客人。由此可以认为当时用茶果招待普通的客人，已经是一定的规矩了。所以，当西晋灭亡时，人们在逃命的时候，把茶叶也带到了南方是有原因的。

五胡乱华的第一乱，毫无疑问是匈奴。公元304年，正当八王在自家后院你杀我我砍你闹得起劲的时候，匈奴贵族刘渊在今山西省的离石起兵，打出的国号是"汉"（后来又改为前赵）。

刘渊何时归于汉姓，史料中没有明确地注明，只是含糊其词地说了两个渊源。第一说他是冒顿的后代，是刘邦时代和亲公主与冒顿所生，由此看来，不能说是嫡亲，而应该是庶生后代，因为宗祖母是刘氏，故后代应该归于汉姓，以示血脉的正宗。第二个渊源是他的祖父栾提于扶罗曾经救驾汉献帝，但是并没有汉献帝赐给他刘姓一说，到于扶罗的儿子时就忽然变成了刘豹，这其中缺少或遗失了支持的史料。而刘豹的儿子自然而然地延续了父姓，这就是刘渊。

八王之乱，兄弟之间自相残杀，晋朝内部已经打成了一锅粥，当时天下已经大乱，盗贼蜂起。刘渊趁此机会发兵造反，割据并州（今山西太原），举国号为汉（史称赵汉），拜三国蜀国后主刘禅为孝怀皇帝，设置汉高祖刘邦以下三祖五宗神位以拜祭。

几乎与刘渊同时建国的，还有氐人李雄所建的"成汉"。如果从时间上说，李雄的父亲李特比刘渊要更早一些，大约在公元303年，李特率流民起义，在今天的四川起兵，随后攻打成都。结果没成功，死了。李特的三儿子李雄继承了他的遗志，终于打下了成都，建立了成汉王朝。

刘渊的王朝建立以后，一路打杀还算顺利，全靠着手下有一员悍将——石勒！石勒是一个羯族奴隶，与其说他是人，倒不如说野兽更符合他的所作所为。这是一个杀人不眨眼的凶残之徒，所到之处人头遍地，血流成河。为刘渊卖命之时，他和他的侄子石虎一起带着他们的羯人队伍，把残忍进行到底，对手无寸铁的无辜民众大开杀戒，欠下了累累血债。

刘渊死后不久，他的三儿子刘聪杀了继位的刘和，自己当上了皇帝。虽然刘聪在位时昏庸无度，宠信宦官，听从佞臣，疏离朝政，纵情声色，妄行杀戮忠臣，不过还算是得以善终。就在他死后，前赵就翻了天。他的丈人靳准领兵发动政变，杀死隐帝刘粲，屠灭平阳刘氏皇族，挖掘汉赵皇陵，将刘渊、刘聪的尸首抛至荒郊野外，同时自立为汉天王。

多行不义必自毙，作恶多端的靳准万万没有想到，阴沟里竟然也能翻船。刘渊的养子中山王刘曜和麾下大将石勒打着"为汉皇复仇"的旗号，带兵前来找靳准复仇，靳准的堂弟靳明就劝靳准投降。靳准明白，刘曜一家都是被自己杀死的，即便投降也没什么好结果。正当他还在犹豫之时，靳明手起刀落，带着靳准的首级连同传国玉玺以及靳氏满门一万五千人一起向刘曜投降。但是刘曜并未就此原谅靳明，下令将靳氏族人全部斩杀，靳氏从此彻底灭绝。

　　　　　　　　　　　　　　茶战3：东方树叶的起源

而石勒听说传国玉玺已经落到了刘曜的手里，立刻大怒，派侄子石虎前往讨伐。石虎杀了刘曜，前赵就此灭亡，石勒自己当了皇帝，史称后赵。公元333年，石勒病死，死前立儿子石弘为帝，第二年，石虎就动手杀了软弱的石弘，自己登基当上了后赵的第三任皇帝，然而，他做梦都不可能想到，站在他身边的一个汉人，自始至终都在虎视眈眈地盯着他的皇位。

此人叫冉闵！

在"五胡乱华"中，杀灭汉人最凶残最猖獗的当属羯人。原本是匈奴奴隶的羯人，在这场浩劫中表现格外抢眼，灭绝人性地烧杀抢掠，像一群丧尽天良的凶蛮野兽，挥舞手里的屠刀对手无寸铁的汉人大肆杀戮，每过一地死人遍野，每经一州血流成河，视汉人为牲畜，随意斩杀，甚至烹食活人！

石勒对汉人的灭绝性屠杀在几个州野蛮展开，一次就屠杀无辜百姓近百万，残暴至极。据统计，在五胡乱华之前，留在中原的汉人为一千两百多万，而到了后赵政权灭亡时，大概只剩下四百万人。三分之二的汉人已经遭到屠杀，距离亡国灭种只有一步之遥。羯人，做尽了人神共愤天地同怒的恶事，所作所为令人发指。如史书所述，"北地苍凉，衣冠南迁，胡狄遍地，汉家子弟几欲被数屠殆尽"！

冉闵就是在羯人族群里长大的汉人，目睹了同胞被残杀的过程。但是毕竟寄人篱下，只能发誓迟早一天会杀尽天下所有羯人，为同胞报仇雪恨！

史料记载，冉闵，字永曾，其祖先曾经是汉朝黎阳兵骑都督。319年，前赵大将石勒攻破晋朝城池，俘虏了冉闵之父——年仅十二岁的冉良。已经无法说清楚，嗜血成性的石勒为什么会对冉良网开一面，让侄子石虎将其收为养子，并改名为石瞻。据《晋书》中介绍，冉良勇猛多力，攻战无敌。历任左积射将军，封西华侯。因这段资料不成系统，所以记录时断时续，没有具体说冉良娶的是哪族的女人，直接就跳到了冉闵。

冉闵小的时候非常聪明，深得石虎喜欢。长大后的冉闵，身高八尺，骁勇善战，勇力过人。石虎死后，太子石世继位三十三天，即被他的九弟石遵逼迫下台。石遵在皇位上还不到一年，就密谋想除掉冉闵，结果消息走漏，被冉闵获知，冉闵采取了先下手为强的方式，除掉了石遵，拥立石虎的第三个儿子石鉴做了后赵的皇帝。可石鉴不长记性，上台后也打算对冉闵动手，消息再度被冉闵获悉，冉闵一怒之下又杀了石鉴，似乎还不解恨，一口气把石家老老少少杀了个干净，羯人石姓在这个时候就已经被冉闵斩尽杀绝。

杀人这个事对冉闵来说，就像潘多拉的盒子，一旦被打开，就很难收住。从这个时候开始，羯人的命算是走到头了。冉闵下达了杀胡令，凡斩杀胡人者，均以首级为证，文官晋爵，武将升级。这一道命令可算是要了羯人的命了，无论男女老幼，只要是胡人就一概杀之。一时间胡人血流成河，人头遍地，不到一天的时间，仅邺城（今河北省临漳县西、河南省安阳市北）一地就杀了匈奴、羯人等二十多万，首级全部被割下拿去领赏，无头的尸体被随意抛到城外，任凭野狗胡叼乱扯。

但是"杀胡令"也使很多无辜汉人因长相与胡人相似惨遭杀害。杀红了眼的汉人像疯了一样，把所有的仇恨全部都聚集到自己手里的那把刀上，挨家挨户地搜罗胡人，以斩草除根的方式，对羯人大肆杀戮，尤其是那些自己亲人遭到羯人凌辱杀害的人，更是义愤填膺，采用更凶残更极端的方式对羯人和匈奴人妇孺进行报复滥杀，以致所有羯人都难逃此劫！

350 年，冉闵立国，史称冉魏，冉闵再下杀胡令，号令汉人杀尽所有进犯的胡人。一日内再有数万羯人被杀，男女老幼无人可免。此后，冉闵继续与胡人攻战，以奇兵奔袭各路胡人，首战仅以汉骑三千大破匈奴，阵斩匈奴将军数名，杀敌三万并将之逐出百里之外；再战以五千汉军对攻胡骑七万，大获全胜；三战以汉军七万加以四万乞活义军大败由鲜卑、匈奴及羌氏组成的胡人联军三十多万人马；四战先败后胜，以万人之旅斩胡人首级四万余；五战以汉军六万全歼羌氏联军十余万；六战于邺城外开阔地，以两千精骑将远道而来的鲜卑七万人打得溃不成军！

六战六捷，而且均以少胜多，冉闵的大名成了胡人害怕的一个法符。在每一场与胡人的战斗中，冉闵身先士卒，豪气漫天，杀得胡人闻风丧胆。与胡人的几番大战，使汉军铁骑八面威风，各地汉人纷纷响应，史载"无月不战，互为相攻"，一举收复山东、山西、河南、河北、陕西、甘肃、宁夏。匈奴、羌氏等势力几近被歼灭，被迫撤出中原，而羯人直接被斩尽杀绝！

但仅过了两年，在鲜卑人慕容儁统治下的前燕打进中原，冉闵战败被俘，352 年 6 月 1 日，冉闵被押送到龙城（今辽宁朝阳市），在遏陉山遭到鲜卑人的斩杀。据《晋书》中说，冉闵被杀时颇为血性，立而不跪，骂声不绝。直到死后，遏陉山左右七里草木突然之间全部枯萎，蝗虫大起，自五月起天旱不雨，直至十二月，鲜卑人甚为惊悸。慕容儁只得派出使者前往祭祀冉闵，谥号为武悼天王，结果当天就降下了大雪。

2012 年，我为了冉闵专程去了一趟今天的辽宁朝阳。但是打听了当地的很多人，都没有人知道遏陉山这个地方。后来在朝阳市档案馆一位工作人员那里打探才知道，历史上的遏陉山，今天已经改名为马山。

我从沿用了千年的鲜卑人的古都地名龙城，打车前往距离市区不远的马山，从一座电厂后墙的一条小路登上了山顶。时值深秋，树叶已经凋零，黄草萋萋，秋虫嘶鸣，瑟瑟秋风吹动干枯的杂草，带起一团团尘土漫天飞舞，似有一种肃杀的煞气。彼时的山上空寂无人，空旷的山上只有我一个人，带着登山的喘息来到一块开阔地，进入视野的，是一座大约有半人高、像土地庙一样的小龛，形状像一座塔。龛前有人不久前烧过纸钱，那缕散去不久的纸钱烟，肯定不是烧给冉闵，而是求拜某个神仙为自己或为家人保平安。

据说这里就是当年冉闵临刑之地，而这座简陋的小龛，便是他的部下在此设立，并且讲述了他的故事。因为当时还是胡人的天下，没有人敢提到一个"冉"字，只说是纪念拯救了人类的李天王，而李天王一手托塔，故叫"托塔李天王"。这个故事传了很多年，结果到了明代，应天府（今江苏南京）一个不知名的文人许仲琳，错误地理解了故事中的主人公，结果在他的代表作品《封神演义》中虚构了李靖这个人物，从而使冉闵的故事戛然而止。世人皆知封神的虚拟人物李靖，却忘记了拯救汉人不灭的英雄冉闵，不能不说是一个莫大的遗憾！

历史就像个健忘的莽汉，匆匆忙忙地走了一千六百多年后，所有的疾风暴雨都轻描淡写地化作了过眼云烟。而这无法散尽的历史云烟，却带着深刻的省思在拷问今天每一个人的良知，如果没有一千六百多年前的冉闵，是否会有今天的你我他呢？

汉家子弟几欲被数屠殆尽！

这十一个自带惊叹的文字，像十一把重锤狠狠地敲击着我们的心，从字里行间能清晰地感受到房玄龄在写下这句话的时候，心里是怎样一种沉重、深叹、愤怒和悲恸！

再回到距今一千六百多年前那个腥风血雨的时代，已经屠杀了八百多万汉人的羯人，有可能突发善良给汉人留下这四百多万吗？如果说他们是禽兽，那都是对禽兽的侮辱，他们是该诅咒的魔鬼，是应遭报应的。中华民族真正到了最危险的时刻，唯冉闵担起了拯救汉人的大义，仅以千人之寡屡破胡人万人铁骑，这是何等英勇！屠杀胡人过百万，驱三百余万胡人出中华，最后以万余人马抗击十二万鲜卑蛮人，不幸被俘而遭斩杀。

冉闵死了，而刘渊的匈奴已经在战乱中完全死绝，其他部族大都与其他民族相融合，匈奴就这样退出了历史的舞台。最后一支匈奴，则是在公元460年投靠了鲜卑的宇文部落，与高句丽融合，从而使高句丽的血统变得扑朔迷离。一直到今天也没有足够的证据能够证明，高句丽这个民族中没有匈奴的血脉，假如结论肯定，那么唐中期名将高仙芝就该是最后一个匈奴！

关于茶叶的战争，还远没有结束！

2017年4月初稿于北京瞰都
2019年2月28日二稿于云南昆明
2019年7月29日三稿于青岛没有斋

后记

赖晓东

　　终于迎来了《茶战》第三部的收官。回过头来看，这本书诞生的艰难程度是远超前两部的。

　　遥想四年前杭州茶人小聚。众人借着酒兴畅想着《茶叶帝国》（《茶战》原书名）纵横时空，贯穿古今中西。热血沸腾，以至于我们都狂妄地觉得没有五部都不足以装下全部的想法。

　　一直以来，刘杰老师是创作的主笔和灵魂。他的文字总有老夫聊发少年狂的激扬，且不乏刻画细腻的笔触。谁要在文字上跟他论辩，肯定没有好下场。他更是一位少有的写作快手。在创作《茶战》期间，他还完成了两部剧本、一本关于白酒历史的书。据我所知，最高峰时，他曾五部书或剧本同时创作。对于两本书同时开始看都感到吃力的我来说，这简直就是天方夜谭。在过去不到一年的时间里，他还保持着每周至少更新一条微信公众号文章的频率。他说，完成《茶战3》后，他就可以把这些关于茶界怪象的杂文也结集出书了。

　　完成上述书的写作，闭门造车是不可能的。三进陕西，二进云南；还要买回等身高的参考书，并在尽可能短时间内看完这些资料。可想而知，写书也是一项考验体力和耐力的活儿。长年累月的沉积，体内对抗的力量终于打破了平衡。刘杰老师最终被病魔击倒，病情万分危急，超乎想象。万幸的是，现代医疗技术的伟大，再加上抢救及时，以及夫人的精心照料，让这成为虚惊一场。他夫人事后告诉我，刘杰老师在 ICU 病房时仍在念叨，要看书，要写作，不能耽误了书的出版……

过去很长一段时间里，我大量接触了茶界的专家、企业家、茶文化学者等。一度我的世界里只有茶，我的朋友圈里全是茶人，目光所及都是茶叶店。仿佛三句离茶就不算是合格的茶媒体人，一口喝不出北坡南坡都枉做茶道中人。庆幸的是冥冥之中，刘杰老师带着"茶叶帝国"的构思，带着我参与了杭州小聚，我因此结识了钱晓军、叶扬生、罗军、缪钦等人。他们让我看到听到了山头论、坑涧论、非遗派，还有科技派、快销派、颜值派。这对于原本的"传统茶文化"重症患者的我来说，无异于获得了一次重生。

《茶战》系列的创作第一次让我接触到了区别于媒体的视角看茶——历史、人类文明、政治、经济、战争……其实，任何事物的存在都不是孤立的。茶也不例外。虽然过去两年的茶界"哀鸿遍野"，供过于求、消费力下降给全行业都带来前所未有的压力，但是明眼人都不否认中国茶产业即将迎来一次大的变革和洗牌。这次的变革将是产业升级的变革、民族品牌诞生的变革，更是中国茶文化和茶产业复兴的变革。这些变革都源自中国国力的提升、中国经济与世界的积极互动、"一带一路"倡议的贯彻等等。所谓国盛茶兴，历史如此，当下如此。

《茶战》系列还有第四部、第五部，也许还会有第六部。创作一定还会有很多艰难险阻，但是我们希望每一部的诞生都能成为中国茶业复兴的历史见证。

祝愿中国茶业复兴早日到来。

附录

【参考书目】

1.[汉]司马迁.史记,中华书局,1997 年版

2.[汉]班固.汉书,中华书局,1997 年版

3.[南朝宋]范晔.后汉书,中华书局,1997 年版

4.[晋]陈寿.三国志,中华书局,1997 年版

5.[后晋]刘昫.旧唐书,中华书局,1997 年版

6.[宋]欧阳修、宋祁.新唐书,中华书局,1997 年版

7.柯文辉.司马迁,人民文学出版社,2006 年版

8.[清]顾观光等.神农本草经,哈尔滨出版社,2007 年版

9.[唐]陆羽.茶经,辽海出版社,2012 年版

10.[秦]吕不韦等.吕氏春秋,线装书局,2016 年版

11.[战国]墨翟.墨子,北方文艺出版社,2014 年版

12.[宋]司马光等.资治通鉴,中华书局,2009 年版

13.黄怀信、张懋镕、田旭东撰.逸周书汇校集注(修订本),上海古籍出版社, 2010 年版

14.马祝恺主编.山海经,金城出版社,2018 年版

15.[汉]刘歆.西京杂记,上海古籍出版社,2012 年版

16.[北齐]魏收.魏书,中华书局,1997 年版

17. ［汉］毛亨、毛苌 . 诗经，西苑出版社，2016 年版

18. ［唐］房玄龄 . 晋书，中华书局，1996 年版

19. ［日］盐野七生 . 罗马人的故事，中信出版社，2013 年版

20. ［英］爱德华·吉本 . 罗马帝国衰亡史，吉林出版集团有限责任公司，2011 年版

21. 戴旭 . C 形包围：内忧外患下的中国突围，文汇出版社，2010 年版

22. 虞富莲编著 . 中国古茶树，云南科技出版社，2018 年版

23. ［美］托马斯·巴菲尔德 . 危险的边疆：游牧帝国与中国，江苏人民出版社，2011 年版

24. ［美］帕克 . 简明匈奴史，山东文艺出版社，2017 年版

25. 陈序经 . 匈奴史稿，北京联合出版公司，2018 年版

26. ［美］陆威仪 . 哈佛中国史·早期中华帝国：秦与汉，中信出版社，2016 年版

27. 沙武田等 . 丝绸之路研究集刊，商务印书馆，2018 年版

28. ［德］费迪南德·冯·李希霍芬 . 李希霍芬中国旅行日记，商务印书馆，2016 年版

29. ［美］汤姆·斯丹迪奇 . 六个瓶子里的历史，中信出版社，2006 年版

30. ［日］冈仓天心 . 茶之书，山东画报出版社，2012 年版

31. ［美］威廉·乌克斯 . 茶叶全书，东方出版社，2011 年版

32. ［英］艾瑞丝·麦克法兰、艾伦·麦克法兰 . 绿色黄金：茶叶的故事，汕头大学出版社，2006 年版

33. ［日］赤濑川原平 . 千利休——无言的前卫，生活 . 读书 . 新知三联书店，2016 年版

34. ［古希腊］修昔底德 . 伯罗奔尼撒战争史，商务印书馆，1990

年版

35.［伊朗］志费尼.世界征服者史，商务印书馆，2010 年版

36.俞为洁.中国史前植物考古，社会科学文献出版社，2010 年版

37.圣经，中国基督教协会，2009 年版

38.赵志军.植物考古学：理论、方法和实践，科学出版社，2010 年版

39.［英］玛丽·比尔德.罗马元老院与人民：一部古罗马史，民主与建设出版社，2018 年版

40.［美］西奥多·道奇.亚历山大战史：从战争艺术的起源和发展至公元前 301 年伊普苏斯会战，吉林文史出版社，2018 年版

41.罗三洋.欧洲民族大迁徙史话，文化艺术出版社，2007 年版

42.吴宇虹、杨勇、吕冰.世界消失的民族，山东画报出版社，2009 年版

43.［英］大卫·沃克.消失的城市：穿越时空的世界城市朝圣之旅，江苏人民出版社，2009 年版

44.漓玉编.历史不忍细看，中国华侨出版社，2013 年版

45.丁弘编著.历史上的大迁徙，中国发展出版社，2007 年版

46.凡文编.欧洲史，中国华侨出版社，2018 年版

47.［美］斯塔夫里阿诺斯.全球通史，北京大学出版社，2005 年版

48.［英］乔安·弗莱彻.埃及四千年，浙江文艺出版社，2019 年版

49.［法］高宣扬.新马克思主义导引，上海交通大学出版社，2017 年版

50.［德］卡尔·马克思.资本论·第二卷，人民出版社，1975 年版

51.［德］恩格斯.反杜林论，人民出版社，1973 年版

52.［英］凯伦·阿姆斯特朗.轴心时代，海南出版社，2010 年版

53. [美] 莉迪亚·康、内特·彼得森 . 荒诞医学史，江西科学技术出版社，2018 年版

54. [美] 威廉·乌克斯 . 茶叶全书，东方出版社，2011 年版

55. [美] 梅维恒、郝也麟 . 茶的真实历史，生活 . 读书 . 新知三联书店，2018 年版

56. [英] 马克曼·艾利斯、理查德·库尔顿、马修·莫格 . 茶叶帝国：征服世界的亚洲树叶，中国友谊出版公司，2019 年版

57. [韩] 李元馥 . 漫话英国，中信出版社，2006 年版

58. 台湾三军大学编著 . 中国历代战争史，中信出版社，2013 年版

59. [以色列] 尤瓦尔·赫拉利 . 人类简史，中信出版社，2018 年版

60. [美] 本尼迪克特·安德森 . 想象的共同体，上海人民出版社，2016 年版

61. [奥地利] 埃尔温·薛定谔 . 生命是什么，世界图书出版公司，2017 年版

62. [古希腊] 希罗多德 . 希波战争史，重庆出版社，2007 年版

63. 戴旭 . 盛世狼烟：一个空军上校的国防沉思录，新华出版社，2009 年版

64. 指文烽火工作室 . 战争事典 019，台海出版社，2016 年版

茶战 3：东方树叶的起源